Der Hirnstamm der Maus

Topographie, Cytoarchitektonik und Cytologie

Werner Kovac und **Helmut Denk**

Mit 21 Tafeln und 125 Abbildungen

1968

Springer-Verlag

Wien · New York

Univ.-Dozent Dr. med. Werner Kovac
Oberarzt am Institut für allgemeine und experimentelle
Pathologie der Universität Wien

Dr. med. Helmut Denk
Assistent am Institut für allgemeine und experimentelle
Pathologie der Universität Wien

ISBN-13:978-3-7091-7965-9 e-ISBN-13:978-3-7091-7964-2
DOI: 10.1007/978-3-7091-7964-2

Library of Congress Catalog Card Number 67-21286
Softcover reprint of the hardcover 1st edition 1968

Titel Nr. 9210

Vorwort

Für viele bedeutende und moderne biologische Forschungsrichtungen ist die Maus ein ideales und unentbehrliches Versuchstier. So verwendet die experimentelle Virologie vor allem diesen Nager, um Virusstämme zu übertragen und zu typisieren; einzelne Virusarten sind sogar durch ihre Affinität zum Mäusegehirn charakterisiert. Auch die Neurophysiologie und die Verhaltensforschung bedienen sich gern dieses leicht und genetisch rein züchtbaren Tieres. Neuropharmaka werden häufig an Mäusen getestet.

Für alle einschlägigen Arbeiten ist daher die genaue Kenntnis der Morphologie des Mäusegehirns eine wesentliche Voraussetzung. Da die genannten Forschungszweige zum Teil erst in letzter Zeit einen besonderen Aufschwung genommen haben, ist es verständlich, daß nur relativ wenige Arbeiten über die Morphologie des Mäusegehirns vorliegen. Teils liegen diese Publikationen schon lange zurück, wie die ausgezeichnete, minutiös durchgeführte Bearbeitung der Cytoarchitektonik der Großhirnrinde der Maus durch ROSE (1930), teils befassen sie sich nur mit eng begrenzten Regionen des Mäusegehirns. Vor allem fehlte aber eine umfassende Darstellung der anatomischen Verhältnisse des Stammhirns der Maus. Eine solche ist von eminenter Wichtigkeit, um spontan aufgetretene oder experimentell gesetzte Läsionen genau lokalisieren zu können. Immer wieder stößt man in der Literatur diesbezüglich auf unzutreffende und einander widersprechende Angaben. Es bestand somit ein echtes Bedürfnis nach einer zusammenfassenden Darstellung der Topographie, Cytoarchitektonik und Cytologie des Hirnstammes der Maus.

Vorliegendes Werk soll allen Forschern, die — aus welchen Gründen auch immer — sich mit morphologischen Veränderungen befassen, Grundlage für ihre Studien sein und die Voraussetzung für eindeutige und präzise Aussagen schaffen. Die Anlage und Gestaltung vor allem des Atlasteiles sind so, daß er unmittelbar während der mikroskopischen Untersuchung verwendet werden kann.

Nach Beendigung unserer Arbeit möchten wir allen jenen danken, die am Zustandekommen dieses Werkes maßgeblich beteiligt waren:

In erster Linie Frau Professor Dr. CARMEN CORONINI-CRONBERG, die gemeinsam mit dem inzwischen verstorbenen Professor Dr. RICHARD BIELING die Abteilung für experimentelle Pathohistologie am Hygiene-Institut gründete, wodurch die Voraussetzung für die Entstehung der vorliegenden Arbeit geschaffen wurde; unserem Chef, Professor Dr. ADOLF LINDNER, für seine Unterstützung mit Rat und Tat bei der Durchführung der Untersuchungen und der Disposition des Manuskriptes; den Herren Professor Dr. FRANZ SEITELBERGER, Dozent Dr. HELLMUTH PETSCHE und Dozent Dr. KURT JELLINGER für die kritische Durchsicht der Arbeit und manche wertvolle Anregung. Herr Professor Dr. HEINZ FLAMM ermöglichte uns in großzügiger Weise die Benützung sämtlicher Einrichtungen seines Institutes. Bei allen unseren Untersuchungen wurden wir von unseren Medizinisch-technischen Assistentinnen Frl. GRETE KRATOCHVIL und Frau HELGA DENK unterstützt; ihrem Fleiß und ihrer Ausdauer ist es nicht zuletzt zu danken, daß die Arbeit zu einem guten Ende gekommen ist.

Schließlich sprechen wir noch dem Springer-Verlag Wien für die Bereitwilligkeit, ein verlagstechnisch so anspruchsvolles und aufwendiges Werk anzunehmen, unsere Dankbarkeit aus.

Wien, im Dezember 1967

W. KOVAC und H. DENK

Inhaltsverzeichnis

Seite

Einleitung ... 1
Material und Methodik ... 2
Abkürzungen ... 4
Das Gehirn der Maus, makroskopisch ... 7
Architektonik des Hirnstammes in Frontalschnitten. Tafel I—XXI. ... 9
Faserverbindungen des Hirnstammes ... 49
Die Kerne des Hirnstammes ... 62
  Diencephalon ... 62
    Epithalamus ... 62
    Thalamus ... 63
      Vordere thalamische Kerngruppe ... 63
      Mediale Kerngruppe ... 65
      Kerne der Mittellinie ... 68
      Laterale Kerngruppe ... 72
      Ventrale Kerngruppe ... 74
    Subthalamus ... 79
    Hypothalamus ... 81
  Mesencephalon ... 95
  Rhombencephalon ... 102
Anhang (Globus pallidus, Putamen und Nucl. caudatus, Nucl. amygdalae) ... 128
Typische Frontalschnitte zur Auffindung der wichtigen Strukturen des Mäusehirns . 130
Projektion der typischen Schnitte auf den Mäuseschädel (Röntgenbilder) ... 131
Schematische Zeichnungen von typischen Schnitthöhen ... 132
Bemerkungen zur vergleichenden Anatomie des Hirnstammes ... 134
  Diencephalon ... 134
    a) Epithalamus ... 134
    b) Thalamus ... 134
    c) Subthalamus ... 137
    d) Hypothalamus ... 138
  Mesencephalon ... 141
  Rhombencephalon ... 141

Literaturverzeichnis ... 144
Sachverzeichnis ... 146

Einleitung

Die vorliegende Darstellung der Cytoarchitektonik des Stammhirns der Laboratoriumsmaus entstand aus der Notwendigkeit, sowohl spontan aufgetretene Gehirnveränderungen als auch experimentell erzeugte Läsionen präzise lokalisieren zu können. Besonders die experimentelle Virologie, für die die Maus meist das einzige brauchbare Laboratoriumstier für Übertragungsversuche ist, verlangte die Bearbeitung der Gehirntopik, um über die Affinität von pathogenem Virus zu verschiedenen Strukturen des ZNS Aussagen machen zu können. Auch für die Verhaltensforschung und die Neurophysiologie, die sich teilweise ebenfalls der Maus als billiges und genetisch rein züchtbares Versuchstier bedienen, ergibt sich das Erfordernis, ein gestörtes Verhalten mit charakteristischen Läsionsschemen des Gehirnes zu korrelieren. Nicht zuletzt taucht in der experimentellen Pharmakologie bei Toxizitätsversuchen die Frage nach einer eventuellen Schädigung bestimmter Gehirnregionen als Substrat für Krämpfe und Lähmungen des Versuchstieres auf.

Obwohl das Interesse an der Neuroanatomie verschiedener Tierspezies in zahlreichen Publikationen und Atlanten seinen Niederschlag findet, existieren bis jetzt von den Rodentia lediglich für die Ratte, das Meerschweinchen und das Kaninchen genauere Beschreibungen.

Die wichtigsten umfassenden Darstellungen des Gehirns von Nagern stammen von Cajal (1911) und von Ariëns Kappers et al. (1936). Kappers stellt vergleichende anatomische Untersuchungen bei Vertebraten an und schließt auch den Menschen in diese Untersuchungen ein. Rose veröffentlichte 1930 eine ausführliche Studie über die Hirnrinde der Maus und auch einen Atlas vom Hirnstamm des Kaninchens. In neuerer Zeit erschien eine Monographie mit Atlasteil über „The Neuroanatomy of Rat" von Craigie-Zeman et al. (1963). Das Rhombencephalon der Ratte wurde 1965 von Wünscher et al. in einem Atlas dargelegt. Von G. Hoffmann (1958) liegt eine genauere Beschreibung des Rautenhirns des Meerschweinchens vor.

In zahlreichen Veröffentlichungen wurden Teilregionen des Gehirns verschiedener Rodentia genauer beschrieben. So wurden bei der *weißen Maus* die Hypophyse und der Hypothalamus von Becker (1955), die afferenten Fasern des Trigeminus, Facialis, Glossopharyngicus und Vagus von Aström (1953), das neurosekretorisch hypothalamo-hypophysäre System von Rodeck (1960), die praetectale Region von Shintami (1959) bearbeitet. Vergleichende Untersuchungen über den Hypothalamus der Maus und den der Fledermaus stammen von Grünthal (1930). Über einzelne Hirngebiete bei der Ratte findet sich eine umfangreiche Literatur: So schrieben Krieg (1932) und auch Gurdjian (1926, 1927) über den Hypothalamus und Thalamus, Valverde (1961) über die Formatio reticularis des Hirnstammes, Bucher und Nauta (1954) über praetectale Zellgruppen. In neuerer Zeit bearbeiteten Meessen und Olszewski (1949) das Rautenhirn des Kaninchens. Auf stereotaktischen Untersuchungen des Kaninchenhirns beruhen die Ergebnisse von Sawyer et al. (1954). Gezielte Läsionen zur Aufklärung von Kernverbindungen setzten unter anderen Morest (1961) (Nucl. tegmenti dorsalis bei Ratte und Kaninchen) und Powell und Cowan (1954) (Kerne der Mittellinie und intralaminare Thalamuskerne der Ratte).

Die vorliegende Monographie ist in drei Abschnitte gegliedert. Im ersten werden charakteristische Frontalschnitte durch den Hirnstamm der Maus in 21 Tafeln wiedergegeben. Diese Schnitte umfassen das Gebiet des gesamten Hirnstammes vom rostralen Beginn des Thalamus bis zur Decussatio pyramidum. Wir wählten eine kombinierte photographisch-schematische Darstellungsweise, da diese, unserer Meinung nach, das Auffinden der Kerne und Faserzüge wesentlich erleichtert. Das Einzeichnen von Kerngrenzen in die Photographie selbst, wie es in den Veröffentlichungen von OLSZEWSKI (1952) und WÜNSCHER u. a. (1965) zu finden ist, scheint uns als Darstellungsform nicht ideal, da sie dem histologischem Bild seine Natürlichkeit nimmt und dem Betrachter die Orientierung erschwert.

Im Anschluß an die Tafeln finden sich Beschreibungen und Photographien der typischen Faserverbindungen des Hirnstammes. Allerdings wurde auf die Fasersysteme nur soweit eingegangen, als sie für die Pathologie bedeutsam sind oder die Lokalisation einzelner Kerne erleichtern. Auf die Beschreibung von Fasern, zu deren Nachweis spezielle Färbeverfahren oder experimentelle Untersuchungen notwendig wären, haben wir bewußt verzichtet.

Bei der Bezeichnung der Schemata und der Photographien wurde auf kurze Abkürzungssymbole Wert gelegt, um die Übersichtlichkeit der Tafeln nicht allzu sehr zu beeinträchtigen. Die verwendeten Abkürzungen entsprechen nicht immer den in der Literatur üblichen.

Im zweiten Abschnitt werden die Topographie und die Cytologie der Kerne beschrieben und die für jeden Kern typischen Nervenzellen in Abbildungen dargestellt. Auf die Photographie von wenigen unwichtigen Kernen haben wir verzichtet.

Im dritten Abschnitt werden schematische Zeichnungen von acht typischen Schnitthöhen vorgelegt, die so gewählt sind, daß die wichtigsten Gehirnstrukturen sichtbar sind. Ihr Auffinden wird durch die Angabe makroskopisch leicht erkennbarer Anhaltspunkte an der Basis oder der Oberfläche des Gehirns ermöglicht. Die Tafeln sind vor allem als Grundlage für die Routinediagnostik von spontan aufgetretenen und experimentell gesetzten Läsionen sowie von Encephalitiden gedacht und sollen auch dem weniger Geübten eine topographische Orientierung ermöglichen. Die Ebenen dieser Schnitte sind auch in Röntgenbildern des Mäuseschädels eingezeichnet.

Im Anhang folgt eine kurze Übersicht über die Literatur und ein Vergleich der eigenen Ergebnisse mit den im Schrifttum enthaltenen Befunden bei der Ratte und anderen Nagern.

Die von uns verwendete Nomenklatur entspricht weitgehend der von OLSZEWSKI (1952) und OLSZEWSKI und BAXTER (1952). Sie ist nahezu identisch mit der Nomenklatur in CRAIGIE's Neuroanatomy of the Rat (ZEMAN und MAITLAND INNES (1963)), die im wesentlichen auf GURDJIAN und KRIEG fußt. Ähnliche Bezeichnungen werden auch von HOFFMANN (1958) und WÜNSCHER et al. (1965) verwendet. Im allgemeinen hält sich unsere Darstellung somit an die 1950 in Oxford festgesetzte Nomenklatur; daneben wurden aber auch besonders gebräuchliche Bezeichnungen (wie z. B. Corpus restiforme, Brachium conjunctivum u. a. m.), die auf der Baseler Nomenklatur 1895 beruhen, in die Arbeit aufgenommen. Die Bezeichnung der hypothalamischen Kerne übernahmen wir von DIEPEN (1962).

Wir hoffen mit der vorliegenden Darstellung eine Lücke im neuroanatomischen Schrifttum geschlossen zu haben.

Material und Methodik

Unseren Untersuchungen liegen vier lückenlose Frontalserien durch das ganze Mäusegehirn, drei Frontalserien durch das Rhombencephalon, eine Horizontal- und eine Sagittalserie, ebenfalls durch das ganze Gehirn, zugrunde.

Zur Gewinnung der Gehirne wurden ca. 25 g schwere Albinomäuse einer virusfreien Inzucht durch Entbluten getötet, die Kopfhaut abpräpariert und die Schädelkapsel durch einen zirkulären, nahe der Basis geführten Schnitt eröffnet. In diesem Zustande wurde das Gehirn ungefähr 24 Stunden anfixiert. Nach dieser Zeit entnahmen wir das Gehirn vorsichtig und fixierten es durch weitere 72 bis 96 Stunden. Als Fixierungsflüssigkeiten dienten für die NISSL-Färbung BOUIN'sche Lösung, für die Markscheidendarstellungen 10%ige wässrige Formaldehydlösung.

Die Einbettung erfolgte teils in Paraffin, teils in Celloidin. Die Schnittserien wurden mit dem Serienschnittmikrotom der Fa. REICHERT hergestellt; die Schnittdicke betrug 8 μ.

Folgende Färbungen kamen zur Anwendung:

I. Serienschnitte von in Paraffin eingebettetem Material:

1. Haemalaun-Eosin
2. Modifizierte NISSL-Färbung *

Diese Färbung wird in folgender Weise ausgeführt:

a) die entparaffinierten Schnitte kommen aus dem Aqua dest. in 1%ige Kresylviolettlösung und bleiben in der frisch hergestellten Lösung 3—5 Minuten, bei älteren Lösungen ist die Färbedauer etwas länger.

1 g Kresylviolett
100 ml Aqua dest.
aufkochen und filtrieren.

b) Abspülen mit Aqua dest.

c) Differenzieren mit verdünnter Essigsäure, bis die Schnitte blaß rotviolett erscheinen.

5 gtt Eisessig
100 ml Aqua dest.

d) Differenzieren und zugleich entwässern in 96%igem Alkohol, bis der Hintergrund farblos ist und die Zellen gut gefärbt sind.

e) Entwässerung in absolutem Alkohol, Terpineol, Xylol, einschließen mit Eukitt.

II. Die Markscheiden stellten wir an ungefähr 25 μ dicken, nach einer modifizierten HEIDENHAIN-WOELCKE-Methode behandelten Celloidinschnitten dar. Die Technik nach HEIDENHAIN-WOELCKE wurde von uns zur Erzielung besserer Resultate etwas verändert:

a) Die 20—25 μ dicken Celloidinschnitte werden über Nacht in eine 2,5%ige Fe-III-Ammoniumsulfatlösung eingelegt.

b) Kurzes Auswaschen in Aqua dest.

c) Einbringen der Schnitte in die von WOELCKE angegebene Lösung und Belassen durch mindestens 5 Stunden.

90 ml Aqua dest.
10 ml reife alkoholische Hämatoxylinlösung
7 ml ges. wäßrige Lithiumcarbonat

Die Schnitte sollen überfärbt sein, da in diesem Falle die Resultate besser sind.

d) Die vollkommen schwarz gefärbten Schnitte werden unter dauernder mikroskopischer Kontrolle in folgender Lösung differenziert:

2,0 g Borax
2,5 g K-Ferricyanid
100 ml Aqua dest.

Ergebnis der Färbung: Markscheiden schwarz bis dunkelblau, die übrige Hirnsubstanz gelb bis bräunlichgelb. Die Nervenzellen zeigen einen gelblichen Farbton, färben sich aber bei postmortaler, artefizieller Schädigung intensiv schwarz an. Die Erythrozyten sind ebenfalls schwarz gefärbt, wodurch die Kapillaren besonders deutlich hervortreten.

Die mit dieser Modifikation erzielte Färbung entspricht der Markscheidendarstellung nach WEIGERT, ist jedoch bedeutend einfacher und wesentlich schneller durchzuführen.

Die Photographie der Hirnquerschnitte erfolgte mit dem Photomikroskop Ultraphot II von Zeiss auf Silbereosinplatten, die Abbildungen der Nervenzellen und der

* Die Modifikation der Färbung stammt von unserer med. techn. Assistentin Frl. M. KRATOCHVIL.

Markscheiden wurden mit dem Mikroskop Zetopan von Reichert hergestellt. Für die makroskopische Wiedergabe des Gehirns verwendeten wir das Reproduktionsgerät Reprovit IIa von Leitz.

Die Röntgenbilder des Schädels wurden mit einem Zahnröntgenapparat aufgenommen.

Abkürzungen

a = Zellgruppe a
Ad = Nucleus anterior thalami dorsalis
Am = Nucleus anterior thalami medialis
Amb = Nucleus ambiguus
Amy = Nucleus amygdalae
Ant = Nucleus anterior hypothalami
Av = Nucleus anterior thalami ventralis

Bc = Brachium conjunctivum
BCi = Brachium colliculi inferioris
BCs = Brachium colliculi superioris
Bp = Brachium pontis

C = Nucleus centralis
CA = Cornu ammonis
Ca = Commissura anterior
Caud = Nucleus caudatus
CC = Corpus callosum
Cd = Nucleus cochlearis dorsalis
Ce = Capsula externa
Ch = Commissura habenularum
Ci = Capsula interna
C inf = Colliculus inferior
cl = Nucleus centralis lateralis
Cmn = Centre median
Cp = Commissura posterior
Cr = Corpus restiforme
Csp = Tractus corticospinalis
CstL = Corpus subthalamicum Luysii
C sup = Colliculus superior
Ctr = Corpus trapezoides
Cv = Nucleus cochlearis ventralis

D = Gyrus dentatus
Da = Nucleus Darkschewitsch
DB = Kern des Broka'schen Diagonalbandes
dent = Nucleus dentatus cerebelli
dm = Nucleus dorsomedialis hypothalami
DPy = Decussatio pyramidum
Dtd = Decussatio tegmenti dorsalis
Dtv = Decussatio tegmenti ventralis

Em = Nucleus eminentiae medianae
em = Nucleus emboliformis cerebelli

fast = Nucleus fastigii cerebelli
Fc = Fasciculus cuneatus
Fg = Fasciculus gracilis
Fi = Fimbria fornicis
Fl = Nucleus fasciculi lateralis
Flm = Fasciculus longitudinalis medialis
FM = Fasciculus retroflexus Meynert
Fo = Fornix (Columna)
Fr = Formatio reticularis

G VII = Genu internum nervi fascialis
Gc = Griseum centrale
Gl = Corpus geniculatum laterale
glob = Nucleus globosus cerebelli
Gm = Corpus geniculatum mediale

H 1 = Forel'sches Feld H 1
H 2 = Forel'sches Feld H 2
hd = Regio hypothalamica dorsalis
Hl = Nucleus habenularis lateralis
Hm = Nucleus habenularis medialis

i = Nucleus infundibularis
IC = Nucleus interstitialis Cajal
Id = Nucleus interstitialis striae terminalis (Pars dorsalis)
Inf = Infundibulum
Ip = Nucleus interpeduncularis
Iv = Nucleus interstitialis striae terminalis (Pars ventralis)

L = Nucleus lateralis thalami
lat = Regio hypothalamica lateralis
Lc = Locus caeruleus
Ll = Lemniscus lateralis
Lm = Lemniscus medialis
Lp = Nucleus lateralis thalami posterior

Mc = Nucleus magnocellularis centralis
Md = Nucleus medialis dorsalis thalami
mi = Nucleus mamillaris intermedius
ml = Nucleus mamillaris lateralis
Mm = Corpus mamillare
mm = Nucleus mamillaris medialis
mmn = Nucleus mamillaris medianus

N = Substantia nigra
N III = Nucleus originis nervi oculomotorii
N VI = Nucleus originis nervi abducentis
N VII = Nucleus originis nervi facialis
N XII = Nucleus originis nervi hypoglossi
Nc = Nucleus cuneatus
Ncom = Nucleus commissuralis
Ncp = Nucleus commissurae posterioris
Nctr = Nucleus corporis trapezoidis
Nd = Substantia nigra (pars dorsalis)
Ng = Nucleus gracilis
Nlld = Nucleus lemnisci lateralis dorsalis
Nllv = Nucleus lemnisci lateralis ventralis
Nm V = Nucleus motoricus nervi trigemini
Nmes V = Nucleus mesencephalicus nervi trigemini
N/Ts = Nucleus und Tractus solitarius
NtspV = Nucleus tractus spinalis nervi trigemini

Nv = Substantia nigra (pars ventralis)

Oac = Nucleus originis alae cinereae
Oinf = Oliva inferior
Osup = Oliva superior

P = Nuclei pontis
Pa = Nucleus paraventricularis thalami
Pal = Pallidum
Pc = Nucleus paracentralis
Pe = Nucleus periventricularis thalami
Per = Nucleus periventricularis hypothalami
Pf = Nucleus parafascicularis
pF = Nucleus perifornicatus
Ph = Nucleus praehypoglossus
pmd = Nucleus praemamillaris dorsalis
pmv = Nucleus praemamillaris ventralis
Po = Nucleus posterior thalami
Pp = Pes pedunculi
pp = Nucleus periventricularis posterior
pR = Pararotula
Prl = Regio praeoptica lateralis
Prm = Regio praeoptica medialis
Prmn = Nucleus praeopticus medianus
Prpe = Nucleus praeopticus periventricularis
Prt = Regio praetectalis
Pt = Nucleus parataenalis
Pte = Nucleus pterygoideus
Put = Putamen
Pv = Nucleus paraventricularis hypothalami
Py = Pyramis

r = Nucleus reticularis
R III = Radix nervi oculomotorii
R VII = Radix nervi facialis
Ra = Raphe
Re = Nucleus reuniens
Rh = Nucleus rhomboideus
Ro = Nucleus Roller
rt = Nucleus reticularis tegmenti
Ru = Nucleus ruber

Sch = Nucleus suprachiasmaticus
sm = Nucleus supramamillaris
So = Nucleus supraopticus
Sm = Stria medullaris
St = Stria terminalis

Tac = Nucleus terminalis alae cinereae
tc = Pars centralis nuclei tegmenti dorsalis
Td = Nucleus tegmenti dorsalis (Hauptkern)
tld = Nucleus tegmenti laterodorsalis
tl = Nucleus tuberis lateralis
Tmes V = Tractus mesencephalicus nervi trigemini
To = Tractus opticus
Ts = Tractus solitarius
Tsp V = Tractus spinalis nervi trigemini
Ttsp = Tractus tectospinalis
tuma = Nucleus tuberomamillaris

tvm = Nucleus tegmenti ventromedialis (medialer Unterkern)

V = Nucleus ventralis thalami (Hauptkern)
VdA = Tractus mamillothalamicus (Vicq d'Azyr)
Vdm = Nucleus ventralis dorsomedialis thalami
Vest l = Nucleus vestibularis lateralis
Vest m = Nucleus vestibularis medialis
Vest sp = Nucleus vestibularis spinalis
Vest s = Nucleus vestibularis superior
Vm = Nucleus ventralis medialis thalami
vm = Nucleus ventromedialis hypothalami
Vp = Nucleus ventralis posterior thalami

W-E = Nucleus Westphal-Edinger

Zi = Zona incerta

XI = Nervus accessorius
VII = Nervus facialis
VIII = Nervus statoacusticus

Das Gehirn der Maus

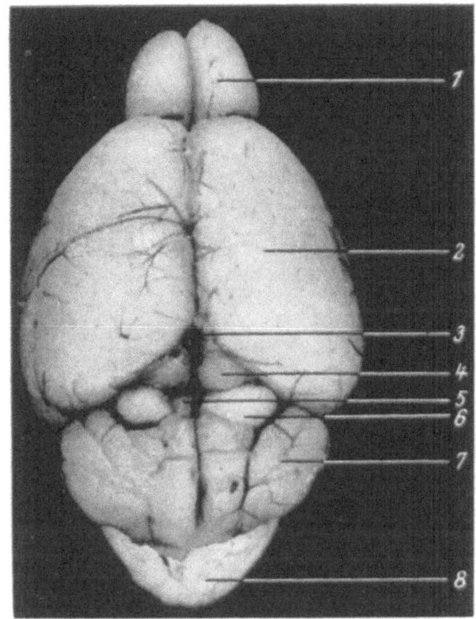

Abb. 1. Mäusegehirn. Dorsalansicht

1 Bulbus olfactorius
2 Hemisphaeren
3 Epiphyse
4 Colliculus superior
5 Lingula
6 Colliculus inferior
7 Kleinhirnhemisphaeren
8 Medulla oblongata

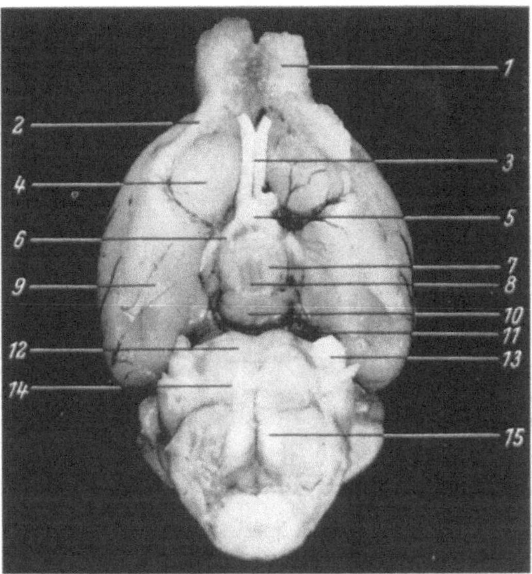

Abb. 2. Mäusegehirn. Ventralansicht

1 Bulbus olfactorius
2 Tractus olfactorius
3 Fasciculus opticus
4 Tuberculum olfactorium
5 Chiasma opticum
6 Tractus opticus
7 Tuber cinereum
8 Infundibulum
9 Lobus pyriformis
10 Corpus mamillare
11 Pes pedunculi
12 Pons
13 Nervus trigeminus
14 Corpus trapezoides
15 Pyramide

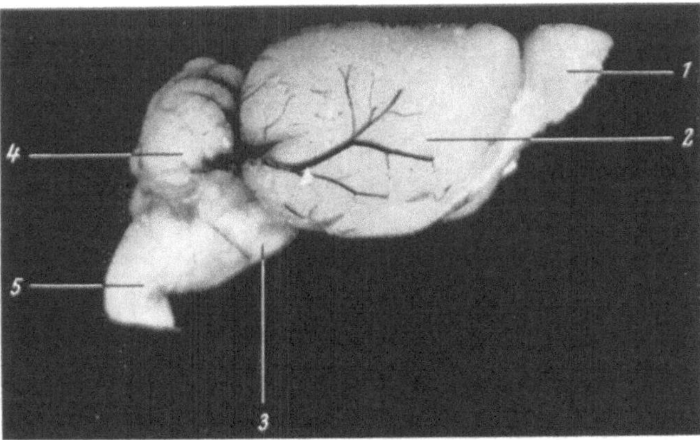

Abb. 3. Mäusegehirn. Lateralansicht

1 Bulbus olfactorius
2 Hemisphaere
3 Pons
4 Cerebellum
5 Medulla oblongata

Architektonik des Hirnstammes in Frontalschnitten

Tafel I

Thalamus, Hypothalamus, Nucl. lentiformis, Ammonshorn

Die Schnittebene führt durch den rostralen Thalamuspol, die praeoptische Region des Hypothalamus und durch den rostralen Anteil des Linsenkernes. Dorsal sind die rostralen Anteile des Ammonshorns erkennbar.

Im *Thalamus* lassen sich die median liegenden Kerne der Mittellinie, dorsal der Nucl. paraventricularis (Pa), ventral anschließend der Nucl. reuniens (Re) und der lateroventral bzw. laterodorsal von beiden Kernen liegende Nucl. parataenalis (Pt) erkennen. Die Stria medullaris (Sm) trennt diese Kerne von dem weiter lateral liegenden Nucl. anterior thalami, der in einen dorsalen und einen ventralen Unterkern (Ad, Av) zerfällt. Ventral vom Nucl. anterior ventralis (Av), von ihm durch den schmalen Nucl. reticularis (r) und einige Faserzüge der Stria terminalis (St) getrennt, liegt der Nucl. interstitialis striae terminalis. Dieser Kern besteht aus einem deutlich abgrenzbaren dorsalen (Id) und einem reichlich von Fasern durchsetzten ventralen Unterkern (Iv). Die Grenze zwischen Thalamus und Hypothalamus bildet die Commissura anterior (Ca), der dorsal die Columnae fornicis (Fo) anliegen. Median findet sich, von den Columnae durch ein dünnes Faserareal getrennt, der Recessus anterior des III. Ventrikels.

Im *Hypothalamus* läßt sich lateral die Area praeoptica lateralis (Prl), medial anschließend die Area praeoptica medialis (Prm) erkennen. In der Medianen liegt der Nucl. praeopticus medianus (Prmn). Ventral von der lateralen praeoptischen Region findet sich der nur schwer abgrenzbare Kern des Brocaschen Diagonalen Bandes (DB). Lateral davon liegt der Nucl. amygdalae (Amy).

Der Linsenkern, der sich wie beim Menschen in das laterale Putamen (Put), das mediale Pallidum (Pal) und den paraventriculär liegenden Nucl. caudatus (Caud) einteilen läßt, wird besonders im medialen und dorsalen Bereich von den locker angeordneten Fasern der Capsula interna (Ci) durchsetzt. Diese läßt sich nur ventromedial als einheitlicher Faserzug abgrenzen, während sie sich dorsolateral in Einzelfaserzüge aufspaltet. Die laterale Begrenzung des Nucl. lentiformis bildet die Capsula externa (Ce), die ventrale der Nucl. amygdalae (Amy).

Den dorsalen Bereich der Schnitte nehmen die Fimbria fornicis (Fi), der Gyrus dentatus (D), das Cornu ammonis (CA) und das Corpus callosum (CC) ein.

Tafel I

Ce
Put
Caud
Pal
Amy
Ci
St
Fi
Iv
Id
Av
Ad
CA
Prl
Sm
D
Pt
Fo
Prm
DB
Pa
Re
Ca
CC
Prmn

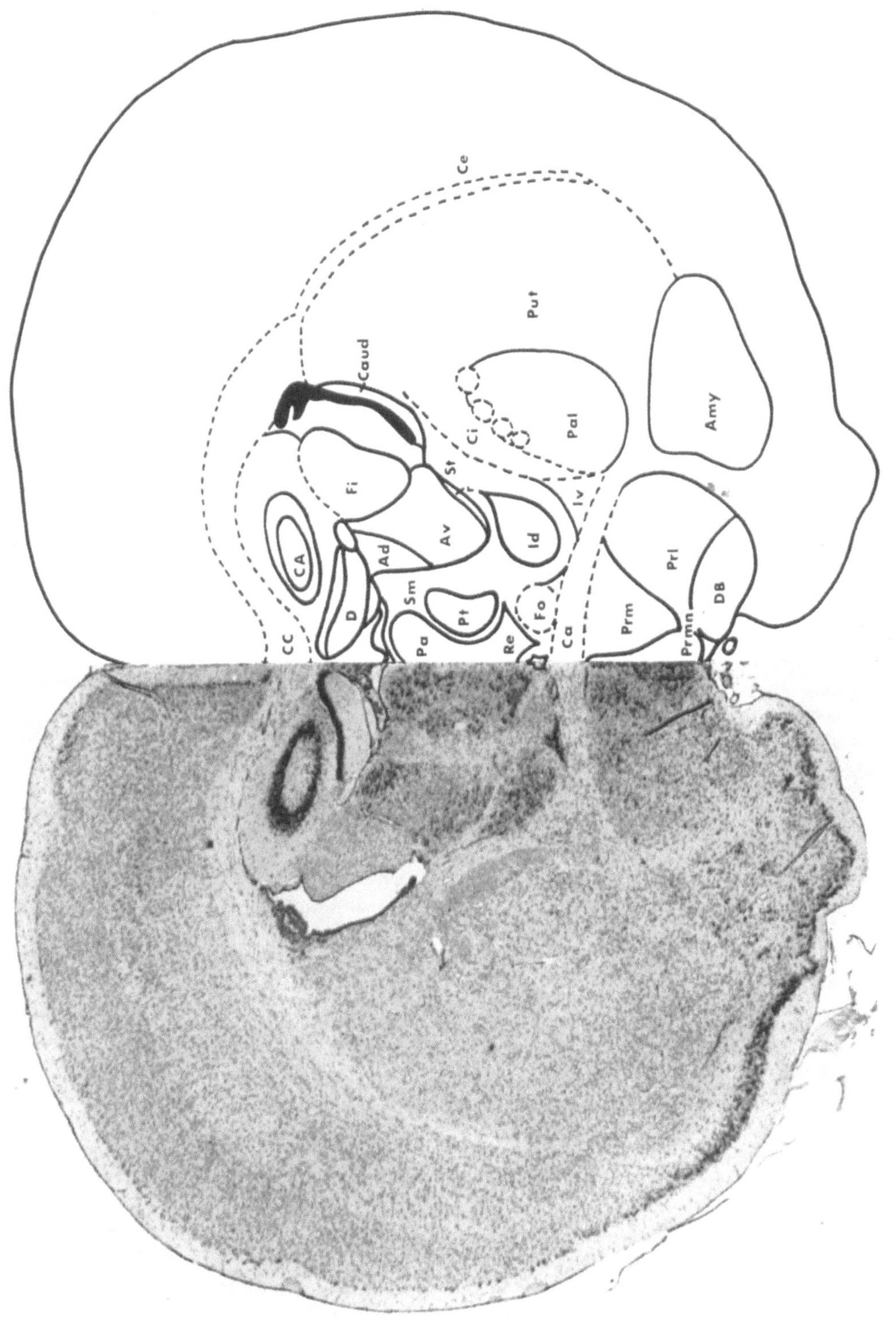

Tafel II

Thalamus, Hypothalamus, Nucl. lentiformis, Ammonshorn

Der Schnitt führt durch das rostrale Drittel des Thalamus in dem Bereich, in dem die Stria medullaris (Sm) von ventral kommend in eine rostrocaudale Verlaufsrichtung übergeht.

Im Bereich der Mittellinie liegen im *Thalamus* dorsal der Nucl. paraventricularis (Pa), ventral der Nucl. reuniens (Re) und lateral zwischen beiden Kernen eingeschoben der Nucl. parataenalis (Pt). An den letztgenannten Kern grenzen laterodorsal der Nucl. centralis lateralis (cl), lateroventral der Nucl. anterior medialis (Am) und ventral die Ursprungsfasern der Stria terminalis (St). Die laterale Thalamusregion wird wie im vorhergehenden Schnitt noch immer zum Großteil vom Nucl. anterior thalami (Ad, Av) eingenommen. Der Nucl. anterior thalami dorsalis stößt medial an die Stria medullaris (Sm), dorsal an den Gyrus dentatus (D) und lateral an den in dieser Höhe eben beginnenden Nucl. lateralis thalami (L). Der Nucl. anterior ventralis (Av) wird vom Nucl. reticularis (r) gegen den Hauptfaserzug der Stria terminalis (St) abgegrenzt. Im ventralen Thalamusbereich liegen die Pars ventralis und die Pars dorsalis des Nucl. interstitialis striae terminalis (Iv, Id). Die Commissura anterior, die in der vorhergehenden Schnittserie den Thalamus vom Hypothalamus trennt, ist in der vorliegenden Schnittebene bereits verschwunden, während die Columnae fornicis (Fo) noch die gleiche Position einnehmen.

Im *Hypothalamus* ist die Lage der medialen (Prm) und der lateralen praeoptischen Region (Prl) im Vergleich mit der Tafel I noch unverändert; allerdings hat die laterale praeoptische Region durch die lockere Anordnung der Nervenzellen an Ausdehnung gewonnen. Dem spaltförmigen III. Ventrikel liegt der Nucl. praeopticus periventricularis (Prpe) an. Der Kern des Brocaschen Diagonalbandes (DB) ist bereits etwas kleiner.

Im lateralen Schnittbereich sind das Putamen (Put), das Pallidum (Pal) und der Nucl. caudatus (Caud) in ihrer Lage und ihrer Beziehung zur Capsula interna (Ci) unverändert geblieben; die laterale Begrenzung wird auch in dieser Ebene von der Capsula externa (Ce), die ventrale vom Nucl. amygdalae (Amy) gebildet.

Dorsal vom Thalamus lassen sich die Fimbria fornicis (Fi), der Gyrus dentatus (D), das Cornu ammonis (CA) und das Corpus callosum (CC) erkennen.

Tafel II

Put
Ce
Caud
Amy
St
Ci
Pal
Fi
r
Iv
L
Id
Prl
CA
Ad
Av
DB
S m
Am
cl
D
Fo
Prm
Prpe
CC
Pa
Pt
Re

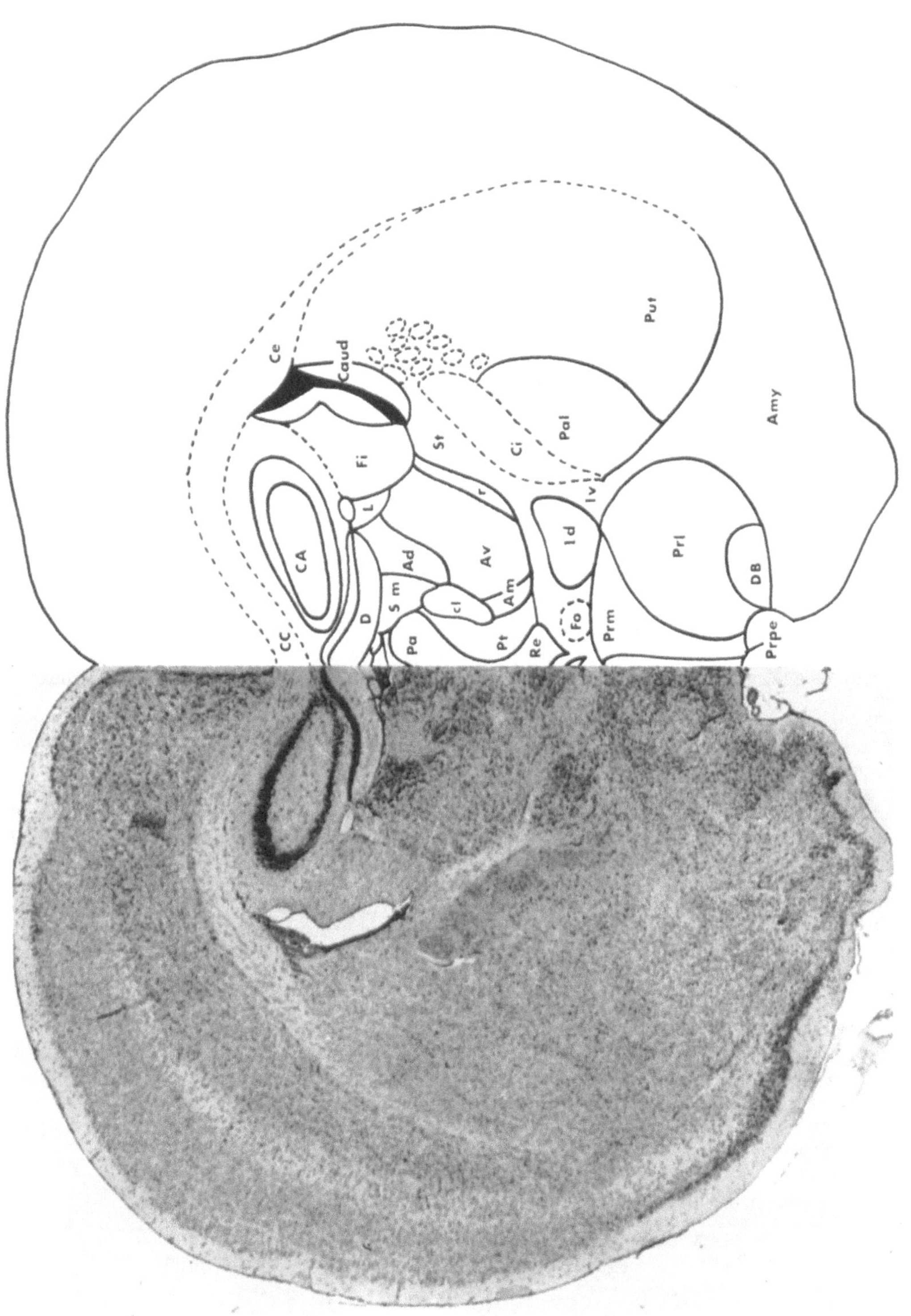

Tafel III

Thalamus, Hypothalamus, Nucl. lentiformis, Ammonshorn

Die Schnittebene liegt etwas caudal vom Austritt der Tractus optici aus dem Chiasma.

Im *Thalamus* werden die Kerne der Mittellinie, der Nucl. paraventricularis (Pa) und der Nucl. reuniens (Re) durch die medialen Thalamuskerne, den Nucl. medialis dorsalis (Md) und den Nucl. anterior medialis (Am), die in dieser Schnittebene ein großes Feld einnehmen und mit den kontralateralen Kernen in der Medianen zusammenhängen, getrennt. Zwischen den Nucl. medialis dorsalis (Md) und den Nucl. anterior medialis (Am) sind der rostrale Anteil des flügelförmigen Nucl. paracentralis (Pc) und der rostrale Anteil des in diesem Schnitt noch wenig erkennbaren Nucl. centralis (C) eingeschoben. Der in dieser Ebene erstmals sichtbare Nucl. rhomboideus (Rh), eine in dorsal konvexem Bogen verlaufende Nervenzellgruppe, trennt den Nucl. anterior medialis (Am) vom Nucl. reuniens (Re). Der letztgenannte Kern ist größer und infolge seiner lockeren Nervenzellanordnung weniger gut gegen die Umgebung abgrenzbar als in den vorhergehenden Schnitten. Der Nucl. parataenalis (Pt) besitzt nur eine sehr geringe rostrocaudale Ausdehnung und ist daher in der vorliegenden Tafel nicht mehr getroffen. Im dorsalen paramedianen Thalamusabschnitt liegen die Nucl. habenulares medialis und lateralis (Hm, Hl) und die Stria medullaris (Sm). Im lateralen Bereich des Thalamus ist der Nucl. anterior thalami dorsalis (Ad) bereits verschwunden und durch den sich nach medial ausbreitenden Nucl. lateralis thalami (L) ersetzt, an dessen ventraler Seite noch immer der Nucl. anterior thalami ventralis (Av) zu sehen ist. An diesen schließt ventrolateral der rostrale Anteil des Nucl. ventralis thalami (V) an. Der Nucl. anterior medialis (Am) und der Nucl. ventralis (V) werden ventrolateral von der Zona incerta (Zi), der Nucl. ventralis (V) und der Nucl. lateralis thalami (L) lateral von dem bereits ein größeres Feld einnehmenden Nucl. reticularis (r) begrenzt und dadurch von der Fimbria fornicis (Fi), der Stria terminalis (St) und der Capsula interna (Ci) getrennt.

Die Topographie der *Hypothalamus*kerne ist im wesentlichen gleich wie bei der vorigen Tafel. Beiderseits des III. Ventrikels bildet der Nucl. praeopticus periventricularis (Prpe) eine schmale Zellsäule. Die Regio praeoptica medialis (Prm) und die Regio praeoptica lateralis (Prl) bilden die Hauptmasse dieser Gehirnregion. Während sich die beiden eben erwähnten großen Kerne leicht voneinander abgrenzen lassen, ist die Grenze zwischen der lateralen praeoptischen Region (Prl) und dem Nucl. amygdalae (Amy) ziemlich unscharf. Der Kern des Brocaschen Diagonalen Bandes (DB) ist in dieser Schnittebene nicht mehr zu sehen.

Vom Thalamus durch die Capsula interna (Ci) und von der Hirnrinde durch die Capsula externa (Ce) abgegrenzt, weist der Linsenkern (Globus pallidus (Pal), Putamen (Put) und Nucl. caudatus (Caud), dieselbe Topik wie in Tafel II auf. Auch der Gyrus dentatus (D), die Fimbria fornicis (Fi), das Cornu ammonis (CA) und das Corpus callosum (CC) zeigen trotz geringer Größenzunahme gleiche Gestalt und Anordnung wie in Tafel II.

Tafel III

Ce
Put
Caud
St
Fi
Pal
Ci
r
Amy
L
V
Zi
CA
Av
D
Prl
Sm
Am
Fo
Hl
Rh
Prm
Hm
Md
Re
CC
Pa
Pc
Prpe

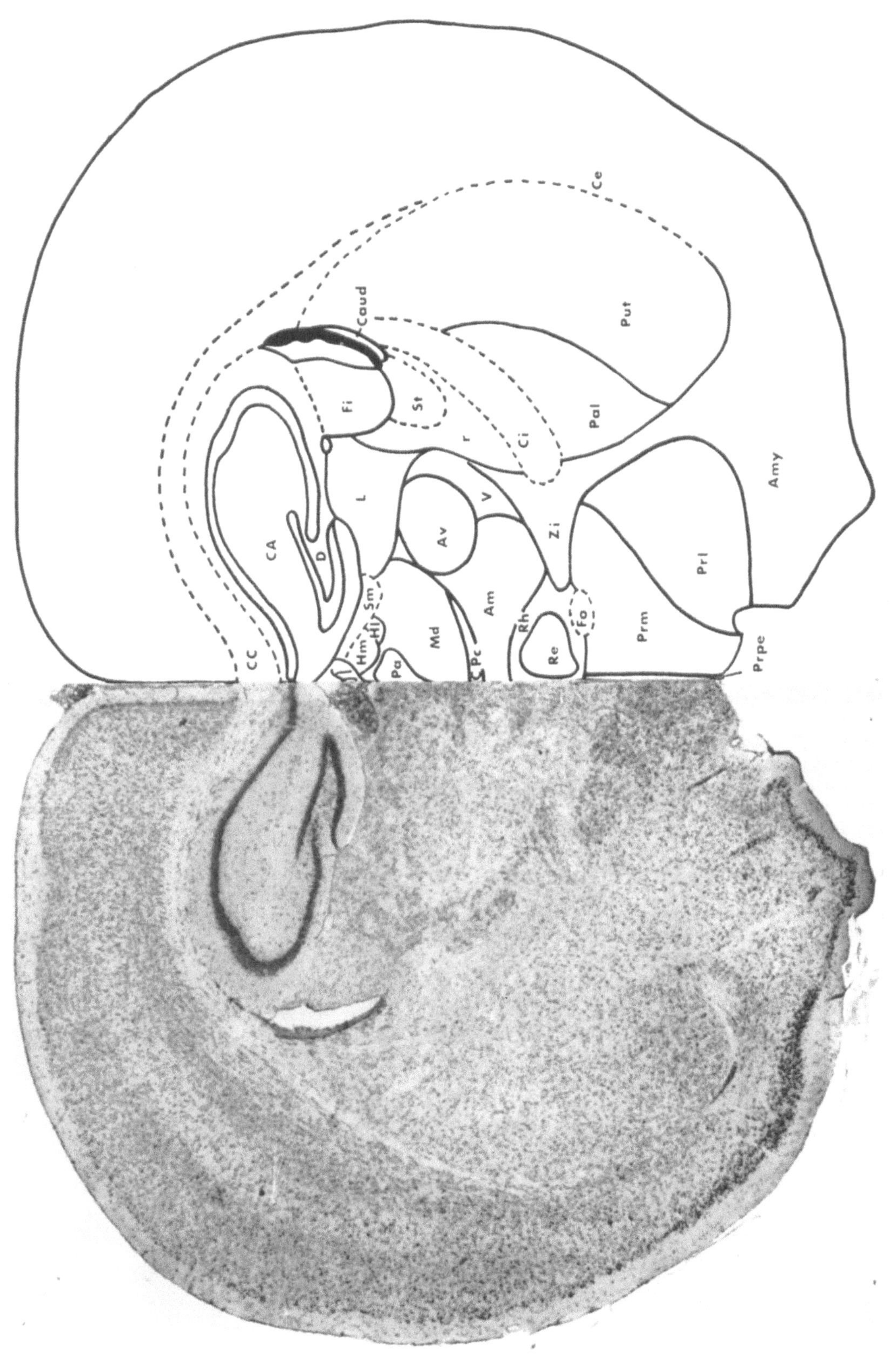

Tafel IV

Thalamus, Hypothalamus, Nucl. lentiformis, Ammonshorn

Die Schnittebene liegt nur wenig caudal von der der Tafel III.

Im *Thalamus* zeigen der Nucl. paraventricularis (Pa) und der Nucl. reuniens (Re) gegenüber der vorigen Abbildung in Lage und Größe nur geringe Unterschiede. Sie sind durch den medianen Anteil des Nucl. medialis dorsalis (Md), den Nucl. centralis (C) und den Nucl. rhomboideus (Rh) voneinander getrennt. Der Nucl. centralis (C) besitzt in dieser Ebene seine maximale Ausdehnung; der von ihm flügelförmig nach lateral abgehende Nucl. paracentralis (Pc) begrenzt lateroventral den Nucl. medialis dorsalis (Md) und trennt diesen Kern vom Nucl. ventralis thalami (V). Der Nucl. medialis dorsalis (Md) nimmt in dieser Höhe ein sehr großes Feld ein. Er umgibt die dorsomedial gelegenen Thalamuskerne, den Nucl. paraventricularis thalami (Pa), die Nucl. habenulares medialis und lateralis (Hm, Hl) und ebenso den aus dem Nucl. habenularis lateralis (Hl) entspringenden Fasciculus retroflexus Meynert (FM) von ventral her und steht, wie bereits erwähnt, in der Medianlinie mit dem kontralateralen Kern in Verbindung. Die Stria medullaris (Sm), dorsal von den Habenula-Kernen (Hm, Hl) gelegen, ist in Einzelfaserzüge aufgesplittert und weniger gut sichtbar als in früheren Schnitten. Der laterale Thalamus wird von drei Kernen gebildet, die in dieser Ebene bereits eine beträchtliche Ausdehnung erreicht haben. Dorsal liegt der Nucl. lateralis thalami (L), ventral der Nucl. ventralis thalami (V) und lateral der Nucl. reticularis (r). Der mediale Abschnitt des Nucl. ventralis thalami (V) kann als eigener Kern, als Nucl. ventralis medialis thalami (Vm) aufgefaßt werden. In diesem entspringt das Vicq d'Azyr'sche Bündel (VdA).

Der *Hypothalamus*, vom Thalamus teilweise durch die Zona incerta (Zi) getrennt, läßt in unmittelbarer Umgebung des spaltförmigen III. Ventrikels dorsal den Nucl. paraventricularis hypothalami (Pv) und ventral den Nucl. suprachiasmaticus (Sch) erkennen; die beiden Kerne werden durch den Nucl. periventricularis hypothalami (Per) verbunden. An diese Kerne schließt lateral der Nucl. anterior hypothalami (Ant) an, der die Regio praeoptica medialis (Prm) ersetzt hat und nun lateral und ventral von der noch vorhandenen Regio praeoptica lateralis (Prl) umgeben wird. Die Grenzen zwischen beiden Kernen sind unscharf. Dorsal liegt dem Nucl. hypothalami anterior (Ant) die Columna fornicis (Fo) an, während ventral in unmittelbarer Nähe des Kernes der Nucl. supraopticus (So) zu finden ist. Dieser Kern, der aus charakteristisch geformten Nervenzellen besteht, ist häufig nicht scharf umschrieben. Seine Zellen sind vielmehr in der Umgebung verstreut und finden sich auch in der Nähe von kleinen Gefäßen.

Im lateralen Bereich des Stammhirns verliert sich die früher so deutliche Abgrenzbarkeit des Globus pallidus (Pal) vom Putamen (Put) mit zunehmender Verkleinerung des Linsenkernes, sodaß nur mehr allgemein von einem Linsenkern (Le) gesprochen wird. Die Capsula interna (Ci) als mediale, die Capsula externa (Ce) als laterale und der Nucl. amygdalae (Amy) als ventrale Begrenzung sind noch deutlich sichtbar. Die Lage der Fimbria fornicis (Fi), der Stria terminalis (St) und des Nucl. caudatus (Caud), sowie die Beziehungen dieser Strukturen zueinander sind ganz ähnlich wie in der vorigen Tafel. Auch der Gyrus dentatus (D), das Cornu ammonis (CA) und das Corpus callosum (CC) sind hinsichtlich ihrer Topik unverändert.

Tafel IV

Ce
Caud
Le
Fi
St
r
Ci
Amy
CA
L
D
V
Prl
FM
Hl
Vm
VdA
Zi
Fo
Ant
So
Sm
Hm
Pa
Md
Pc
C
Rh
Re
Pv
Per
Sch
CC

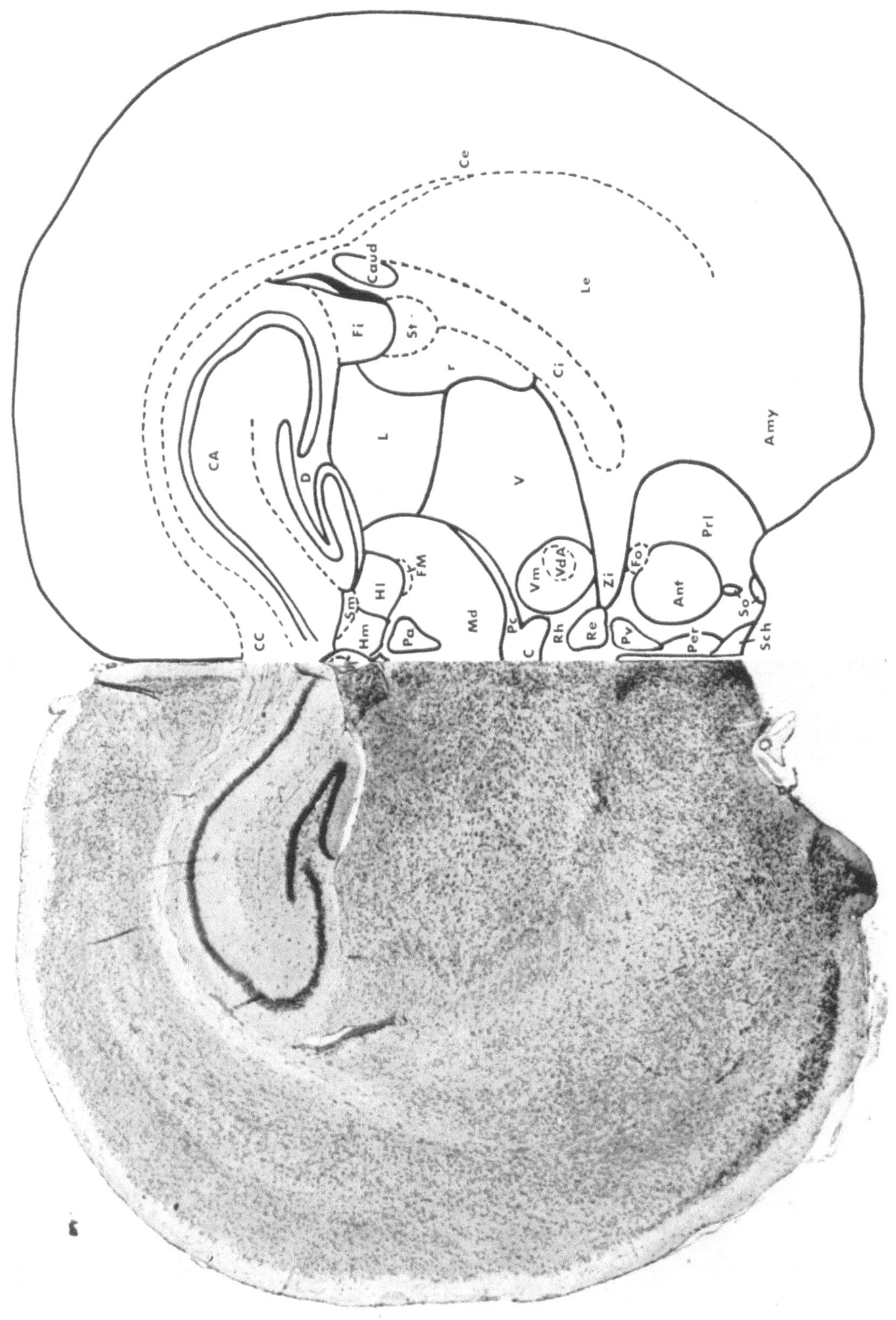

Tafel V

Thalamus, Hypothalamus, Nucl. lentiformis, Ammonshorn

Die Schnittebene führt durch die rostrale Infundibularregion.

Die Hauptmasse des medialen *Thalamus* wird vom Nucl. medialis dorsalis (Md) und vom Nucl. ventralis medialis (Vm), die durch den schmalen Nucl. centralis (C) und den Nucl. paracentralis (Pc) getrennt sind, gebildet. Wie in den vorhergehenden Abbildungen, umgibt der nach dorsal konkave Nucl. medialis dorsalis (Md) den Nucl. paraventricularis thalami (Pa), den Nucl. parafascicularis (Pf), den Nucl. habenularis medialis (Hm) und den Nucl. habenularis lateralis (Hl). Aus dem Nucl. habenularis lateralis (Hl) entspringt der Fasciculus retroflexus Meynert (FM), der seinerseits ventral an den Nucl. parafascicularis (Pf) stößt. Die dorsale Begrenzung der Nucl. habenulares (Hm, Hl) bildet nach wie vor die Stria medullaris (Sm). Ventral vom Nucl. ventralis medialis (Vm) liegt der Nucl. reuniens (Re). Der im vorhergehenden Schnitt noch gut sichtbare Nucl. rhomboideus (Rh) ist verschwunden. Im lateralen Thalamusabschnitt finden sich von dorsal nach ventral der Nucl. lateralis posterior (Lp), die Pars dorsomedialis des Nucl. ventralis thalami (Vdm) und der ventrale Hauptkern (V), dessen Grenze gegen die Pars medialis (Vm) durch die Lage des Vicq d'Azyr'schen Bündels (VdA) markiert wird. Dorsolateral von den beschriebenen Kernen liegen das Corpus geniculatum laterale (Gl) und ventrolateral und zum Teil auch rein ventral der Nucl. reticularis (r). Die Zona incerta (Zi) bildet auch in dieser Ebene eine Grenze zwischen Thalamus und Hypothalamus.

Der *Hypothalamus* weist gegenüber der Tafel IV nur geringfügige topische Änderungen auf. Der Nucl. paraventricularis hypothalami (Pv), der Nucl. suprachiasmaticus (Sch) und der Nucl. periventricularis hypothalami (Per) sind kleiner geworden. Der Nucl. anterior hypothalami (Ant) hat an Ausdehnung zugenommen, während die Regio praeoptica lateralis (Prl) etwas kleiner ist. Der Fornix (Fo) findet sich nun nicht mehr an der dorsalen, sondern an der lateralen Seite des Nucl. anterior hypothalami (Ant.) Der Nucl. supraopticus (So) ist von der ventralen Hypothalamusregion etwas nach lateral gerückt. Er ist einheitlicher als früher und dadurch besser lokalisierbar.

Die Stria terminalis (St), die Fimbria fornicis (Fi), der Nucl. amygdalae (Amy) und der Linsenkern (Le) mit der Capsula interna (Ci) als medialer und der Capsula externa (Ce) als lateraler Begrenzung sind in ihrer Lage unverändert geblieben. Ebensowenig hat sich die Topik des Cornu ammonis (CA), des Gyrus dentatus (D) und des Corpus callosum (CC) verändert.

Tafel V

Ce
Fi
St
r
Le
Gl
D
Ci
Amy
Vdm
CA
Lp
V
Zi
So
Fo
Prl
VdA
Sm
Hl
FM
Pf
CC
Hm
Md
Vm
Re
Pv
Per
Ant
Sch
Pa
C Pc

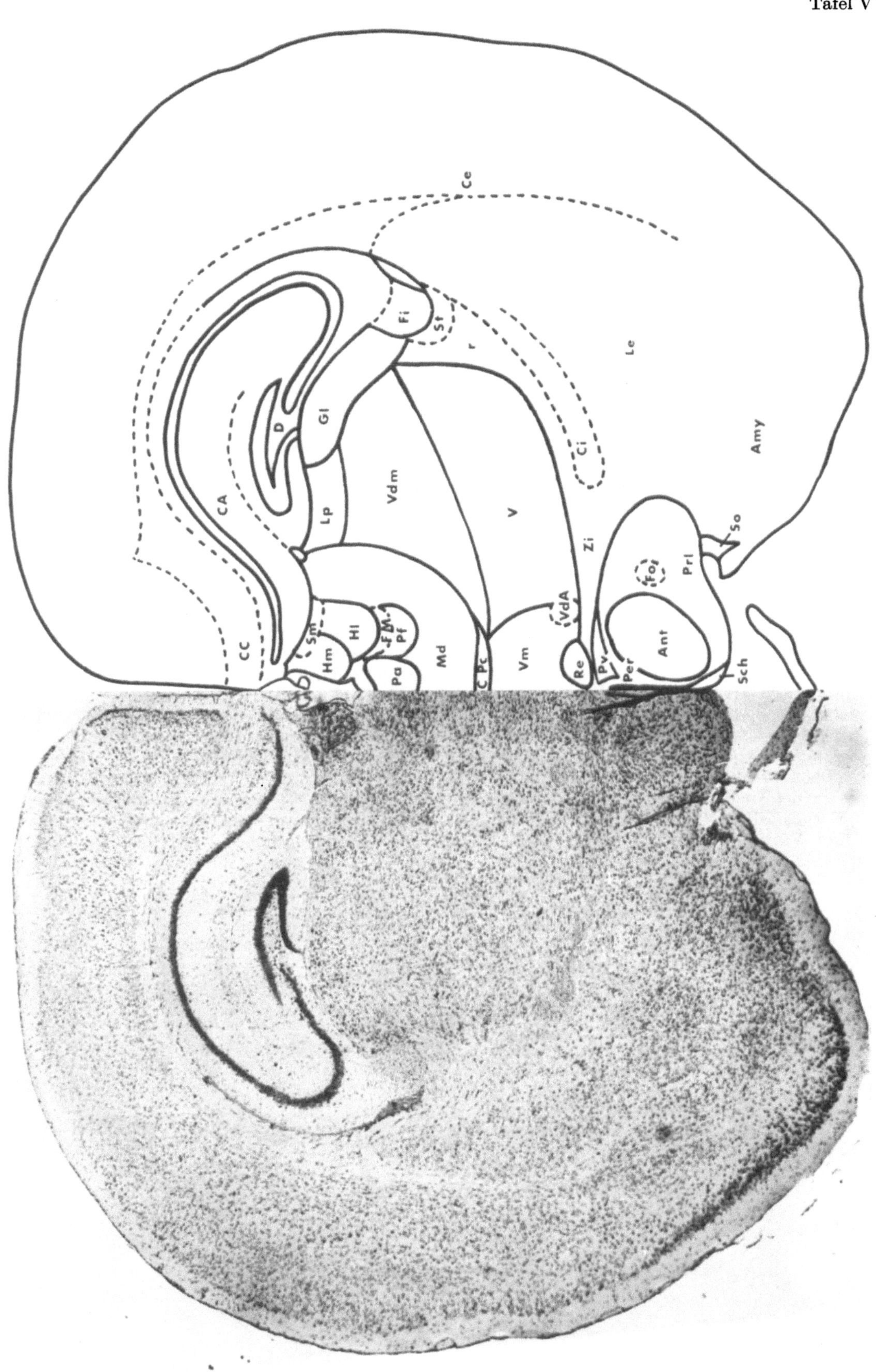

Tafel VI

Thalamus, Hypothalamus, Nucl. lentiformis, Ammonshorn

Die Schnittebene führt durch die Commissura posterior (Cp) und die Commissura habenularum (Ch).

Im Bereich der Massa intermedia fehlt der Nucl. reuniens (Re); der Nucl. paraventricularis thalami (Pa) hat gegenüber diesem Kern in Tafel V an Größe verloren. Dorsal vom Nucl. paraventricularis (Pa) erstreckt sich zwischen diesem und der Commissura posterior (Cp) der Nucl. periventricularis (Pe), ventral liegt der in der Medianen mit dem Kern der gegenüberliegenden Seite verbundene Nucl. ventralis medialis (Vm). Der noch in der vorhergehenden Tafel sichtbare Nucl. medialis dorsalis (Md) ist gänzlich durch den Nucl. parafascicularis (Pf) ersetzt, der den Fasciculus retroflexus Meynert (FM) umgibt. Dorsolateral liegt der Nucl. posterior thalami (Po), lateral der dorsomediale Unterkern des Nucl. ventralis (Vdm), ventral der Nucl. ventralis (ventraler Hauptkern (V)) und ventromedial der Nucl. ventralis medialis (Vm). Der Nucl. posterior thalami (Po) engt nicht nur den Nucl. ventralis dorsomedialis (Vdm) von dorsal her ein, sondern ersetzt auch von medial kommend den Nucl. lateralis posterior thalami (Lp), der in der Tafel V noch getroffen ist. Zugleich mit dem Nucl. posterior thalami (Po) entsteht dorsal als unregelmäßig begrenztes Areal die Area praetectalis (Prt). Im lateralen Thalamusabschnitt liegt zwischen dem Corpus geniculatum laterale (Gl), an dem ein dorsaler und ein ventraler Anteil unterschieden werden kann, und dem Nucl. posterior thalami (Po) das Corpus geniculatum mediale (Gm). Im ventralen Thalamus ist die Zona incerta (Zi) unverändert geblieben, der Nucl. reticularis (r) ist im Vergleich zu den früheren Abbildungen verkleinert. In der Grenzzone zwischen dem Nucl. ventralis (V) und der Zona incerta (Zi) wird der Lemniscus medialis (Lm) sichtbar.

Im *Hypothalamus* haben der Nucl. dorsomedialis hypothalami (dm) und der Nucl. ventromedialis hypothalami (vm) mit seinen Unterkernen den Nucl. anterior (Ant) der vorigen Tafel ersetzt. An die Stelle des Nucl. suprachiasmaticus (Sch) rückt der Nucl. infundibularis (i). Die Area hypothalami dorsalis (hd) bildet dorsal die Grenzzone gegen den Nucl. ventralis medialis thalami (Vm). Zwischen den medialen Thalamuskernen und dem Pes pedunculi (Pp) liegt die Regio hypothalami lateralis (lat) mit dem Fornix (Fo). Ventral davon läßt sich der Tractus opticus erkennen (To).

Der Linsenkern (Le) und die Capsula externa (Ce) sind nur mehr in ihren Ausläufern zu sehen, während der Nucl. amygdalae (Amy) noch unverändert nachzuweisen ist. Auch der Gyrus dentatus (D), das Corpus callosum (CC), die Fimbria fornicis (Fi) und die Stria terminalis (St) zeigen außer einer leichten Ventrolateralabweichung keine topischen Veränderungen gegenüber der vorigen Abbildung.

Tafel VI

Ce
CA
Fi
St
Le
Amy
r
Gl
V
Pp
D
Gm
Vdm
CC
Lm
Zi
lat
To
Po
Cmn
Pf
FM
Fo
VdA
Prt
Ncp
Cp
Vm
dm
vm
Pe
Pa
Ch
hd
i

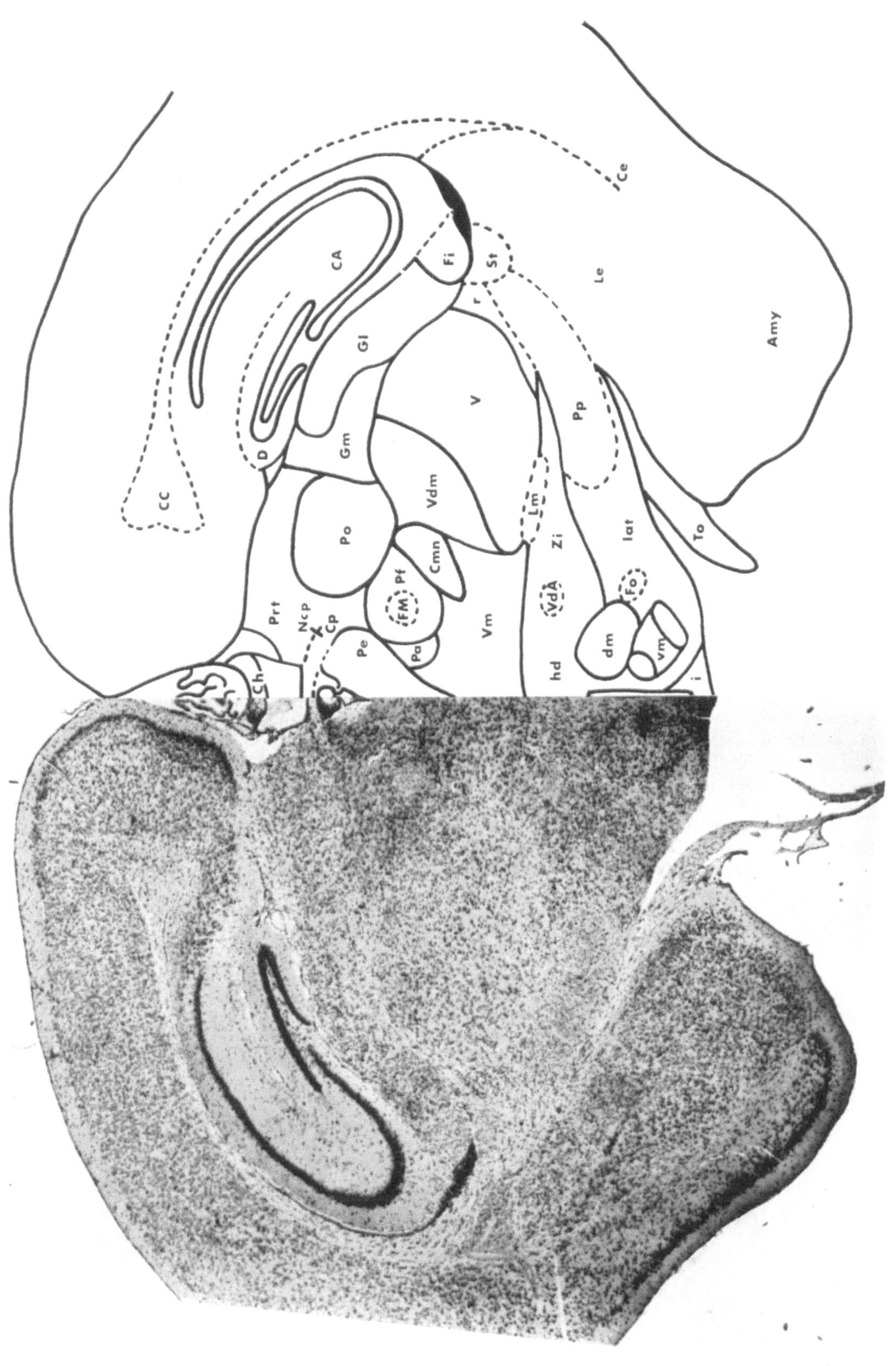

Tafel VII

Caudaler Thalamus und Hypothalamus, Ammonshorn, Vierhügelregion

Dieser Schnitt ist nur wenig caudal von dem, der durch die Tafel VI wiedergegeben ist, geführt, zeigt jedoch bereits deutliche Unterschiede in der Kerntopographie. Dorsal vom Zwischenhirn ist ein rostraler Anteil des *Mittelhirns* getroffen (Colliculus superior (Csup)), in dessen Medianen noch einige Fasern der Commissura posterior (Cp) zu sehen sind. Zwischen den Colliculi superiores ist noch ein caudaler Rest der Commissura habenularum (Ch) sichtbar.

Im *Thalamus* liegt in unmittelbarer Umgebung des spaltförmigen III. Ventrikels das große Feld des Nucl. periventricularis (Pe), das nicht als einheitliches Kerngebiet angesprochen werden kann. Es stößt dorsal an die Fasern der Commissura posterior (Cp) und an den in diese Fasern eingelagerten Nucl. commissurae posterioris (Ncp). Lateral vom Nucl. periventricularis (Pe) ist der Nucl. parafascicularis (Pf) verschwunden, der Fasciculus retroflexus Meynert (FM) jedoch noch zu sehen. Er liegt im Grenzgebiet zwischen dem Nucl. periventricularis thalami (Pe), dem Nucl. posterior thalami (Po) und dem Nucl. ventralis posterior thalami (Vp). Ventral vom Colliculus superior (Csup) und damit dorsolateral von der Commissura posterior (Cp) befindet sich die Regio praetectalis (Prt), die die gleiche Lage wie in der vorhergehenden Tafel einnimmt. Ventral von ihr bildet der Nucl. posterior thalami (Po) ein großes Feld; an ihn schließt in ventraler Richtung der Nucl. ventralis posterior (Vp) als caudaler Ausläufer des Nucl. ventralis thalami (V) an. An der Grenze zwischen dem Nucl. ventralis posterior (Vp) und der ventral von ihm liegenden Zona incerta (Zi) nimmt der Lemniscus medialis (Lm) ein größeres Areal ein. Die unmittelbar der Zona incerta (Zi) anliegenden Fasern werden als Forel'sches Feld H_1 (H1), die Fasern zwischen der Zona incerta (Zi) und dem Corpus subthalamicum Luysii (CstL) als Forelsches Feld H_2 (H2) bezeichnet. Der laterale Thalamus wird dorsal vom Corpus geniculatum mediale (Gm) und ventral vom Corpus geniculatum laterale (Gl) gebildet.

Die Struktur des *Hypothalamus* ist gegenüber den vorigen Tafeln im wesentlichen unverändert, die einzelnen Kerne sind allerdings besser abgrenzbar. Deutlich lassen sich der Nucl. dorsomedialis hypothalami (dm) und der Nucl. ventromedialis hypothalami (vm) erkennen. Der Fornix (Fo) wird vom Nucl. perifornicatus (pF) umgeben. Die Regio hypothalamica lateralis (lat) ist die caudale Fortsetzung der lateralen praeoptischen Region (Prl), in sie sind lateral der Nucl. tuberomamillaris (tuma) und der Nucl. tuberis lateralis (tl) eingelagert. Lateral vom Hypothalamus liegt das Corpus subthalamicum Luysii (CstL), das ventral an den Pes pedunculi (Pp) grenzt. Auch einige Faserzüge des Tractus opticus (To) sind noch an der Ventralseite des Pes pedunculi (Pp) erkennbar.

Der Linsenkern (Le) und der Nucl. amygdalae (Amy) sind nur mehr sehr wenig sichtbar. Das Ammonshorn (CA), das Corpus callosum (CC) und der Gyrus dentatus (D) haben eine Ventralbewegung durchgemacht und rückten von der dorsolateralen an die laterale Seite des Hirnstammes.

Tafel VII

CA
D
Gl
Le
Amy
CC
Gm
Prt
Po
Vp
Lm
HT
H2
Zi
Cst L
Pp
To
fuma
tl
lat
pF
Fo
Csup
Ch
Ncp
FM
VdA
Cp
Pe
hd
dm
vm

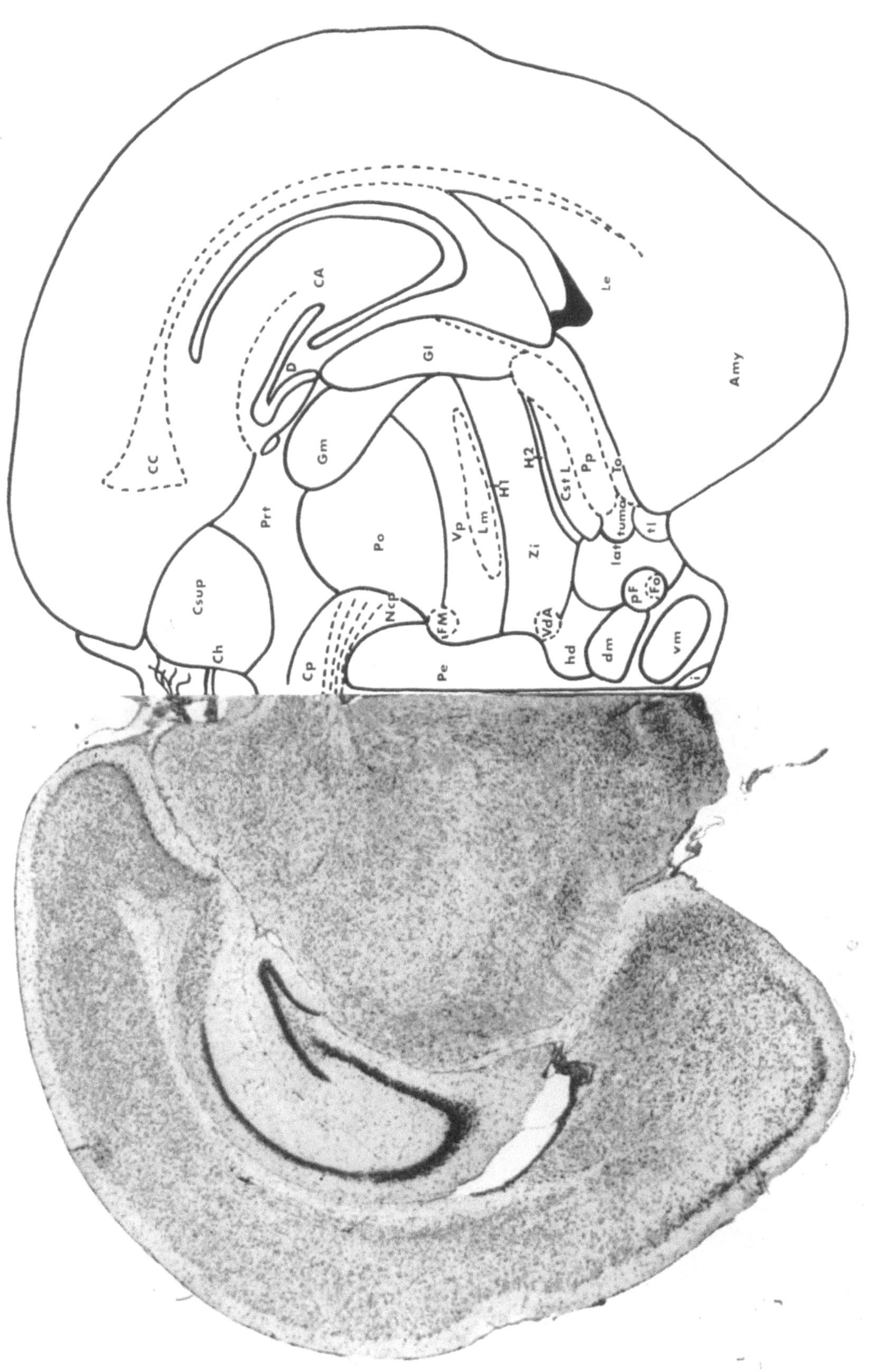

Tafel VIII

Caudaler Thalamus, Colliculus superior, Commissura posterior, caudaler Hypothalamus, Formatio reticularis

Die Schnittebene führt durch die Mitte des Colliculus superior (Csup).

Der *Thalamus* ist nur mehr auf ein relativ kleines laterales Feld beschränkt. Dieses wird zum Großteil vom ausgedehnten Corpus geniculatum mediale (Gm), vom kleinen Corpus geniculatum laterale (Gl) und nur zu einem geringen Teil von den caudalen Ausläufern der Regio praetectalis (Prt) und des Nucl. posterior thalami (Po) eingenommen.

Der Hauptanteil des Querschnittes wird nun vom Colliculus superior (Csup) und von der Formatio reticularis (Fr) gestellt. Im Zentrum liegt der Aquaeductus Sylvii umgeben vom Griseum centrale (Gc), das seinerseits ventrolateral an den Darkschewitsch'schen Kern (Da) und an den Nucl. interstitialis Cajal (IC) stößt. Dorsal sind in die Formatio reticularis (Fr) über die Mediane ziehende Fasern der Commissura posterior (Cp) eingelagert. Im ventralen Bereich der Formatio sind medial der Fasciculus retroflexus Meynert (FM) und lateral der Lemniscus medialis (Lm) deutlich erkennbar. Letzterer gibt die Grenze zwischen Formatio reticularis (Fr) und der Zona incerta (Zi) an. Die Zona incerta (Zi) ist in dieser Schnittebene mit dem gleichen Areal der gegenüberliegenden Seite über die Medianlinie verbunden.

Im *Hypothalamus*, ventral der Zona incerta (Zi), liegen medial die Area hypothalami dorsalis (hd), der Nucl. periventricularis posterior (pp) und der Nucl. infundibularis (i). Lateral davon finden sich die Felder der Nucl. praemamillares dorsales und ventrales (pmd, pmv), an die lateral der Fornix (Fo) mit seinem Nucl. perifornicatus (pF) anschließt. Der laterale Hypothalamus grenzt als Regio hypothalami lateralis (lat) mit eingelagerten Nucl. tuberomamillaris (tuma) und Nucl. tuberis lateralis (tl) an den Pes pedunculi (Pp) und an das Corpus subthalamicum Luysii (CstL). Der Tractus mamillothalamicus (VdA) liegt im Grenzbereich von Zona incerta (Zi) und Hypothalamus.

Der rostrale Ausläufer der Substantia nigra (N) läßt sich zwischen Pes pedunculi (Pp) und Corpus subthalamicum Luysii (CstL) erkennen.

Der Linsenkern (Le) ist bereits verschwunden, der caudale Rest des Balkens (CC), das Ammonshorn (CA), der Gyrus dentatus (D) und der Nucl. amygdalae (Amy) sind hinsichtlich Lage und Form ähnlich wie in Tafel VII.

Tafel VIII

CA
D
Amy
Gl
CC
Gm
Pp
Prt
Po
N
Lm
Fr
Zi
Csup
FM
Gc
Do
IC
Cp
lat
pmv
hd
pp

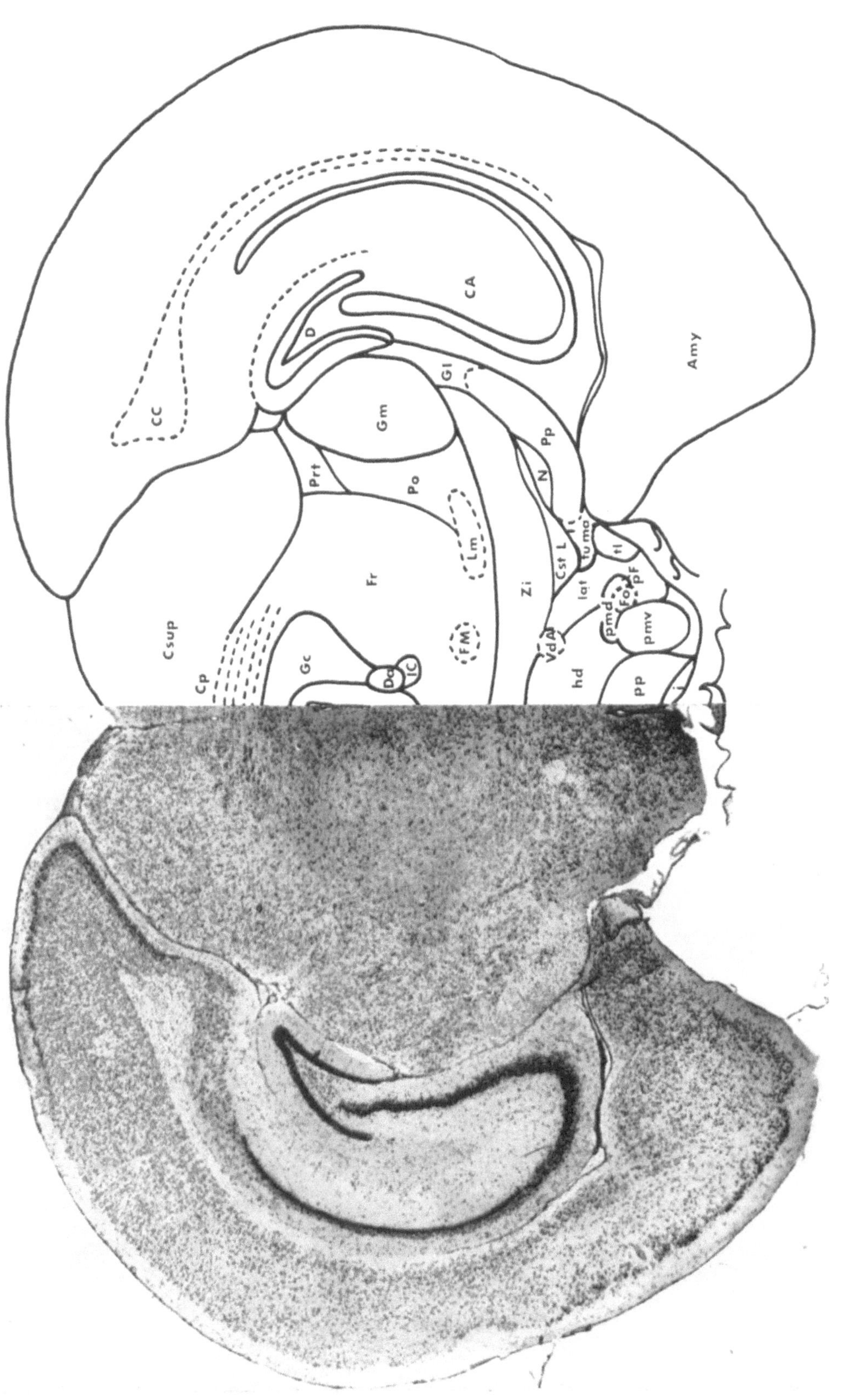

Tafel IX

Mittelhirn, Ammonshorn, Corpus mamillare

Die Schnittebene führt durch die Mitte des Colliculus superior (Csup).

Das Zentrum dieses Schnittes bildet der vom Griseum centrale (Gc) umgebene Aquaeductus Sylvii. Ventromedian liegen in seiner Nähe der Westphal-Edinger'sche Kern (W-E) und paramedian der Darkschewitsch'sche Kern (Da). Die senkrecht durchschnittenen Fasern des Fasciculus longitudinalis medialis (Flm) sind in der Nähe dieser Kerne in Form eines von lateral nach ventral ziehenden konvexen Bogens zu finden. Weiter ventral kreuzt der Tractus tectospinalis als Decussatio tegmenti ventralis (Dtv). Ventral von dieser Kreuzung liegen median der Nucl. interpeduncularis (Ip) und paramedian der Fasciculus retroflexus Meynert (FM). Die einen Großteil des Mittelhirns einnehmende Formatio reticularis (Fr) wird dorsal vom Colliculus superior (Csup), lateral vom Brachium colliculi superioris (BCs) und vom Corpus geniculatum mediale (Gm), ventral vom dorsalen und ventralen Abschnitt der Substantia nigra (Nd, Nv) und von der nur mehr schmalen Zona incerta (Zi) begrenzt. Im medialen Abschnitt der Formatio reticularis (Fr) liegen der Nucl. ruber (Ru) und der Lemniscus medialis (Lm). Ventral von der ventralen Substantia nigra (Nv) sind noch einige Fasern des Pes pedunculi (Pp) sichtbar. Die medial davon liegenden Nervenzellen dürften dem Nucl. tuberomamillaris (tuma) zuzuordnen sein.

Das *Corpus mamillare* zeigt in der vorliegenden Tafel seine größte Ausdehnung. Von den zahlreichen Unterkernen liegen in der Medianen dorsal der Nucl. mamillaris medianus (mmn) und ventral in der Umgebung des Recessus infundibuli der Nucl. periventricularis hypothalami posterior (pp). Lateral schließt an den Nucl. mamillaris medianus (mmn) der Nucl. mamillaris medialis (mm) an, in den auch anscheinend die Hauptmasse der Fasern des Vicq d'Azyr'schen Streifens (VdA) einstrahlt. Lateral vom Nucl. periventricularis posterior (pp) liegen der Nucl. praemamillaris ventralis (pmv) und der Nucl. praemamillaris dorsalis (pmd). Zwischen dem Nucl. mamillaris medialis (mm) und dem Nucl. mamillaris lateralis (ml) liegen der Nucl. mamillaris intermedius (mi) und der caudale Abschnitt der Columna fornicis (Fo). Ventral vom Fornix (Fo) liegt der caudale Anteil des Nucl. tuberomamillaris (tuma). Der Nucl. supramamillaris (sm) ist dorsal vom Nucl. mamillaris intermedius (mi) zu finden.

Die schon in der Tafel VIII nach lateral gerückten Corpus callosum (CC), Cornu ammonis (CA) und Gyrus dentatus (D) sind noch immer gut sichtbar. Der Nucl. amygdalae (Amy) läßt sich nicht mehr nachweisen.

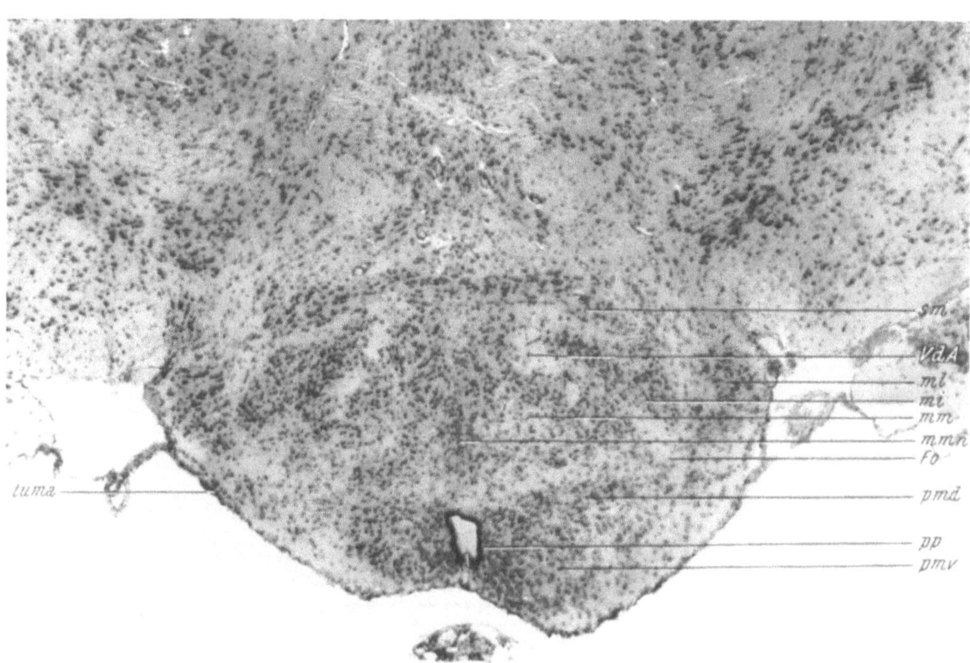

Abb. 4. Corpus mamillare

Tafel IX

CC
CA
D
Gm
BCs
Fr
Nd
Nv
Ru
Lm
Zi
Pp
tuma
ml
mi
fo
pmd
pmv
sm
VdA
mm
mmn
pp
FM
W-E
Flm
Dtv
Ip
Da
Gc
Csup

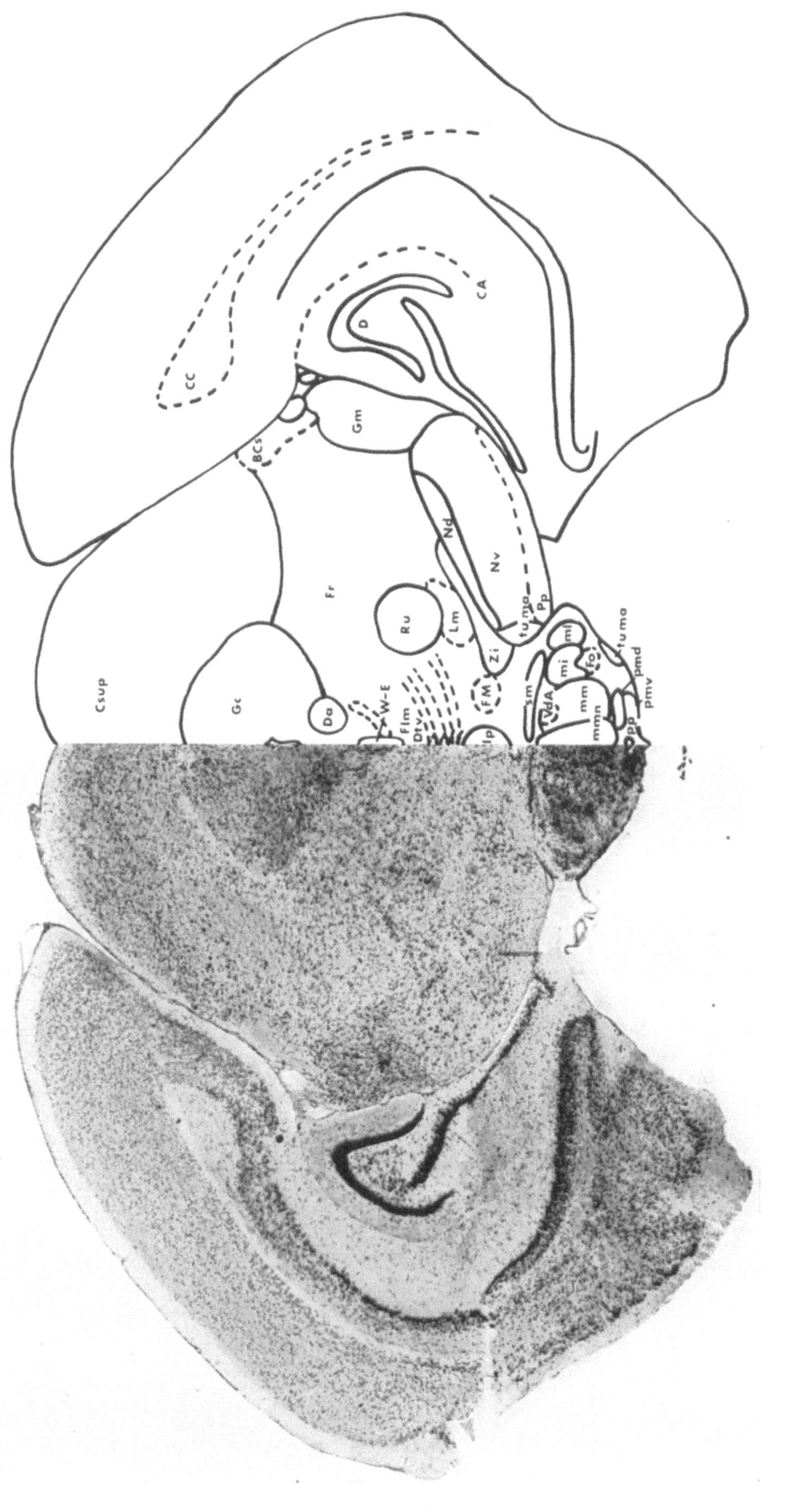

Tafel X

Mittelhirn, Ammonshorn, Corpus mamillare

Die Schnittebene führt durch das caudale Mittelhirn und durch den caudalen Abschnitt des Corpus mamillare.

Das dorsale Dach des *Mittelhirns* bildet der große Colliculus superior (Csup). Im Zentrum liegen der Aquaeductus Sylvii und das Griseum centrale (Gc), an dessen ventraler Seite der motorische Hauptkern des Oculomotorius (N III) zu finden ist. Ventral von diesem verläuft der Fasciculus longitudinalis medialis (Flm). Der Nucl. Darkschewitsch (Da), der in der vorigen Tafel in diesem Bereich zu finden war, ist nicht mehr zu sehen. Wie schon in Tafel IX kreuzen ventral vom Griseum centrale (Gc) mehrere Faserzüge die Mittellinie: die Decussatio tegmenti ventralis (Dtv) und die Decussatio tegmenti dorsalis (Dtd). Ventral von diesen Faserkreuzungen liegt der Nucl. interpeduncularis (Ip). Als laterales großes Feld findet sich die Formatio reticularis (Fr), die folgende angrenzenden Areale erkennen läßt: dorsal den Colliculus superior (Csup), lateral den caudalen Rest des Corpus geniculatum mediale (Gm), ventral die beiden Anteile der Substantia nigra (Nd, Nv) und den Lemniscus medialis (Lm). In der medialen Formatio reticularis (Fr) liegt der Nucl. ruber (Ru), wobei deutlich erkennbare Fasern des Oculomotorius (R III) nicht nur diesen Kern, sondern auch die medialen Anteile des Lemniscus medialis (Lm) und der Substantia nigra (Nv) durchziehen.

Vom *Corpus mamillare* (Mm) ist nur mehr ein caudaler Rest sichtbar.

Das Corpus callosum (CC), der Gyrus dentatus (D) und das Cornu ammonis (CA) sind klein, in ihrer Lage jedoch gegenüber der vorigen Tafel unverändert.

Tafel X

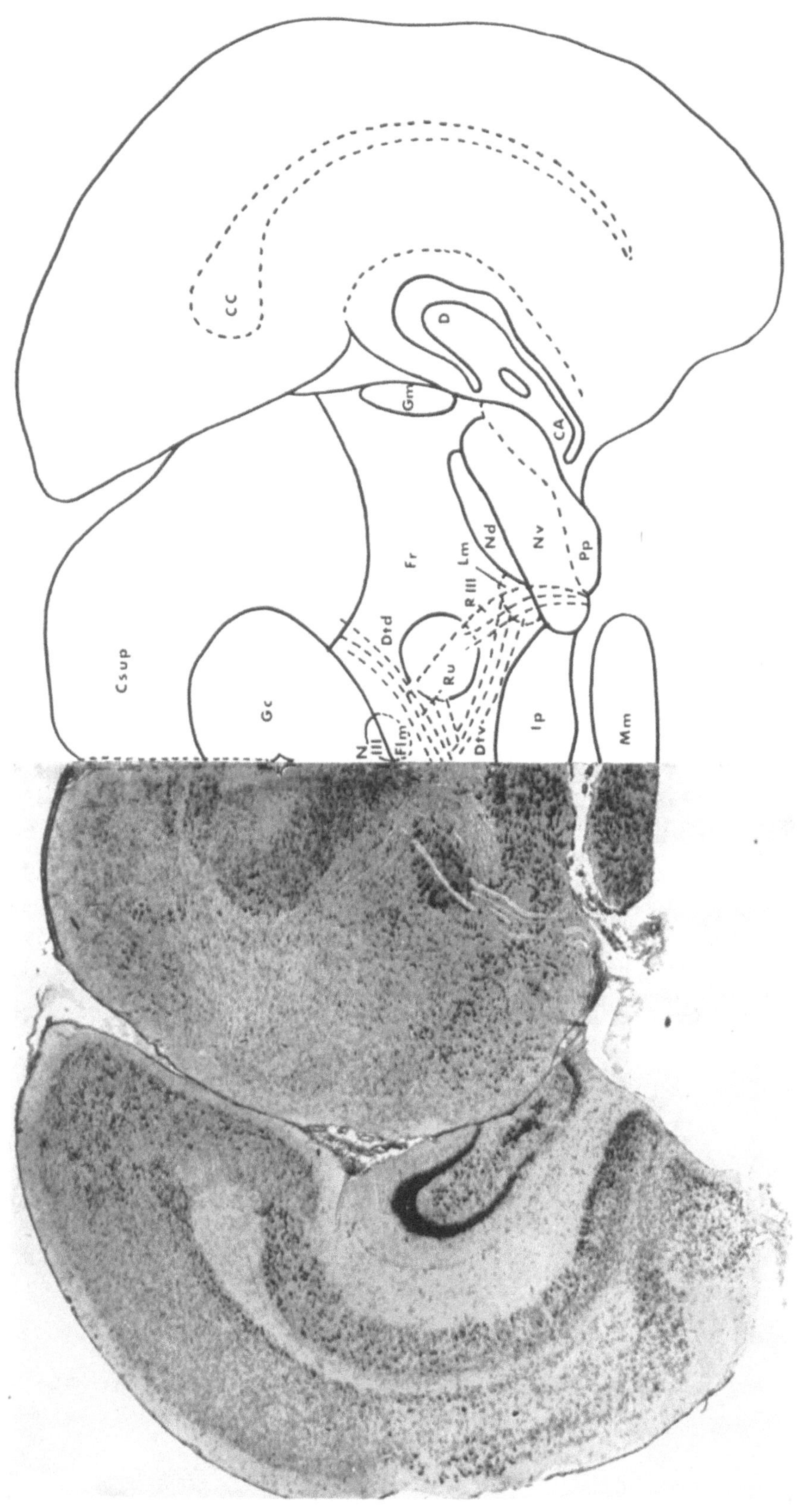

Tafel XI

Colliculus inferior, rostrale Brücke

Die Schnittebene trifft dorsal den Colliculus inferior (Cinf) und ventral die rostralen Brückenanteile mit den Nuclei pontis (P).

Das Zentrum des Schnittes zeigt den Übergang vom Aquaeductus Sylvii in den IV. Ventrikel. Das zentrale Grau (Gc) ist kleiner als in den vorhergehenden Tafeln. Ventral vom Griseum centrale (Gc) liegt der Nucl. tegmenti dorsalis (Td), ventromedian der dorsale Anteil der Raphe (Ra). Weiter ventral verläuft der Fasciculus longitudinalis medialis (Flm), ventral von diesem kreuzen die Brachia conjunctiva (Bc) die Mittellinie, die durch dicht liegende Nervenzellen der ventralen Raphe (Ra) markiert wird. Der laterale Anteil des Mittelhirns wird durch die umfängliche Formatio reticularis (Fr) gebildet, die dorsal an den Colliculus inferior (Cinf) angrenzt. Lateral wird sie von der Faserung des Lemniscus lateralis (Ll) umfaßt, der vom Nucl. lemnisci lateralis ventralis (Nllv) zum Colliculus inferior (Cinf) zieht. An der Grenze zwischen dem Griseum centrale (Gc), Nucl. tegmenti dorsalis (Td) und der Formatio reticularis (Fr) liegt ein kleines Feld, das von den Fasern des Tractus mesencephalicus nervi trigemini (T mes V) eingenommen wird. In der Brücke liegen die Nervenzellen der Brückenkerne (Nuclei pontis (P)), an die lateral das Brachium pontis (Bp) anschließt, das lateral vom Nucleus lemniscis lateralis ventralis (Nllv) nach dorsal zieht. Dorsolateral von den Brückenkernen läuft der Tractus corticospinalis (Csp) und dorsomedial der Lemniscus medialis (Lm). Beide umgeben von ventral her schalenförmig den rostralen Ausläufer des Nucl. pterygoideus (Pte).

Tafel XI

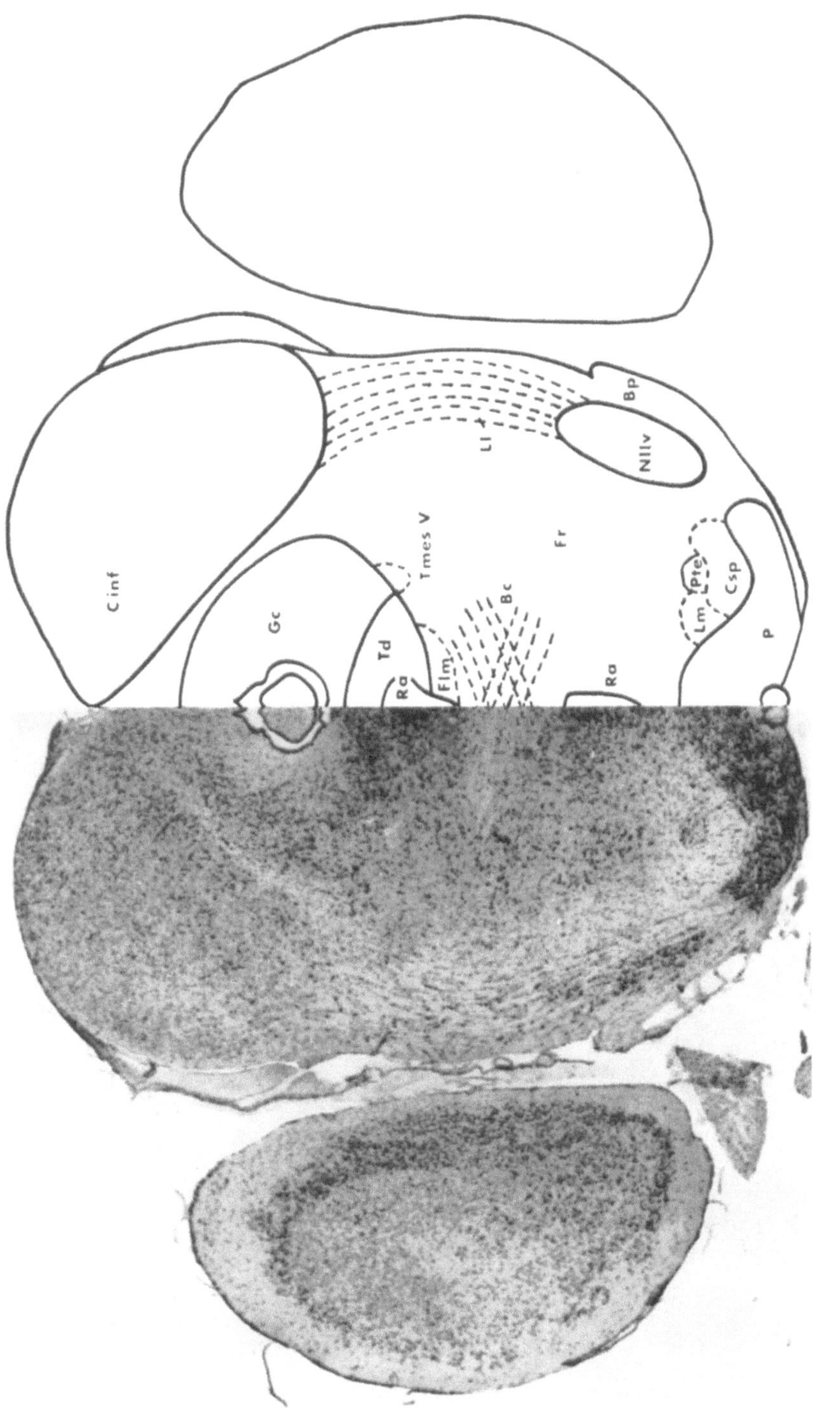

Tafel XII

Colliculus inferior, rostrales Kleinhirn, Brücke

Die Schnittebene führt durch den caudalen Abschnitt des Colliculus inferior (Cinf) und durch die Mitte des Pons (P).

Im caudalen Bereich der *Vierhügelregion* ist der rostrale Kleinhirnwurm median zwischen die Colliculi inferiores (Cinf) eingeschoben. Lateral von den hinteren Vierhügeln sind bereits Teile der Kleinhirnhemisphaeren sichtbar. Ventral vom Kleinhirnwurm befindet sich nun der IV. Ventrikel, dessen Boden vom Nucl. tegmenti dorsalis (Td) und vom Nucl. tegmenti laterodorsalis (tld) gebildet wird. Zwischen dem Nucl. tegmenti dorsalis (Td) und dem weiter ventral liegenden Fasciculus longitudinalis medialis (Flm) erkennt man die Pars ventromedialis des Nucl. tegmenti dorsalis (tvm). Ein großes Feld wird von der Formatio reticularis (Fr) eingenommen, die dorsomedial von den eben genannten Kernen und dem lateral vom Nucl. tegmenti laterodorsalis (tld) liegenden Nucl. und Tractus mesencephalicus nervi trigemini (N/T mes V) begrenzt wird. Ventral vom Nucl. tegmenti laterodorsalis (tld) lassen sich die Faserzüge des Brachium conjunctivum (Bc) nachweisen. Lateral schließt an die Formatio reticularis (Fr) das System des Lemniscus lateralis (Ll) an, das dorsal den Nucl. lemnisci lateralis dorsalis (Nlld) und ventral den Nucl. lemnisci lateralis ventralis (Nllv) zeigt. Ventral von der Formatio reticularis (Fr) liegt der nun mit dem kontralateralen Kern in der Medianen vereinigte Nucl. pterygoideus (Pte). Weiter ventral liegen der Lemniscus medialis (Lm), der Tractus corticospinalis (Csp) und der Pons (P) in gleicher topischer Beziehung zueinander wie in Tafel XI; lediglich die Brachia pontis (Bp) nehmen ein mehr laterodorsal gelegenes Feld ein.

Tafel XII

Bp
Ll
NIIv
NIId
Tmes V
Nmes V
C inf
tld
Bc
Fr
Csp
Lm
Pte
P
Td
tvm
Flm

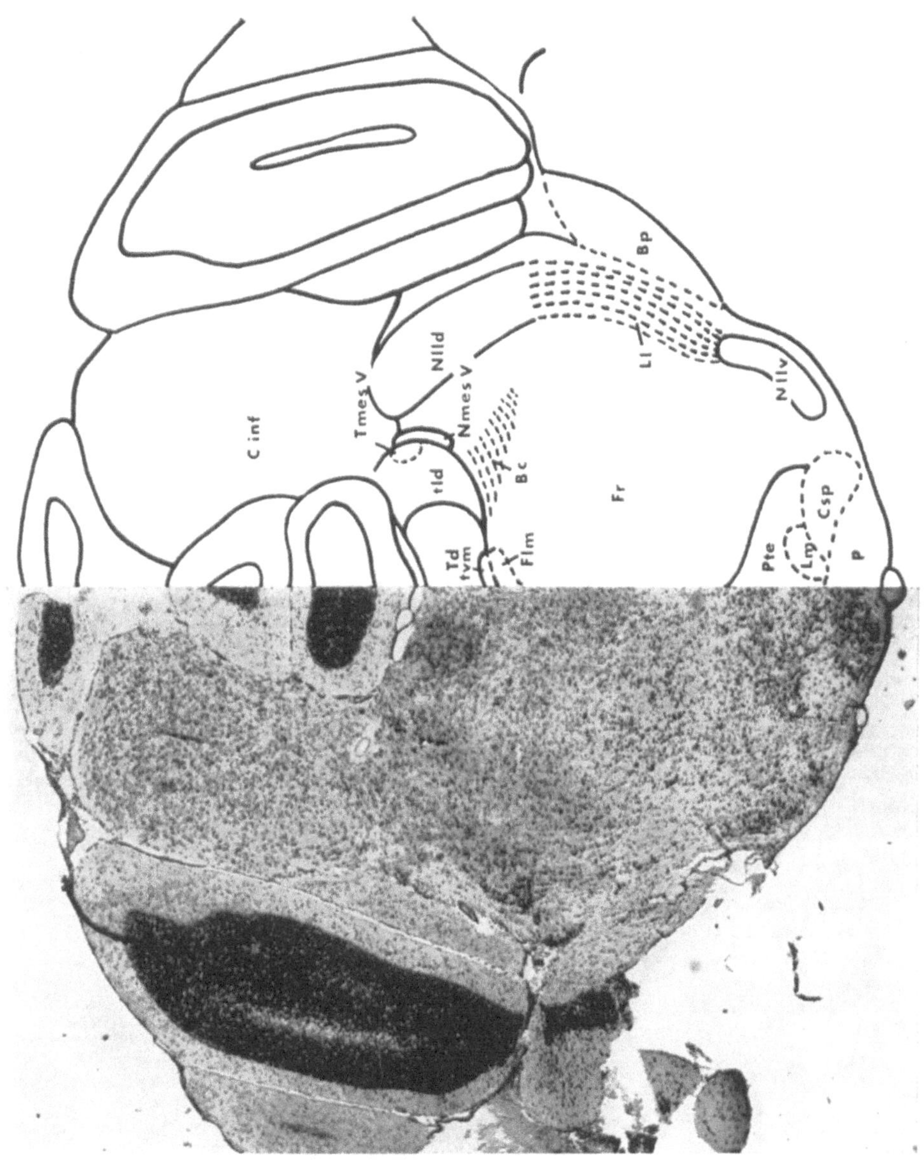

Tafel XIII

Kleinhirn, Rhombencephalon

Die Schnittebene liegt etwas rostral von der größten Kleinhirnzirkumferenz und unmittelbar caudal von der Brücke.

Im Boden des IV. Ventrikels ist in dieser Ebene die Kerntopographie nur unwesentlich gegenüber der Tafel XII geändert. Es finden sich auch hier der Nucl. tegmenti dorsalis (Td), dessen paramedianer Anteil sich zu einem eigenen Kern, dem Nucl. centralis tegmenti (tc) ausdifferenziert hat. Die Lage des Nucl. tegmenti laterodorsalis (tld) ist gleichgeblieben, ebenso die des ventromedialen Unterkernes des Nucl. tegmenti (tvm) zwischen dem Nucl. tegmenti dorsalis (Td) und dem Fasciculus longitudinalis medialis (Flm). Die große Formatio reticularis (Fr) wird durch die fast linear in der Mittellinie angeordneten Nervenzellen der Raphe (Ra) von der gleichnamigen kontralateralen Struktur getrennt. Auch in dieser Schnitthöhe bilden die dorsale Begrenzung des Hirnstammes von medial nach lateral der Fasciculus longitudinalis medialis (Flm), der Nucl. tegmenti dorsalis (Td), der Nucl. tegmenti laterodorsalis (tld) der Nucl. und Tr. mesencephalicus nervi trigemini (N/T mes V) und das Brachium conjunctivum (Bc). An letzteres schließen dorsolateral der caudale Rest des Nucl. lemnisci lateralis dorsalis (Nlld) und die Fasern des Brachium colliculi inferioris (BCi) an. Lateral von der Formatio reticularis (Fr) findet sich das ausgedehnte Kerngebiet des Nervus trigeminus. Es besteht aus dem medial gelegenen motorischen (NmV), der intermediären Zellzone a und dem lateral gelegenen sensiblen (NsV) Kern. An diesen Kern schließt nun weiter lateral der Faserzug des Tractus spinalis nervi trigemini (TspV) an. In der vorliegenden Tafel erscheint dieser Faserzug infolge Schrumpfung des Präparates isoliert. Ventral teilen querverlaufende Fasern des Trapezkörpers (Ctr) den Tractus corticospinalis (Csp) in einzelne Faserbündel auf. Dorsal davon liegt paramedian der Nucl. corporis trapezoidis (Nctr). Dorsomedial zwischen dem Nucl. corporis trapezoidis (Nctr) und der Raphe (Ra) liegt in einem dreieckigen Feld der Querschnitt des Lemniscus medialis (Lm). Der Nucl. lemnisci lateralis ventralis (Nllv) im lateroventralen Rautenhirnabschnitt ist gegenüber den früheren Schnitten kleiner und schlechter gegen die Umgebung abgrenzbar. Medial von ihm befindet sich die in dorsoventraler Richtung orientierte Pararotula (pR). Lateral vom Tractus spinalis nervi trigemini (Tsp V) beginnt der Nucl. cochlearis ventralis (Cv), der dorsal an das Corpus restiforme (Cr) stößt.

Tafel XIII

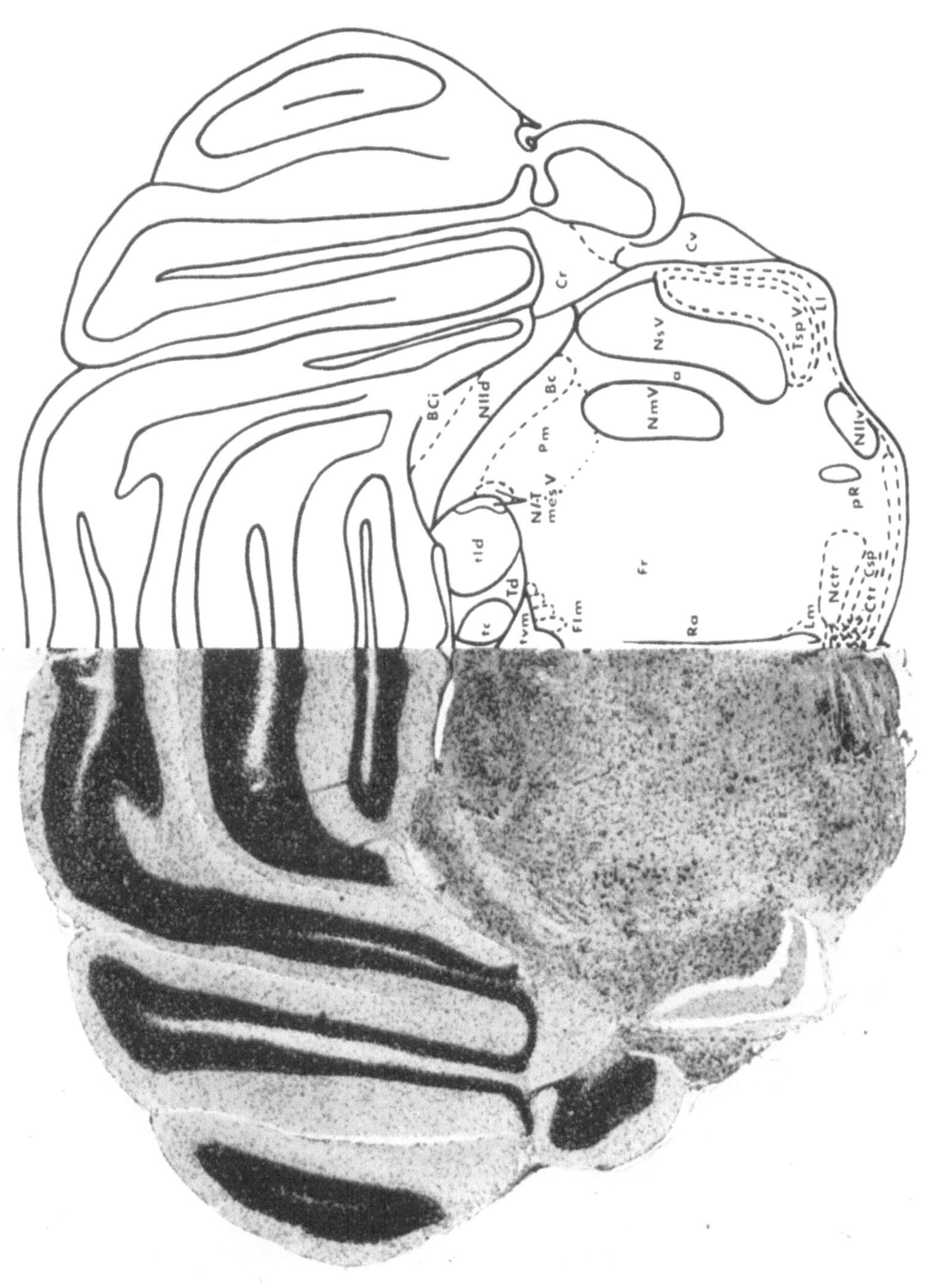

Tafel XIV

Kleinhirn, Rhombencephalon

Die Schnittebene liegt nur wenig caudal von der der Tafel XIII in Höhe des Austrittes des VIII. Hirnnerven.

Im *Kleinhirnmark* läßt sich bereits der rostrale Anteil des Nucl. dentatus cerebelli (dent) erkennen. Das Brachium conjunctivum (Bc) und das Corpus restiforme (Cr) stellen die Verbindung des Kleinhirns mit dem Hirnstamm her.

Im Boden des IV. Ventrikels liegen wie in der Tafel XIII der Nucl. tegmenti dorsalis (Td), der Nucl. tegmenti laterodorsalis (tld), die Pars centralis (tc) und die Pars ventromedialis nuclei tegmenti (tvm). Ventral vom letztgenannnten Unterkern verläuft der Fasciculus longitudinalis medialis (Flm). An den Nucl. laterodorsalis tegmenti (tld) schließt lateral der Locus caeruleus (Lc) an, dessen laterale Begrenzung vom Nucl. mesencephalicus nervi trigemini (N mes V) gebildet wird. In die ausgedehnte Formatio reticularis (Fr) sind große multipolare Nervenzellen eingestreut, die in ihrer Gesamtheit den Nucl. magnocellularis centralis (Mc) bilden. Im dorsalen Drittel der median gelegenen Raphe (Ra) findet sich der Nucl. reticularis tegmenti (Rt). Das lateral von der Formatio reticularis (Fr) liegende Trigeminuskerngebiet mit dem motorischen, dem sensorischen Kern (NmV, NsV) und dem Tractus spinalis nervi trigemini (TspV) — ein Schrumpfungsartefakt bewirkt die deutliche Abgrenzung des Tractus — ist in topographischer Hinsicht unverändert geblieben. Lateral vom Tractus spinalis nervi trigemini (TspV) und den spärlichen Fasern des Lemniscus lateralis (Ll) zieht der VIII. Hirnnerv (VIII) in das Gebiet des deutlich sichtbaren ventralen (Cv) des erst angeschnittenen dorsalen Cochleariskernes (Cd) und des Nucl. vestibularis superior (Vest s). Im ventralen und medianen Abschnitt der Formatio reticularis (Fr) sind die Raphe (Ra), der Lemniscus medialis (Lm), der Trapezkörper mit seinem Kern (Ctr und Nctr), der Tractus corticospinalis (Csp) und der Nucl. lemnisci lat. ventralis (Nllv) gegenüber Tafel XIII gleichgeblieben, während die Pararotula (pR) durch die Obere Olive (Osup) ersetzt wurde.

Tafel XIV

dent
Cd
Cv
Ll
VIII
Cr
TspV
NsV
Vest s
Nmes V
Bc
NmV
Osup
NIIv
Lc
tld
tc
Td
tvm
Flm
Fr
Nctr
Csp
Ctr
Lm
rt
Ra

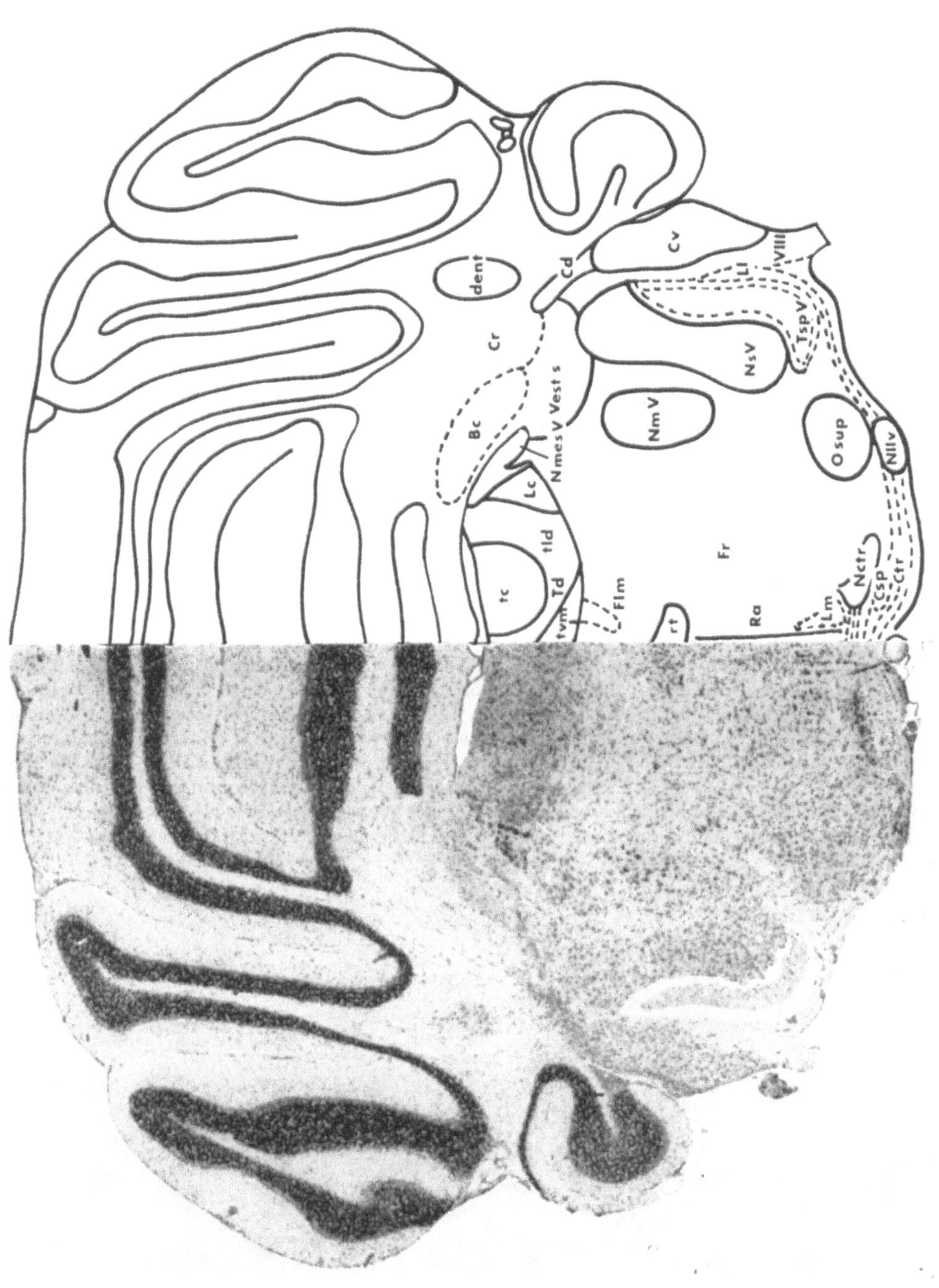

Tafel XV

Kleinhirn, Rhombencephalon

Der Schnitt führt durch die größte Zirkumferenz des Kleinhirns und liegt rostral vom Inneren Knie des Facialis, dessen absteigende Fasern sichtbar sind.

Im *Kleinhirnmark* sind, von lateral nach medial gesehen, der Nucl. dentatus cerebelli (dent), der Nucl. emboliformis (em) und der Nucl. globosus (glob) zu erkennen, die in enger Beziehung zum Brachium conjunctivum (Bc) und zum Corpus restiforme (Cr) stehen.

Unter dem IV. Ventrikel liegt paramedian der Nucl. eminentiae medianae (Em), auf den in lateraler Richtung der Nucl. tegmenti dorsalis (Td) folgt. Ventral über die Mittellinie ziehend läßt sich die hier sehr große Pars ventromedialis des Nucl. tegmenti dorsalis (tvm) erkennen. Ventral von ihr verläuft wie auch in der vorigen Schnittebene der Fasciculus longitudinalis medialis (Flm). An die Stelle des Nucl. tegmenti laterodorsalis (tld) und des Locus caeruleus (Lc) sind der Nucl. vestibularis medialis seu principalis (Vest m) und der Nucl. vestibularis superior (Vest s), der in dieser Höhe seine größte Ausdehnung erreicht hat, getreten. Ventral von letztgenanntem Kern lassen sich bereits einige Nervenzellen des Nucl. vestibularis lateralis (Vest l) erkennen. Die Formatio reticularis (Fr), in der wie früher große verstreut liegende Nervenzellen den Nucl. magnocellularis centralis (Mc) bilden, wird medial von der in der Medianen liegenden Raphe (Ra), dorsal vom Fasciculus longitudinalis medialis (Flm), vom Nucl. tegmenti dorsalis (Td), vom Nucl. vestibularis medialis (Vest m) und vom Nucl. vestibularis lateralis (Vest l) begrenzt. Lateral liegt das Trigeminuskerngebiet, in dem sich der motorische Trigeminus-Kern nicht mehr abgrenzen läßt. Nur mehr einige größere Nervenzellen dorsomedial vom Nucl. tractus spinalis nervi trigemini (NtspV), der den sensiblen Trigeminus-Kern ersetzt hat, scheinen dem caudalen Ausläufer dieses Kernes anzugehören. Zwischen dem Tractus spinalis nervi trigemini (TspV) und dem Nucl. cochlearis ventralis (Cv) liegen noch einige Faserzüge des Lemniscus lateralis (Ll) und der VIII. Hirnnerv (VIII). An der dorsalen Seite des Nucl. cochlearis ventralis (Cv) ist der Nucl. cochlearis dorsalis (Cd) zu sehen. Ventral von der Formatio reticularis (Fr) sind die Faserbündel des Tractus corticospinalis zur Pyramide (Py) zusammengefaßt. Der Lemniscus medialis (Lm) ist lagemäßig unverändert geblieben, die obere Olive ist nicht mehr zu sehen, an der lateroventralen Seite der Formatio reticularis sind noch einige Nervenzellen des Nucleus lemnisci lateralis ventralis (Nllv) nachweisbar.

Tafel XV

VIII
Cv
Cd
dent
Tsp V
Cr
em
Ntsp V
glob
Bc
Vest s
Vest l
Li
NIIv
Vest m
VII
Fr
(Mc)
Td
Flm
tvm
Em
Ra
Py

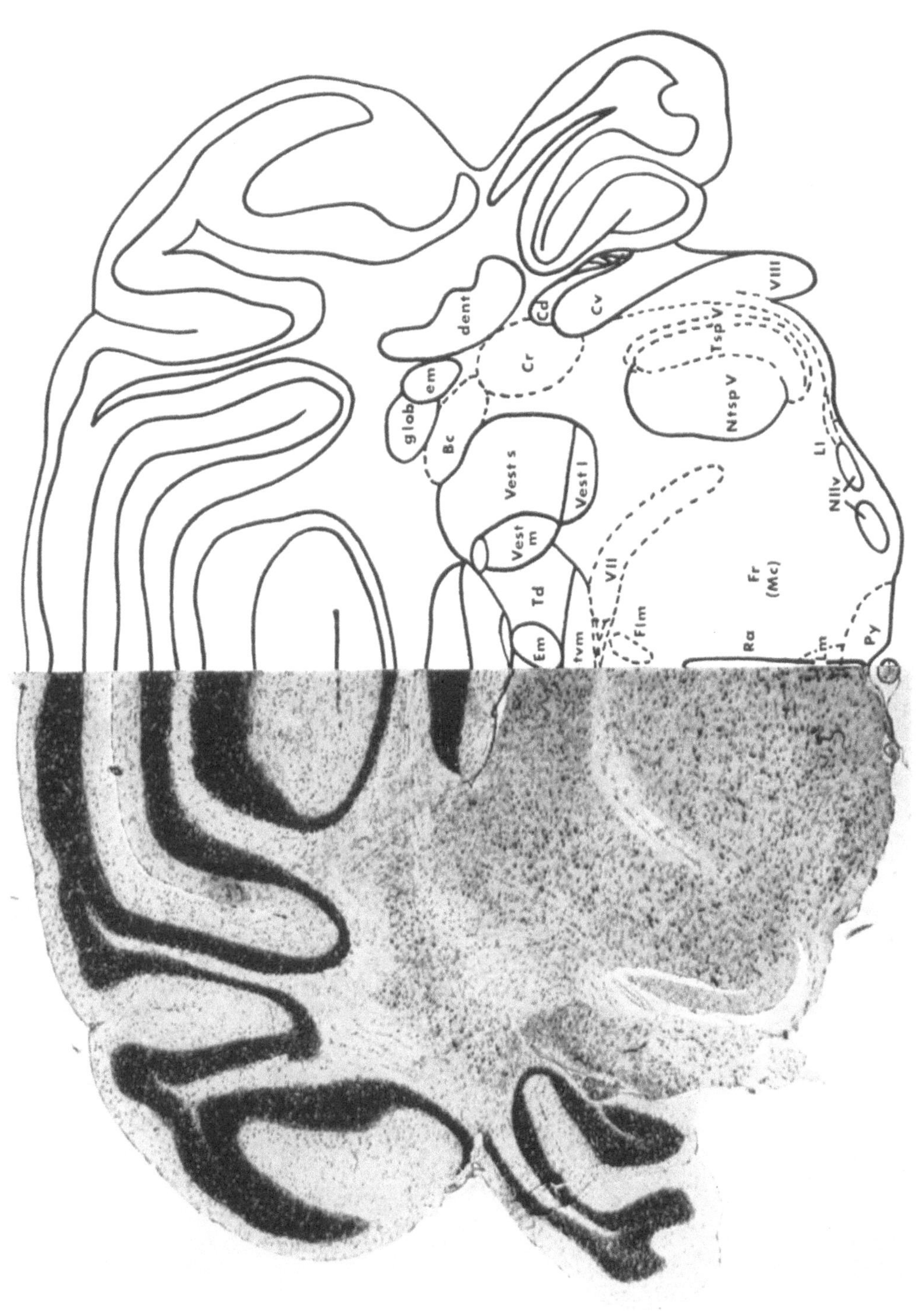

Tafel XVI

Kleinhirn, Rautengrube

Der Schnitt führt nahe der größten Kleinhirnzirkumferenz und trifft die Kleinhirnkerne und die Area vestibularis.

Im Mark des *Kleinhirns* liegen der Nucl. dentatus cerebelli (dent) und die miteinander in Verbindung stehenden Nuclei emboliformis (em) und globosus (glob). Der Nucl. fastigii (fast) ist deutlich von den eben genannten Kernen abzugrenzen und besitzt im Kleinhirnmark eine medioventrale Lage.

Unter dem Boden des IV. Ventrikels (unmittelbar unter dem Ependym befindet sich eine nervenzellfreie Zone) liegen medial der Nucl. eminentiae medianae (Em), an diesen ventral anschließend der Fasciculus longitudinalis medialis (Flm), der Ursprungskern des Nucl. abducens (N VI) und das Innere Facialisknie (G VII). Lateral davon befindet sich das Vestibularisgebiet mit dem Nucl. vestibularis medialis (Vest m) und dem Nucl. vestibularis lateralis (Vest l). Die Formatio reticularis (Fr), deren Nervenzellen besonders ventral in der Nähe der Pyramide sehr groß sind und ziemlich dicht liegen, wird medial von der Raphe (Ra), dorsomedial vom Nucl. originis nervi abducentis (N VI) und dorsolateral vom Nucl. vestibularis lateralis (Vest l) begrenzt. Das lateral liegende Kerngebiet des Trigeminus läßt einen großen Nucl. tractus spinalis nervi trigemini (NtspV), an den lateral der Tractus spinalis nervi trigemini (TspV) anschließt, erkennen. Ventromedial liegen wie in der vorigen Tafel der Lemniscus medialis (Lm) und die Pyramide (Py), ventrolateral der rostrale Anteil des Facialiskernes (N VII), der in dieser Schnittebene einen dorsalen und einen ventralen Teil erkennen läßt. Der äußerste laterale Bereich des Rhombencephalon wird ventral vom Nucl. cochlearis ventralis (Cv), dorsal vom Nucl. cochlearis dorsalis (Cd) gebildet. An den letztgenannten Kern schließt sich medial das Corpus restiforme (Cr) an.

Tafel XVI

Cv
Cd
dent
TspV
Cr
em
Ntsp V
glob
N VII
Vest l
fast
Vest m
Fr
Em
GVII
NVI
Flm
Ra
Lml
Py

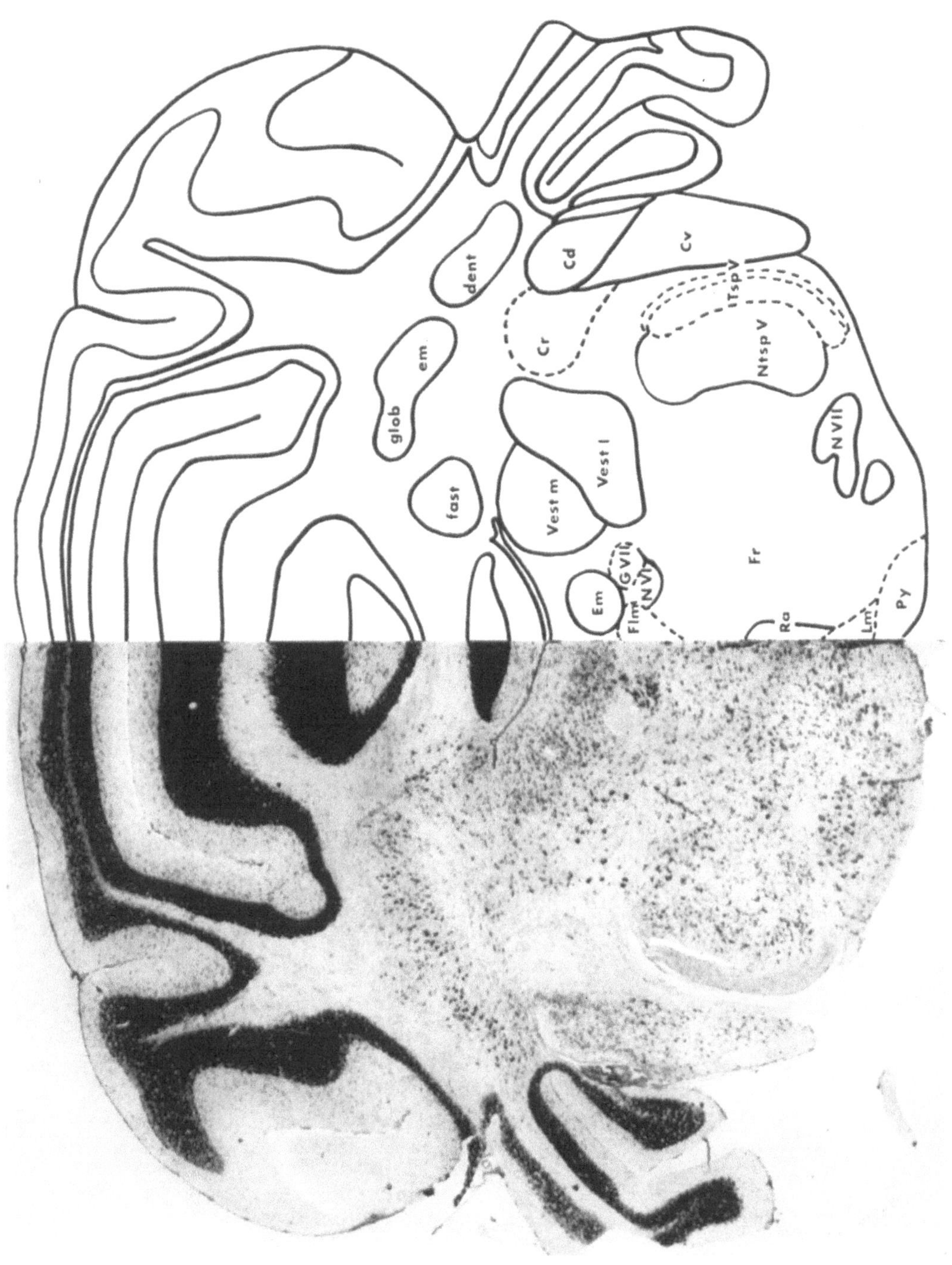

Tafel XVII

Kleinhirn, Rautengrube

Der Schnitt liegt bereits caudal von der größten Kleinhirnzirkumferenz und trifft damit den caudalen Abschnitt des Nucl. emboliformis (em) und den Nucl. fastigii (fast) in seiner größten Ausdehnung. Im Hirnstamm führt er dorsal durch die Area vestibularis der Rautengrube und durch das Tuberculum acusticum (Nucl. cochlearis dorsalis — Cd), ventral durch den Facialiskern (N VII).

Die Pyramide (Py) und der Lemniscus medialis (Lm) sind gegenüber den vorhergehenden Tafeln unverändert. Lateral von diesen Strukturen liegt der Facialiskern (N VII), für den bei der Maus ein unregelmäßig gefalteter Querschnitt charakteristisch ist. Von ihm ausgehend ziehen die Wurzeln des Nervus facialis (R VII) in dorsomedialer Richtung. Das Kerngebiet des Trigeminus (TspV, NtspV) zeigt gegenüber der vorigen Tafel keine Änderung der Topik. Der motorische Kern ist vollkommen verschwunden. Zwischen den Tractus spinalis nervi trigemini (TspV) und den Nucl. cochlearis dorsalis (Cd) schiebt sich das absteigende Corpus restiforme (Cr). Im Vestibularisbereich liegen lateral der Nucl. vestibularis spinalis (Vest sp) und medial der Nucl. vestibularis medialis (Vest m). Im medialen Abschnitt des Nucl. vestibularis medialis läßt sich der Nucl. eminentiae medianae (EM) abgrenzen. An seiner ventralen Seite liegt der im Querschnitt dreieckige Fasciculus longitudinalis medialis (Flm). Die Formatio reticularis (Fr) zeigt ebenso wie die in ihrer Medianen liegende Raphe (Ra) die gleiche Position wie früher.

Tafel XVII

Cd
Cr
Tsp V
Ntsp V
N VII
em
fast
Vest sp
Vest m
Em
Flm
R VII
Fr
Ra
Lm
Py

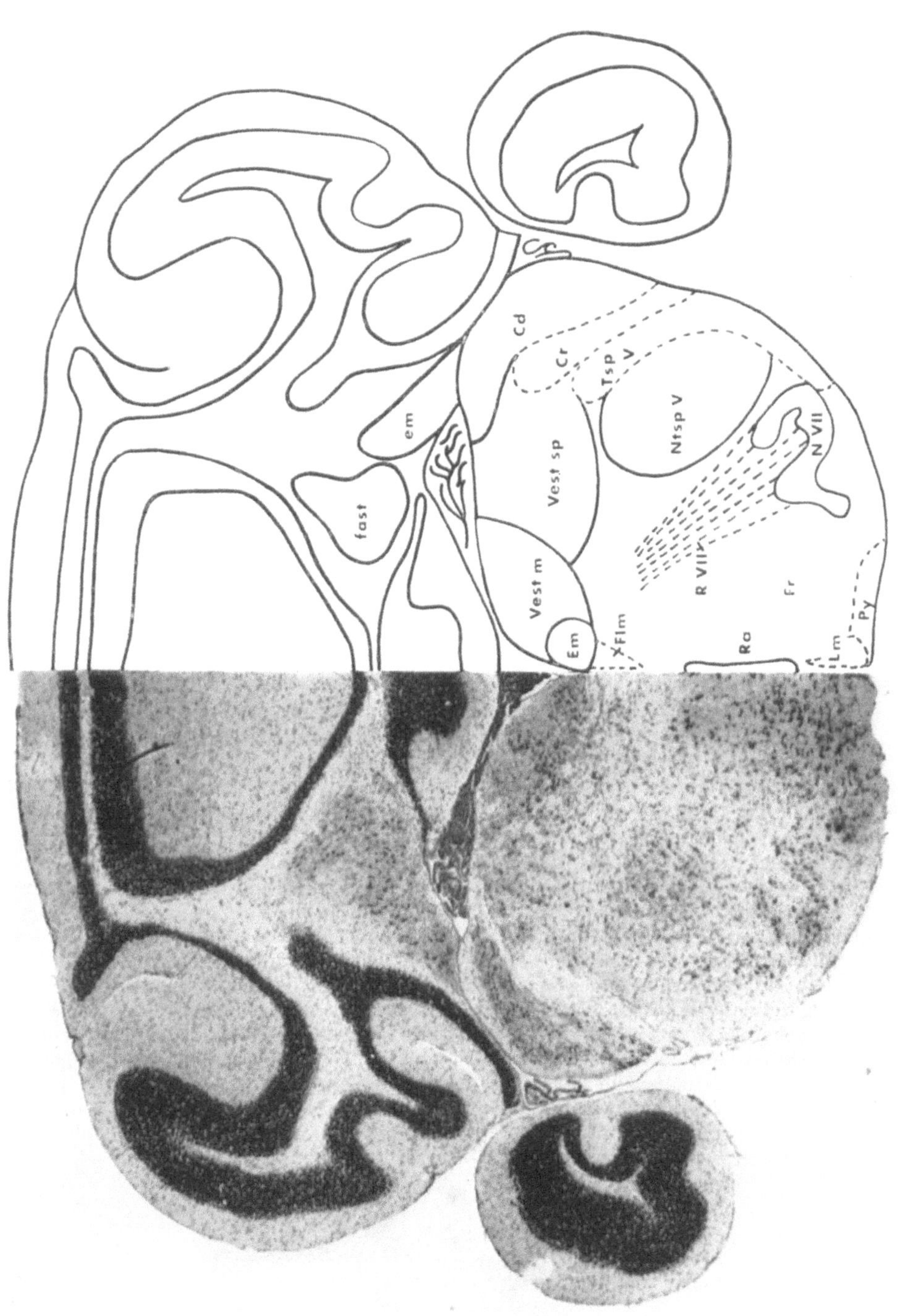

Tafel XVIII

Übergangsgebiet zwischen Rhombencephalon und Medulla oblongata

Der Schnitt führt durch den am weitesten caudal liegenden Bezirk der Rautengrube (Calamus scriptorius) in Höhe der Ala cinerea.

Im dorsalen Anteil dieses Grenzgebietes zwischen *Rautenhirn* und *verlängertem Mark* liegen von medial nach lateral die Nervenzellen des Nucl. praehypoglossus (Ph), der Nucl. originis alae cinerae (Oac), der Nucl. terminalis alae cinereae (Tac), der Nucleus und Tractus solitarius (N/Ts) und der Nucl. cuneatus (Nc), der am weitesten rostral liegende Hinterstrangkern. Die Topik der Formatio reticularis (Fr) hat sich gegenüber den vorhergehenden Schnitten nicht verändert. Diese Region wird medial vom Tractus tectospinalis (Ttsp) dorsal, vom Lemniscus medialis (Lm) ventral und schließlich auch noch von der Raphe (Ra) begrenzt. Ventral liegen medial die Pyramide (Py) und lateral der Ursprungskern des Nervus facialis (N VII). Ein großes laterales Feld nimmt der Nucl. tractus spinalis nervi trigemini (NtspV) ein, der durch den Tractus spinalis nervi trigemini (TspV) und durch das Corpus restiforme (Cr) von der lateralen Hirnstammoberfläche getrennt ist.

Tafel XIX

Rostrale Medulla oblongata

Der Schnitt ist knapp caudal vom Calamus scriptorius geführt, sodaß statt des IV. Ventrikels der Zentralkanal sichtbar ist.

Im dorsalen Bereich der *Medulla oblongata* sind die in Tafel XVIII vorhandenen Strukturen noch sichtbar, allerdings in ihrer Topographie etwas verändert. Der Nucl. originis alae cinereae (Oac), der Nucl. terminalis alae cinereae (Tac) und der Nucl. und Tractus solitarius (N/Ts) sind nun in dorsoventraler Richtung angeordnet. Dorsolateral davon ist noch ein Rest des Nucl. cuneatus (Nc) zu sehen, an den dorsal der Fasciculus cuneatus (Fc) anschließt. Dorsomedial liegt der Nucl. gracilis (Ng). Ventral von den Kernen der Ala cinerea sind paramedian der Ursprungskern des Nucl. hypoglossus (N XII) und der Rollersche Kern (Ro) gelegen. An den letztgenannten Kern schließt ventral der Fasciculus longitudinalis medialis (Flm) an. Die Hauptmasse des Schnittes wird von der Formatio reticularis (Fr) eingenommen, lateral ist der Nucl. tractus spinalis nervi trigemini (NtspV) mit dem Tractus (TspV) zu sehen. Mitten in der Formatio reticularis (Fr) liegt der relativ großzellige Nucl. ambiguus (Amb). In der Medianen finden sich noch immer Nervenzellen der Raphe (Ra) und der Lemniscus medialis (Lm). Im ventralen Anteil des verlängerten Markes läßt sich die Untere Olive (Oinf) erkennen, die der Pyramide (Py) dorsal anliegt. Ventrolateral ist außerhalb der Oblongata ein kleiner Anteil des XI. Hirnnerven (XI) getroffen.

Tafel XVIII

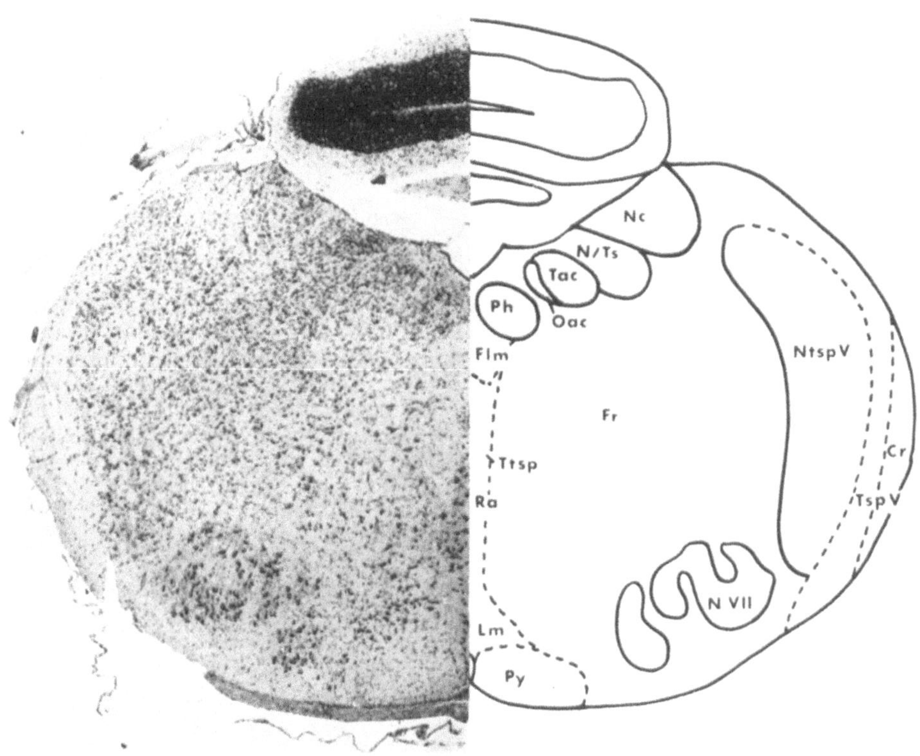

Tafel XIX

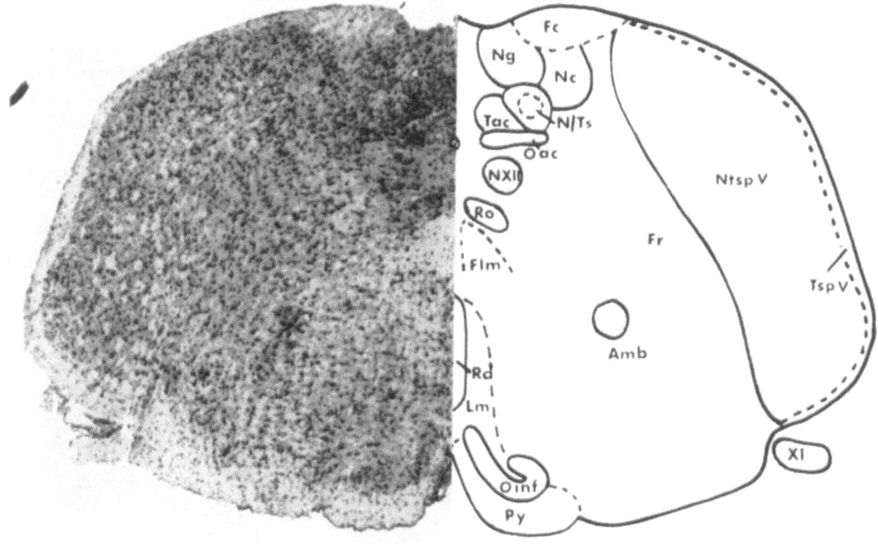

Tafel XX

Hinterstrang, Formatio reticularis, Untere Olive, Pyramide

Die Schnittebene liegt caudal von den Hinterstrangkernen.

Im Hinterstrang lassen sich der mediale Fasciculus gracilis (Fg) und der laterale Fasciculus cuneatus (Fc) unterscheiden. Ventral von beiden Faserzügen liegt der Nucl. commissuralis (Ncom), an den ventral der caudale Rest des Accessoriuskernes (N XI) und der Tractus solitarius (Ts) anschließen. Ventral vom Nucl. originis nervi hypoglossi (N XII) liegen der Fasciculus longitudinalis medialis (Flm) und der Lemniscus medialis (Lm) paramedian und bilden damit die mediale Begrenzung der Formatio reticularis (Fr). Die Untere Olive (Oinf) und die Pyramide (Py), ebenso die Formatio reticularis (Fr) und der Nucl. tractus spinalis nervi trigemini (NtspV) haben sich topisch gegenüber den gleichnamigen Strukturen in den weiter rostral geführten Schnitten nicht verändert. Lediglich in der ventralen Formatio reticularis (Fr) hat sich der aus großen multipolaren Nervenzellen bestehende Nucl. fasciculi lateralis (Fl) entwickelt.

Tafel XXI

Decussatio pyramidum

Der Schnitt führt durch die Pyramidenkreuzung (DPy); die Schnittebene liegt also an der Grenze zwischen Medulla oblongata und Medulla spinalis.

Dorsal sind der Fasciculus cuneatus (Fc) und der Fasciculus gracilis (Fg) zu erkennen, ebenso der caudale Rest des Tractus solitarius (Ts) und des Nucl. commissuralis (Ncom). Lateral ist die Formatio reticularis (Fr) topisch unverändert geblieben. Lateral davon ist noch der caudale Rest des Nucl. tractus spinalis nervi trigemini (NtspV) sichtbar. Ventral liegt die Untere Olive (Oinf) zwischen dem Lemniscus medialis (Lm) und den kreuzenden Pyramidenfasern. Lateral davon nimmt der Nucl. fasciculi lateralis (Fl) dieselbe Position ein wie weiter caudal die Nervenzellen des Vorderhornes.

Tafel XX

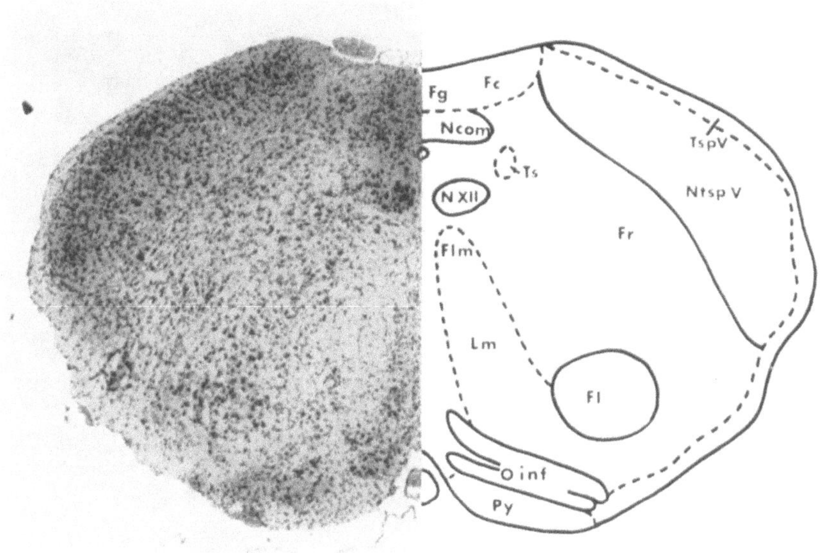

Tafel XXI

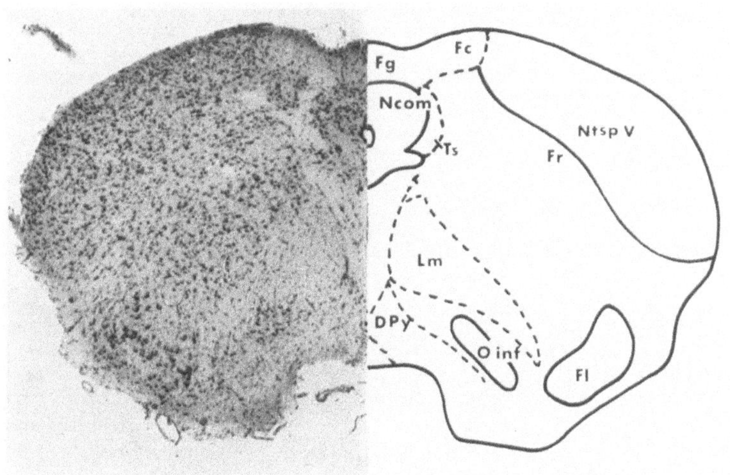

Faserverbindungen des Hirnstammes

Commissura anterior (Ca): (Abb. 5, Tafel I)

Die Commissura anterior ist ein horizontal liegender, nach rostral konkaver Faserzug. Er beginnt im Mark des Frontalpols und quert die Mittellinie in der Höhe des rostralen

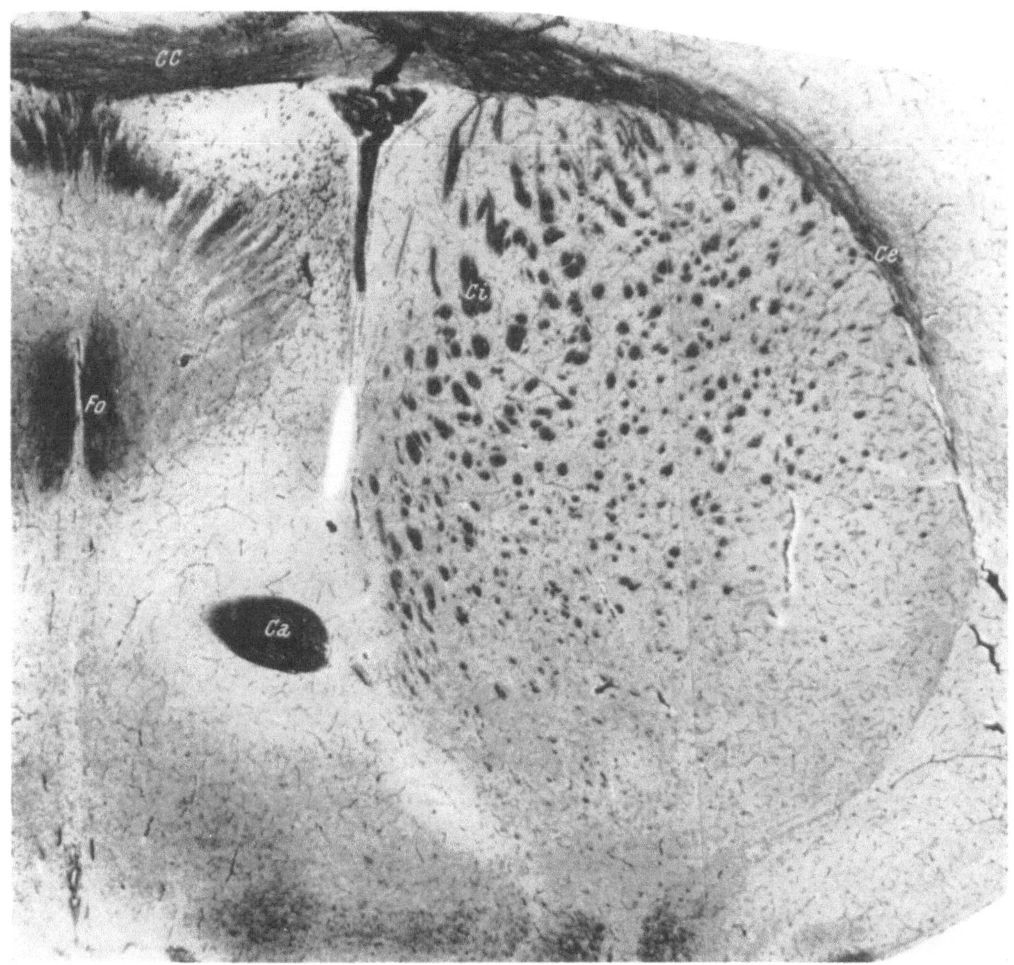

Abb. 5. Schnitt durch die Septumregion: Corpus callosum (CC), die in Einzelfaserzüge aufgespaltene Capsula interna (Ci), Capsula externa (Ce), Commissura anterior (Ca), Fornix (Fo).

Thalamuspoles. In diesem Bereich grenzt die Commissura anterior dorsolateral an den Nucl. interstitialis dorsalis der Stria terminalis, dorsomedial an die Columna fornicis und bildet die dorsale Begrenzung der medialen und lateralen präoptischen Region.

Stria medullaris (Sm): (Abb. 6, 7, Tafel I—V)

Die Faserzüge, welche die Stria medullaris aufbauen, entspringen im Hippocampus, im Cortex, im Tuberculum olfactorium und in der rostralen präoptischen Region, im Septum pellucidum, der rostralen Amygdalaregion (von dort gelangen sie über die Stria terminalis in der Höhe des Nucl. interstitialis striae terminalis in die Stria medullaris), im Thalamus und im Hypothalamus. Die Stria medullaris zieht in ihrem rostralen Anteil von

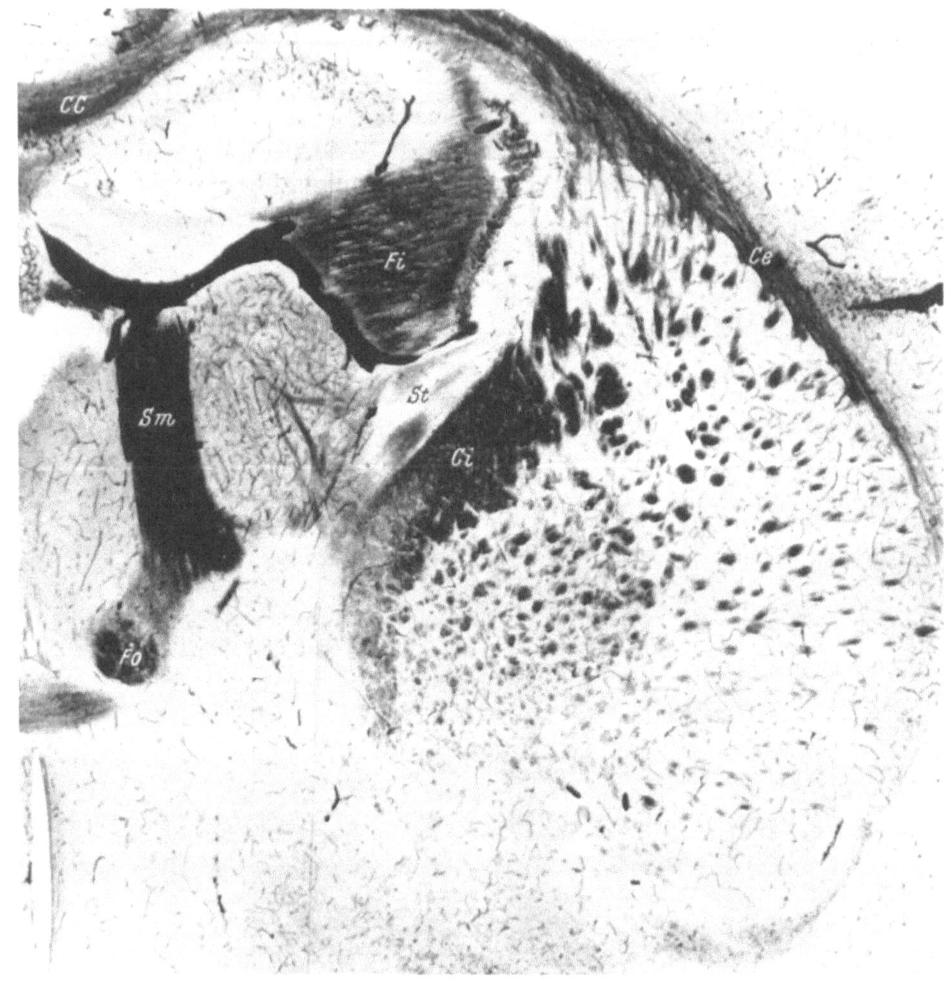

Abb. 6. Schnitt durch den rostralen Thalamuspol: siehe Tafel I.
Corpus callosum (CC), Fimbria fornicis (Fi), Stria terminalis (St), Stria medullaris (Sm), Columna fornicis (Fo), Capsula interna (Ci), Capsula externa (Ce).

ventral nach dorsal um den rostralen Thalamuspol herum und nimmt dann einen rein rostrocaudalen Verlauf. Der Hauptteil der Fasern endet in den Habenulakernen, ein kleinerer Teil im Nucl. parataenalis. Ein anderer Teil kreuzt in der Commissura habenularum die Seite und endigt in den lateralen Habenulakernen. Während ihres Verlaufes tritt die Stria medullaris im rostralen Abschnitt in Beziehung zum Nucl. interstitialis striae terminalis, sie umfaßt in einem nach rostral konvexen Bogen die Pars dorsalis und die Pars ventralis des Nucl. anterior thalami und den Nucl. parataenalis. Weiter caudal liegt sie direkt unter dem Ependym der Cella media. Während des rostrocaudalen Verlaufes rückt die Stria medullaris immer weiter nach medial. Sie verläuft im rostralen Bereich an der medialen Seite des Nucl. anterior thalami (Pars dorsalis) und weiter caudal an der medialen Seite des Nucl. lateralis thalami. Sie liegt dorsal vom Nucl. paracentralis und vom Nucl. medialis dorsalis thalami. Caudal tritt die Stria medullaris in sehr enge Lagebeziehung zu den Habenulakernen, in denen sie auch, wie bereits erwähnt, zum Großteil endigt.

Stria terminalis (St): (Abb. 6, 7, Tafel II—VI)

Die Stria terminalis beginnt im Bereich des Nucl. amygdalae, zieht dorsalwärts und liegt dann ventromedial von der Fimbria fornicis unter dem Ependym des Seitenventrikels.

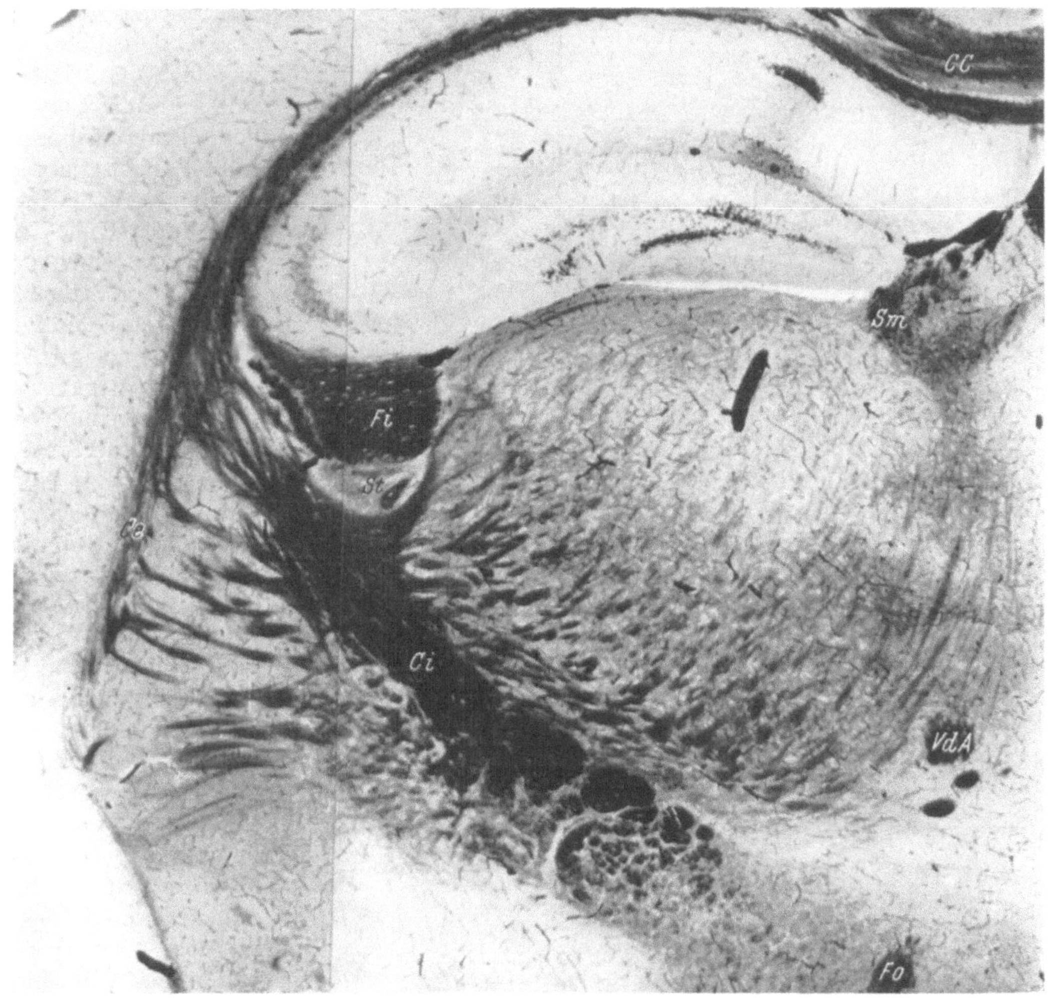

Abb. 7. Schnittführung durch den mittleren Thalamus (Habenularegion): siehe auch Tafel IV und V. Corpus callosum (CC), Fimbria fornicis (Fi), Stria terminalis (St), Capsula interna (Ci), Capsula externa (Ce), Stria medullaris (Sm), Vicq d'Azyr'sche Bündel (VdA), Columna fornicis (Fo).

Im Bereich des rostralen Thalamuspoles nimmt der Faserzug einen mehr ventromedialen Verlauf und löst sich im Bereich des Nucl. interstitialis in Einzelfaserzüge auf. In dieser Höhe liegt die Stria terminalis ventral und lateral vom Nucl. reticularis, medial von der Capsula interna und dorsal vom Nucl. interstitialis.

Fornix (Fo, Fi): (Abb. 5, 6, 7, 8, Tafel I—IX)

Die Fornixfasern entspringen größtenteils in der Hippocampusregion. Der Faserzug zieht rostralwärts, nimmt Fasern aus dem Septum pellucidum und dem Gyrus cinguli auf, wendet sich schließlich nach ventral und beschreibt somit einen nach rostral konvexen Bogen. Während seines dorsoventralen Verlaufes teilt sich der Fornix in drei Anteile:

die unpaarigen praecommissuralen und die paarigen postcommissuralen, die schließlich die Columnae fornicis (Fo) bilden. Im Bereich des Stammhirns kommen nur die Fimbriae fornicis (hippocampi) (Fi) und die Columnae fornicis zur Darstellung. Die Fimbriae fornicis liegen während ihres ganzen Verlaufes ventral vom Ammonshorn, medial vom Seitenventrikel, dorsal von der Stria terminalis und lateral von den jeweils lateral liegenden Thalamuskernen (von rostral nach caudal: Nucl. anterior thalami, Nucl. lateralis thalami, Nucl. ventralis thalami und Nucl. reticularis). Die von dorsorostral nach ventrocaudal verlaufenden Columnae fornicis ziehen in den rostralen Abschnitten ventral vom Nucl. reuniens und Nucl. parataenalis, medial vom Nucl. interstitialis striae terminalis, dorsal von der Commissura anterior und lateral von dem Recessus anterior des III. Ventrikels. In ihrem weiteren Verlauf rücken sie immer mehr ventralwärts und berühren dorsal den Nucl. hypothalami anterior. Die Zona incerta liegt nun dorsal, die Area praeoptica lateralis lateral und ventral und berühren dorsal den Nucl. hypothalami anterior. Weiter caudal splittern sich die Columnae fornicis schließlich in Einzelfaserzüge auf, liegen im Grenzgebiet zwischen der lateralen Hypothalamusregion und dem Nucl. ventromedialis hypothalami, werden von dem nicht in jeder Höhe abgrenzbaren Nucl. perifornicatus umgeben und enden schließlich im Corpus mamillare, im Grenzgebiet zwischen dem Nucl. mamillaris medialis und dem Nucl. mamillaris lateralis.

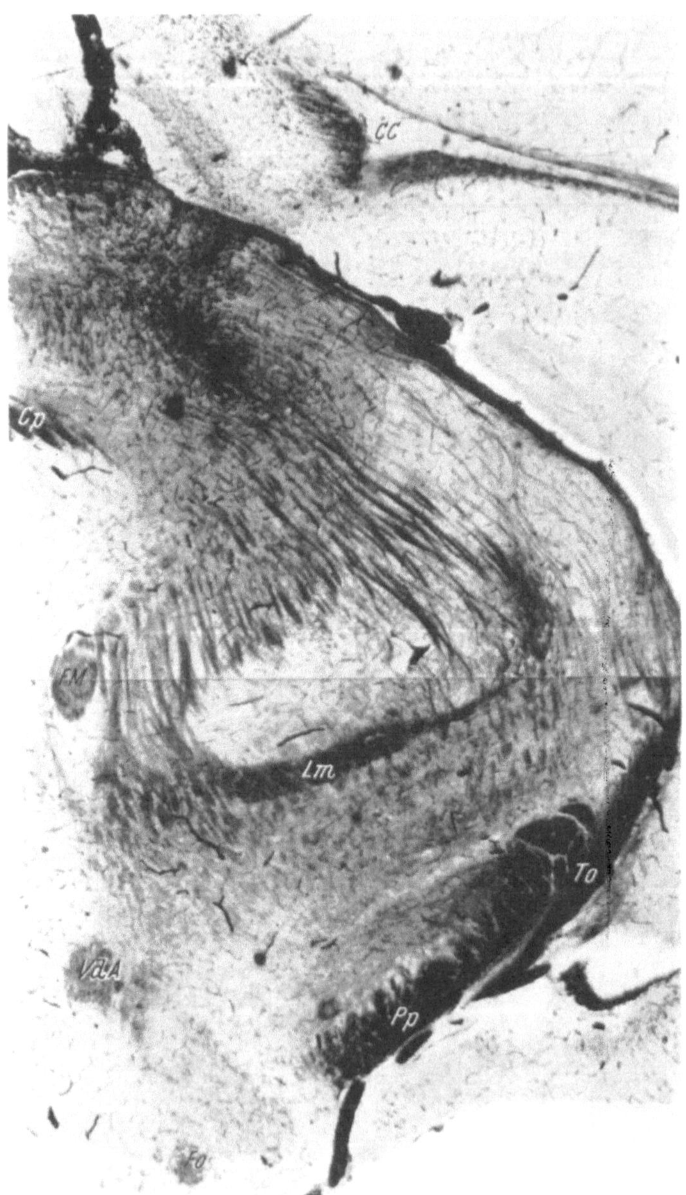

Abb. 8. Schnitt durch den caudalen Thalamus in Höhe des rostralen Beginnes der Vierhügelregion: siehe auch Tafel VII: Caudaler Ausläufer des Corpus callosum (CC), Commissura posterior (Cp), Fasciculus retroflexus Meynert (FM), Lemniscus medialis (Lm), Vicq d'Azyr'sches Bündel (VdA), caudaler Ausläufer der Columna fornicis (Fo), Pes pedunculi (Pp), Tractus opticus (To).

Capsula interna (Ci): (Abb. 5, 6, 7, Tafel I—IX)

Der Faseraufbau der Capsula interna der Maus entspricht im wesentlichen dem anderer Mammalia und auch des Menschen. Sie ist bei der Maus in ihren dorsolateralen Anteilen im

Bereich des Linsenkernes in Einzelfaserzüge aufgespalten. In der Höhe des rostralen Thalamuspols liegt sie ventral vom Seitenventrikel und vom Nucl. caudatus und medial vom Putamen, wobei die Grenze ziemlich unscharf ist; ventral tritt sie in Beziehung zur Commissura anterior und medial zur Stria terminalis und zum Nucl. interstitialis. In weiter caudal geführten Schnitten findet sich die Capsula interna mehr ventral als in den rostralen Schnitten. Sie ist ventral und lateral von der Zona incerta und dem Nucl. reticularis, teilweise auch vom Nucl. ventralis thalami, medial vom Nucl. lentiformis und dorsal von der Regio hypothalamica lateralis aufzufinden. Zum Nucl. ventralis thalami bestehen innige Faserbeziehungen. In der Höhe der Commissura posterior und der Commissura habenularum geht die Capsula interna kontinuierlich in den Pes pedunculi über. Ventral davon liegt der Tractus opticus.

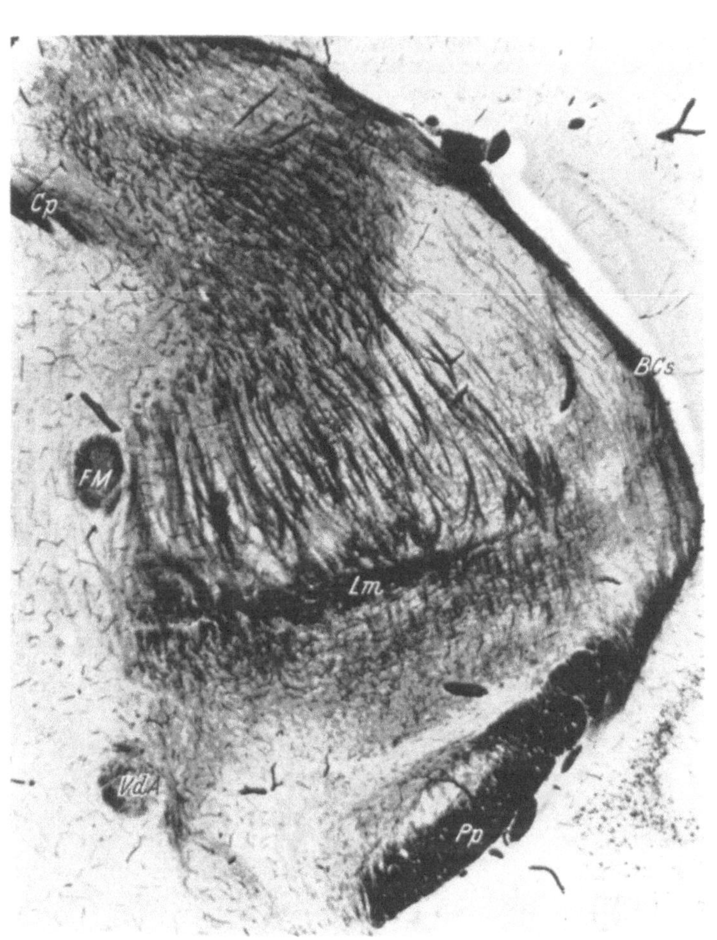

Abb. 9. Schnitt durch den caudalen Thalamus (etwas weiter caudal geführt als Schnitt in Abb. 8): siehe auch Tafel VIII: Commissura posterior (Cp), Fasciculus retroflexus Meynert (FM), Lemniscus medialis (Lm) mit zuführenden Fasern, Vicq d'Azyr'sches Bündel (VdA), Pes pedunculi (Pp), Brachium colliculi superioris (BCs).

Tractus mamillothalamicus (Vicq d'Azyr) (VdA): (Abb. 7, 8, 9, Tafel IV, V, VI, VII, VIII)

Der Tractus mamillothalamicus entspringt im Bereich des Nucl. mamillaris intermedius, verläuft rostrodorsalwärts und endigt schließlich im Grenzgebiet zwischen dem Nucl. anterior und dem Nucl. ventralis thalami. Zu Beginn, im Bereich des Mittelhirnes, liegt er ventral von der Formatio reticularis, medial von der Zona incerta, dorsal vom Nucl. dorsomedialis hypothalami und lateral von der Area dorsalis hypothalami. Weiter rostral rückt der Nucl. ventralis thalami an die Stelle der Formatio reticularis, während die übrigen Lagebeziehungen vorerst noch unverändert bleiben. In der Höhe des Chiasma opticum teilt sich der bis dahin geschlossene Faserzug in Einzelbündel und tritt in enge Beziehung zum Nucl. ventralis medialis thalami. In dieser Höhe befinden sich dorsal von ihm der Ausläufer des Nucl. paraventricularis und lateral die Nucl. rhomboideus und reuniens.

Lemniscus medialis (Lm): (Abb. 8, 9, 10, 11, 12, 13, 14, Tafel VI, VII—XXI)

Der Lemniscus medialis ist als paramedian liegender Faserzug in den vorliegenden Abbildungen erstmals in Höhe der Medulla oblongata sichtbar. Er führt die Fasern, die aus dem spinalen Trigeminuskern sowie aus dem Goll- und dem Burdach'schen Kern stammen, und verläuft rostralwärts bis in die Höhe des Nucl. ventralis thalami, in dem er endigt. Die topographischen Beziehungen des Lemniscus medialis werden dementsprechend von caudal nach rostral behandelt. Caudal behält der Faserzug durch das ganze Rhombencephalon eine paramediane und ventrale Lage bei, wobei ihm ein im Frontalschnitt dreieckiger Querschnitt eigen ist. Die Lemnisci mediales beider Seiten werden in der Medianen

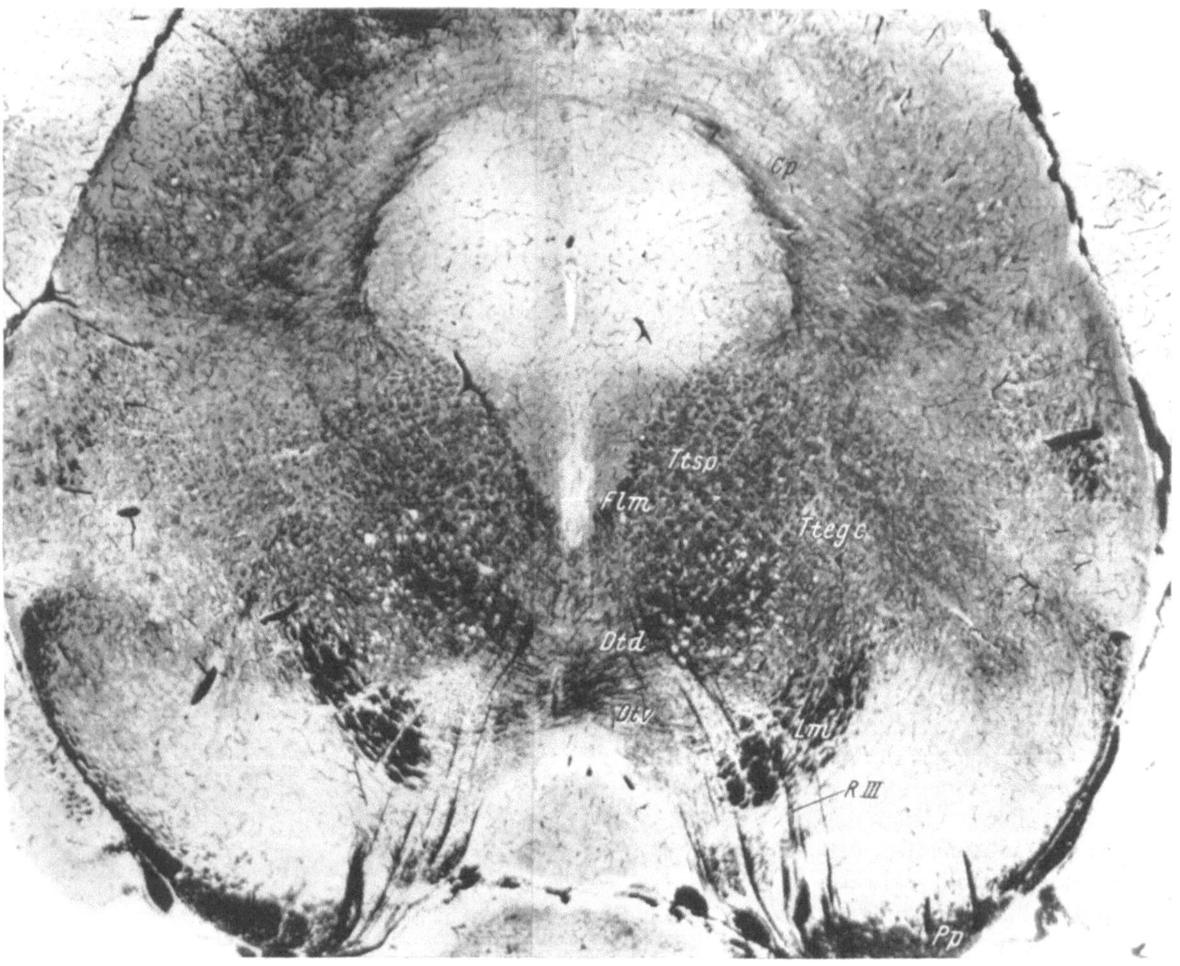

Abb. 10. Schnitt durch die Mitte des Colliculus superior: siehe auch Tafel IX und X: Caudale Fasern der Commissura posterior (Cp), Fasciculus longitudinalis medialis (Flm), Decussationes tegmenti dorsalis und ventralis (Dtd und Dtv), Lemniscus medialis (Lm), Radix nervi oculomotorii (R III), Pes pedunculi (Pp), Tractus tectospinalis (Ttsp), Tractus tegmenti centralis (Ttegc).

nur durch die aus wenigen Zellen bestehende Raphe getrennt. Dorsal und lateral lassen sich die Formatio reticularis und ventral die Trapezkörperfasern und der Tractus corticospinalis nachweisen. Mit dem Eintritt in das Mittelhirn ist der Querschnitt des Lemniscus medialis ein horizontal liegendes längliches Feld. Er findet sich dann ventral von den Brachia conjunctiva, medial von der Substantia nigra und lateral vom Nucl. interpeduncularis. Ventral liegt er in dieser Höhe für eine kurze Strecke direkt unter der Leptomeninx der ventralen Hirnstammoberfläche. Im mittleren Mittelhirn rückt der Lemniscus medialis weiter nach lateral, ist nun im Querschnitt oval und gewinnt dorsal Kontakt mit dem Nucl. ruber, ventral mit der Substantia nigra und medial mit dem Nucl. interpeduncularis, während er lateral nach wie vor von der Formatio reticularis begrenzt wird. Der Lemniscus medialis wird in dieser Höhe ebenso wie der Nucl. ruber, die Substantia nigra und der

Pes pedunculi von Fasern des Nervus oculomotorius durchzogen. Die beschriebene Position behält der Faserzug bis zu seinem Eintritt in das Zwischenhirn bei. Dort liegt er anfangs zwischen dem ventralen Hauptkern des Thalamus und der Zona incerta und endet schließlich im Nucl. ventralis thalami.

Commissura posterior (Cp): (Abb. 8, 9, 10, 11, Tafel VI—VIII)

Die in der Frontalebene horizontal verlaufende Commissura posterior verbindet die Regiones praetectales und liegt im Grenzgebiet von Zwischen- und Mittelhirn. Sie ist in jenem Bereich, in dem die lateralen Thalamuskerne von den Strukturen des Tectum abgelöst werden, in der Faserfärbung gut sichtbar. Nach caudal können noch zur Commissura posterior gehörige querverlaufende Fasern bis in Höhe der hinteren Vierhügel festgestellt werden.

Fasciculus longitudinalis medialis (Flm): (Abb. 10, 11, 12, 13, 14, Tafel IX—XX)

Der Fasciculus longitudinalis medialis ist ein paramedian gelegener, in rostro-caudaler Richtung verlaufender Faserzug, der sich vom Mesencephalon bis in die Medulla oblongata verfolgen läßt. Sein Querschnitt ist in allen Höhen flügelförmig. Seine Fasern entspringen teilweise im Nucl. interstitialis Cajal, teilweise in den Vestibulariskernen und endigen außer in den motorischen Ursprungskernen des III., IV. und VI. Hirnnerven auch in allen anderen motorischen Kernen des Rhombencephalon. Im Bereich des Mittelhirnes besteht der Fasciculus longitudinalis medialis aus mehreren Einzelfaserbündeln, die im Querschnitt ventromedial-dorsolateral orientiert, an der Grenze zwischen Griseum centrale und Formatio reticularis liegen. In Höhe des Oculomotoriuskernes liegt der Fasciculus longitudinalis medialis ventral von diesem Kern, während die Nervenzellen des etwas weiter caudal liegenden Trochleariskernes zwischen die Fasern eingeschoben sind. Am

Abb. 11. Schnittführung durch den Colliculus inferior: siehe auch Tafel XI:

Caudale Fasern der Commissura posterior (Cp), Fasciculus longitudinalis medialis (Flm), Tractus mesencephalicus nervi trigemini (Tmes V), kreuzende Fasern der Brachia conjunctiva (DBc), Lemniscus lateralis (Ll), Lemniscus medialis (Lm), Brückenfasern (P), Tractus corticospinalis (Csp), Brachium pontis (Bp), Nervus trigeminus (V), Tractus tectospinalis (Ttsp), Tractus tegmenti centralis (Ttegc).

Übergang des Aquaeductus Sylvii in den IV. Ventrikel liegt der Fasciculus longitudinalis medialis unmittelbar ventral von der Pars ventromedialis des Nucl. tegmenti dorsalis und besonders im rostralen Anteil zwischen dieser und dem Nucl. tegmenti ventralis. Weiter caudal wird der Nucl. tegmenti dorsalis vom Nucl. eminentiae medianae abgelöst. Im caudalen Bereich der Medulla oblongata findet sich der Fasciculus longitudinalis medialis in unmittelbarer Nachbarschaft des Zentralkanals und tritt in enge Beziehung zum Hypoglossuskern.

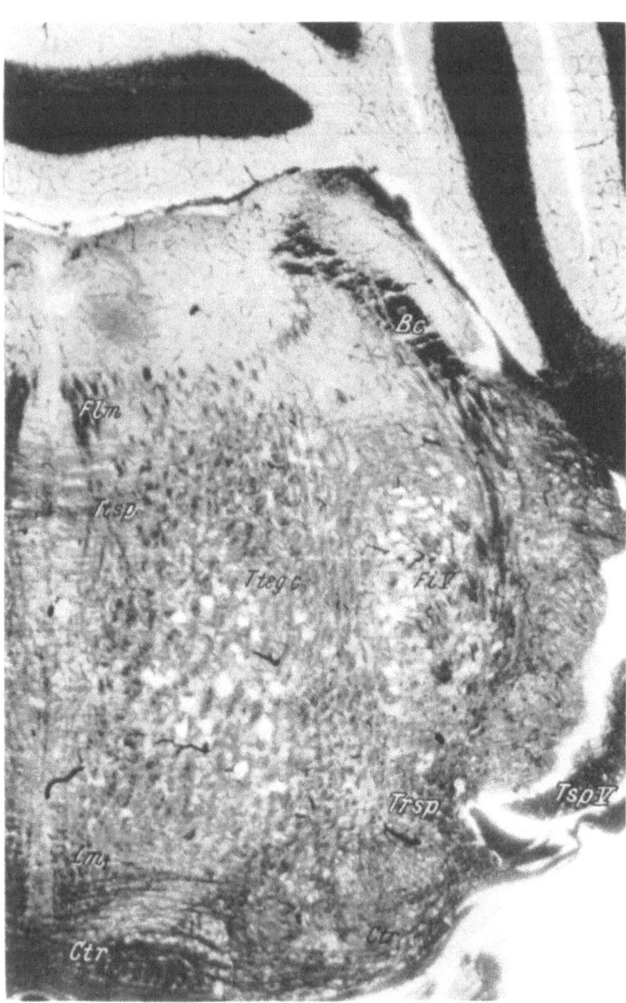

Abb. 12. Schnittführung durch den rostralen Anteil der Rautengrube: siehe auch Tafel XIII: Fasciculus longitudinalis medialis (Flm), Brachium conjunctivum (Bc), Lemniscus medialis (Lm), Corpus trapezoides (Ctr), Tractus spinalis nervi trigemini (TspV), Fibrae nervi trigemini (FiV), Tractus rubrospinalis (Trsp), Tractus tectospinalis (Ttsp), Tractus tegmenti centralis (Ttegc).

Brachium conjunctivum (Bc, DBc): (Abb. 11, 12, Tafel XI—XV)

Das Brachium conjunctivum (Pedunculus cerebelli superior) wird von Fasern gebildet, die das Kleinhirn mit dem Mittelhirn verbinden. Es handelt sich dabei um cerebellofugale Fasern zum Diencephalon und Hirnstamm und außerdem um den afferenten Tractus spinocerebellaris ventralis. Die efferenten Fasern entspringen größtenteils im Nucl. dentatus cerebelli, zu einem kleineren Teil in den Nucl. emboliformis und globosus und kreuzen in ihrem weiteren Verlauf oder bleiben ungekreuzt. Die Kreuzung erfolgt im Mittelhirn; die Faserung teilt sich dann in aufsteigende und absteigende Anteile. Während sich die absteigenden Fasern im Bereich der Oliven und der Formatio reticularis verlieren, enden die aufsteigenden im Nucl. ruber und bilden den Tractus dentorubralis. Einige Fasern sollen auch bis in den Thalamus ziehen (Zeman et al. 1963). In das Rhombencephalon tritt das Brachium conjunctivum in der Höhe des Colliculus facialis ein und liegt anfangs ventral und medial vom Corpus restiforme, dorsomedial vom Nucl. vestibularis superior (Bechterew) und dorsolateral vom Nucl. und Tractus mesencephalicus nervi trigemini und vom Locus caeruleus. Weiter rostral findet man an Stelle des Corpus restiforme Kerne und Fasern des lateralen Lemniscus. Das Brachium conjunctivum rückt rostral immer mehr nach medial und kreuzt schließlich unmittelbar caudal vom Nucl. ruber (= Decussatio brachiorum conjunctivorum). Dabei stößt es dorsal an den Fasciculus longitudinalis medialis, lateral an die Formatio reticularis und ventral an den Nucl. interpeduncularis.

Tractus tectospinalis und Decussatio tegmenti dorsalis (Tsp, Dtd):
(Abb. 10, 11, 12, 13, 14, Tafel X)

Die Fasern des Tractus tectospinalis entspringen im Tectum, ziehen ventromedialwärts und kreuzen zum Großteil als Decussatio tegmenti dorsalis in Höhe des caudalen Drittels des Corpus mamillare. Nach der Kreuzung ziehen die Fasern zusammen mit wenigen, die von der gleichen Seite stammen, ventral vom Fasciculus longitudinalis medialis nach caudal und sind als paramediane, eher schüttere Bündel bis in das Halsmark zu verfolgen. Im Mittelhirn ist die Decussatio medial vom Nucl. ruber und dorsal vom Nucl. interpeduncularis zu finden.

Tractus rubrospinalis und Decussatio tegmenti ventralis (Trsp, Dtv): (Abb. 10, 12, 13, 14, Tafel IX, X)

Der Tractus rubrospinalis entspringt im Nucl. ruber, zieht sofort ventromedialwärts und kreuzt sehr bald als Decussatio tegmenti ventralis die Mittellinie. Die Fasern der Kreuzung besitzen sehr ähnliche topographische Beziehungen wie die der Decussatio tegmenti dorsalis, da sie in gleicher Richtung und nur etwas ventral von dieser verlaufen. Das Bündel des Tractus rubrospinalis ist in seinem caudal gerichteten Verlauf schlecht abgrenzbar und liegt medial vom Lemniscus lateralis und vom Nucl. olivaris superior in der Formatio reticularis.

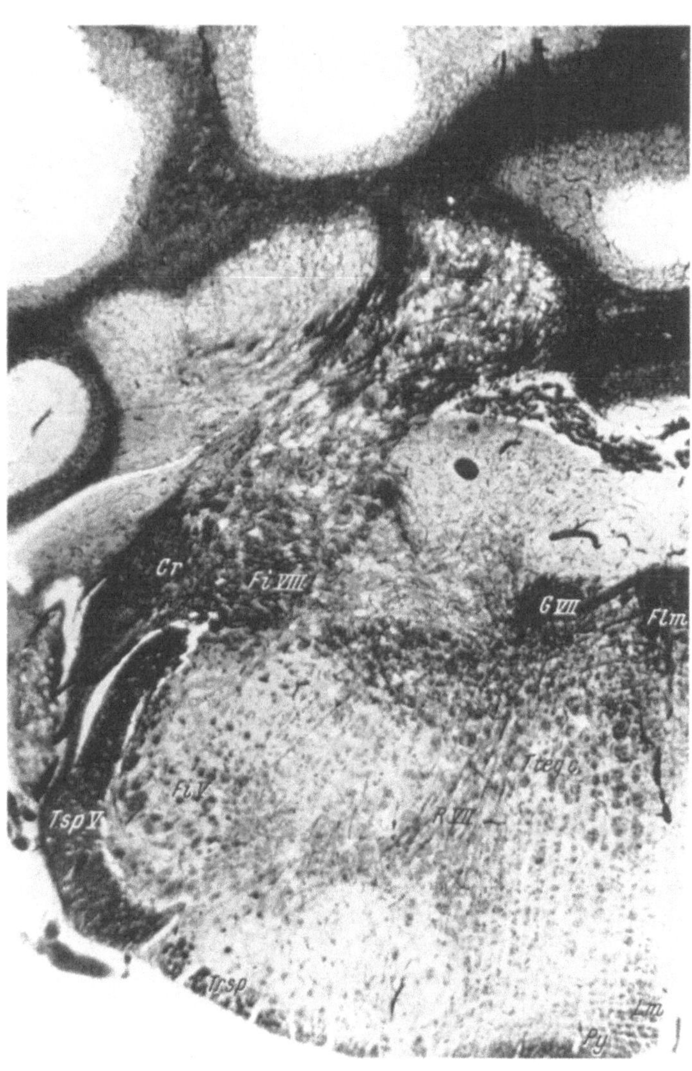

Abb. 13. Schnittführung durch die mittlere Rautengrube in Höhe des Colliculus facialis: siehe auch Tafel XVI: Corpus restiforme (Cr), inneres Facialisknie (G VII), Fasciculus longitudinalis medialis (Flm), Fasern der Radix nervi facialis (R VII), Tractus spinalis nervi trigemini (TspV), Fibrae nervi trigemini (FiV), Lemniscus medialis (Lm), Pyramis (Py), Fibrae nervi vestibularis (Fi VIII), Tractus tegmenti centralis (Ttegc), Tractus rubrospinalis (Trsp).

Fibrae und Brachium pontis (P, Bp): (Abb. 11, Tafel XI, XII)

Die Brücke besitzt bei der Maus eine sehr geringe rostrocaudale Ausdehnung. Ihre querverlaufenden Fasern beginnen rostral in Höhe des Trochleariskernes und liegen ventral von den Brückenkernen. Sie ziehen als Brachium pontis dorsolateralwärts in Richtung des Kleinhirns und bilden dabei die laterale Begrenzung des Hirnstammes; medial davon liegt das System des Lemniscus lateralis.

Corpus trapezoides (Ctr): (Abb. 12, Tafel XIII, XIV)

Eine im Nucl. cochlearis ventralis und dorsalis entspringende Faserung zieht ventromedialwärts und bildet caudal von der Brücke den sogenannten Trapezkörper. Die querverlaufenden Trapezkörperfasern spalten den Tractus corticospinalis in einzelne Bündel auf. Das Corpus trapezoides beginnt in der Höhe des Colliculus facialis und begrenzt die in dieser Region vorhandenen Strukturen, die Oliva superior, die rostrale Nebenolive und den Tractus spinalis nervi trigemini lateral. In die Trapezkörperfaserung ist der Nucl. corporis trapezoidis eingelagert. In den rostral geführten Schnitten liegt dorsal von der Trapezkörperformation in der Formatio reticularis der Nucl. pterygoideus.

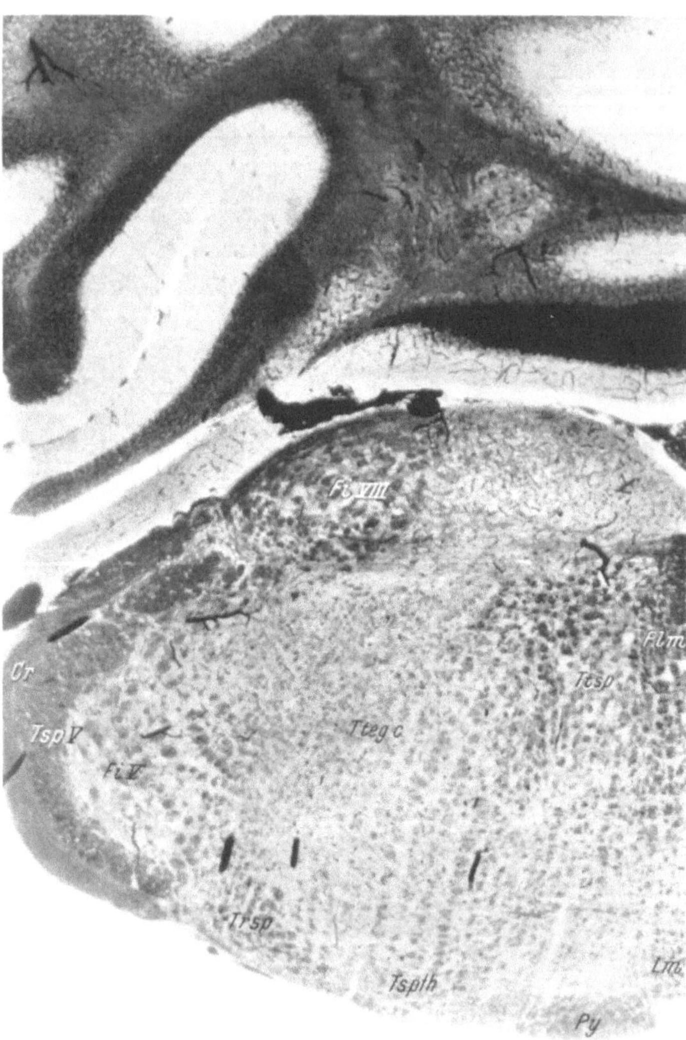

Abb. 14. Schnittführung durch die caudale Rautengrube: siehe auch Tafel XVII:
Corpus restiforme (Cr), Tractus spinalis nervi trigemini (TspV), Fibrae nervi trigemini (FiV), Fibrae nervi vestibularis (Fi VIII), Fasciculus longitudinalis medialis (Flm), Lemniscus medialis (Lm), Pyramis (Py), Tractus rubrospinalis (Trsp), Tractus tegmenti centralis (Ttegc), Tractus tectospinalis (Ttsp), Tractus spinothalamicus (Tspth).

Tractus mesencephalicus nervi trigemini (TmesV): (Abb. 11, Tafel XI—XIII)

Der Tractus mesencephalicus nervi trigemini, der im zugehörigen Kern entspringt, läßt sich rostral zum erstenmal in der Höhe des caudalen Anteiles der hinteren Vierhügel abgrenzen und liegt dabei im Grenzgebiet zwischen Formatio reticularis und Griseum centrale. Nach Auftreten des Nucl. tegmenti dorsalis liegt der Faserzug an dessen lateraler Seite. In dieser Höhe tritt auch der Nucl. mesencephalicus nervi trigemini in immer engere Beziehung zum Tractus. Im Rhombencephalon liegt der Tractus mesencephalicus nervi trigemini lateral vom Nucl. tegmenti dorsalis, dorsal von der Formatio reticularis und medial vom Nucl. lemnisci lateralis dorsalis. In diesem Hirnabschnitt sind die Nervenzellen des Nucl. mesencephalicus nervi trigemini zwischen die Faserzüge des Tractus eingelagert. Weiter caudal schiebt sich das Brachium conjunctivum zwischen den Tractus mesencephalicus nervi trigemini und den Nucl. lemnisci lateralis dorsalis; der Nucl. mesencephalicus nervi trigemini umfaßt dann den Tractus kappenförmig von dorsal her. In der Höhe des caudalen Endes der Brücke läßt sich trotz vorhandener Nervenzellen des Nucleus der Tractus mesencephalicus nervi trigemini nicht mehr nachweisen.

Lemniscus lateralis (Ll): (Abb. 11, Tafel XI–XV)

Der Lemniscus lateralis entwickelt sich, wie bereits erwähnt, aus dem Corpus trapezoides und läßt sich als ein in dorsaler Richtung verlaufender Faserzug in Höhe des Colliculus inferior nachweisen. Seine Fasern endigen teils im hinteren Vierhügel, teils im Corpus geniculatum mediale. In die Faserung sind die Nucl. lemnisci lateralis ventralis und dorsalis eingelagert, wobei der Nucl. lemnisci lateralis dorsalis etwas mehr caudal beginnt als der Nucl. lemnisci lateralis ventralis. Lateral grenzt der laterale Lemniscus an die parallel zu ihm verlaufenden Fasern des Brachium pontis.

Corpus restiforme (Cr): (Abb. 13, 14, Tafel XIII–XVIII)

Das Corpus restiforme wird von zahlreichen Faserzügen aufgebaut, die ganz verschiedenen Ursprung besitzen. So führt es Fasern, die zwischen Medulla oblongata und Rückenmark einerseits und dem Kleinhirn andererseits verlaufen: Fasern von den Vestibulariskernen, die vor allem in Uvula, Nodulus, Flocculus und dem Nucl. fastigii cerebelli endigen, Fasern aus den Oliven, die vor allem zum Wurm, den Hemisphaeren, dem Nucl. fastigii und den Nucl. emboliformis und globosus ziehen. Der ebenfalls durchziehende Tractus spinocerebellaris dorsalis und Fasern vom Goll'schen Kern endigen im Wurm und in den Hemisphaeren, Fasern der Striae medullares im Flocculus. Auch Fasern aus dem sensorischen Trigeminuskern verlaufen im Corpus restiforme zum Kleinhirn; Fasern, welche die Verbindung des Cerebellum mit der Formatio reticularis herstellen, verlaufen ebenso wie der Tractus cerebellospinalis, der im Nucl. fastigii entspringt und in den motorischen Zellen des Halsmarkes endigt, durch das Corpus restiforme. Das Corpus restiforme bildet im Grenzbereich zwischen Medulla oblongata und Halsmark die dorsale, laterale und ventrale Hirnstammoberfläche und grenzt medioventral an den Tractus spinalis nervi trigemini und mediodorsal an den Nucl. vestibularis spinalis. Im Bereich des IV. Ventrikels (Rautengrube) knapp caudal vom Einstrahlen in die Kleinhirnkerne bildet das Corpus restiforme ein gut abgrenzbares Faserbündel, das medial von den Cochleariskernen (Nucl. cochlearis dorsalis und ventralis), dorsal vom Tractus spinalis nervi trigemini und lateral von Nucl. Bechterew bzw. etwas weiter rostral lateral vom Brachium conjunctivum liegt.

Nervus facialis (VII, G VII, R VII): (Abb. 13, Tafel XV, XVII)

Der Nervus facialis entspringt aus seinem Ursprungskern in Höhe der caudalen Rautengrube, seine Wurzel zieht in Form einzelner Fasern dorsorostral und bildet um den Abducenskern das Innere Facialisknie. Dieses liegt ventral vom Nucl. eminentiae medianae, medial vom medialen Ausläufer des Deiter'schen Kernes und lateral vom Abducenskern. Ventral liegt das Areal der Formatio reticularis. Der weitere Verlauf des Nervus facialis läßt sich in etwas weiter rostral geführten Schnitten bis zu seinem Austritt aus dem ZNS verfolgen. Er verläuft dabei von dorsomedial nach ventrolateral und tritt daher dorsal zum Nucl. tegmenti dorsalis und lateral zum motorischen und sensorischen Trigeminuskern in engere Beziehung.

Tractus spinalis nervi trigemini (TspV): (Abb. 12, 13, 14, Tafel XIII–XX)

Der Tractus spinalis nervi trigemini kann von der Höhe des Eintritts des Nervus-trigeminus in das ZNS bis zum Beginn des Rückenmarkes verfolgt werden, wo er kontinuierlich in den Fasciculus dorsolateralis medullae spinalis (Tractus LISSAUER) übergeht. Er besteht aus descendierenden Fasern aus dem Nervus trigeminus, die im sensorischen Hauptkern und im Nucl. tractus spinalis nervi trigemini endigen. Rostral läßt sich der Tractus spinalis nervi trigemini zum erstenmal in Höhe des caudalen Anteiles der hinteren Vierhügel feststellen. In diesem Bereich liegt er für eine kurze Strecke lateral und ventral oberflächlich, wird dann jedoch bald von den Fasern des Lemniscus lateralis überlagert. Dorsal grenzt er an das Brachium pontis und medial an den sensorischen Hauptkern des

Trigeminus. Der Faserstrang besitzt einen halbmondförmigen Querschnitt und ist in seinem ventralen Abschnitt nach medial gekrümmt. Nach dem fließenden Übergang des sensorischen Trigeminushauptkernes in den Nucl. tractus spinalis nervi trigemini wird auch letztgenannter Kern in gleicher Weise vom Tractus spinalis nervi trigemini in Form eines lateral konvexen Bogens umgeben. Dorsolateral liegen im rostralen Abschnitt des Tractus die Cochleariskerne, die caudal vom Nucl. spinalis nervi vestibuli abgelöst werden. Die laterale Begrenzung wird, von rostral nach caudal gesehen, von den Fasern des Lemniscus lateralis, den Fasern des Corpus trapezoides und schließlich den Fasern des Corpus restiforme gebildet. Der Tractus spinalis nervi trigemini verschwindet mit dem Beginn der Medulla spinalis.

Tractus solitarius (Ts): (Tafel XVIII—XXI)

Der Tractus solitarius besteht aus den zentralen Fasern, die aus dem Facialis, dem Vagus und dem Glossopharyngicus stammen. Er läßt sich rostral zum erstenmal in Höhe des caudalen Anteiles des Facialiskernes nachweisen und ist hier in einzelne Faserbündel aufgespalten. Dorsal, lateral und teilweise auch ventral wird er vom Nucl. tractus solitarii umgeben. Medial davon liegt die Ala cinerea mit ihren Ursprungs- und Endkernen. Zwischen den einzelnen Faserzügen des Tractus solitarius liegen Nervenzellen, die anscheinend auch dem Nucl. tractus solitarii zugehören. Weiter caudal zieht der Faserzug medialwärts in die Nähe des den Zentralkanal umgebenden Griseum und läßt sich mit dem Beginn der Medulla spinalis nicht mehr nachweisen.

Fasciculus retroflexus Meynert (FM): (Abb. 8, 9, Tafel IV—IX)

Der Fasciculus retroflexus Meynert entspringt im caudalen Abschnitt der Habenularegion, bei der Maus vor allem im Nucl. habenularis lateralis, durchzieht in ventrocaudaler Richtung das Diencephalon und endet schließlich im Bereich des rostralen Mesencephalon im Nucl. interpeduncularis. Zu Beginn liegt er als horizontal orientierte Faserung im Grenzgebiet zwischen dem Nucl. habenularis lateralis und dem Nucl. medialis dorsalis, später wird er nach Auftreten des Nucl. parafascicularis dorsal vom Nucl. habenularis lateralis, lateral vom Nucl. medialis dorsalis, ventral vom Nucl. parafascicularis und medial vom Nucl. paraventricularis thalami begrenzt. Weiter caudal in der Höhe des rostralen Anteils der Commissura posterior wird der Fasciculus retroflexus Meynert vom Nucl. parafascicularis umgeben, nach dessen Verschwinden stößt er dorsal an den Nucl. commissurae posterioris, dorsomedial und medial an den Nucl. periventricularis thalami, dorsolateral an den Nucl. posterior thalami, lateral und ventral an den caudalen Anteil des Nucl. ventralis thalami. In Höhe der Zwischenhirn-Mittelhirngrenze wird der Fasciculus retroflexus Meynert allseits von der Formatio reticularis umgeben. Im rostralen Mesencephalon liegt er ventral von der Decussatio tegmenti ventralis, medial von der Zona incerta, dorsal vom Corpus mamillare und lateral vom Nucl. interpeduncularis. Er endigt schließlich im Nucl. interpeduncularis.

Corpus callosum (CC): (Abb. 5, 6, 7, 8, Tafel I—X)

Das Corpus callosum wird als Großhirncommissur der Vollständigkeit halber nur kurz abgehandelt. Es wird von Commissurenfasern aufgebaut, die die beiden Großhirnhemisphaeren miteinander verbinden. Die Fasern bilden frontal einen nach rostral und caudal einen nach caudal offenen Bogen und verlaufen im mittleren Hemisphaerenbereich transversal. Rostral und caudal sind daher die Balkenfasern nur im Querschnitt getroffen. Der mediale Anteil des transversal verlaufenden Abschnittes des Corpus callosum grenzt ventral an die Ammonshornformation, der laterale bildet das Dach des Seitenventrikels. Lateral vom Seitenventrikel spalten sich die Fasern der Capsula externa ab, verlaufen in lateroventraler Richtung und bilden die laterale Begrenzung des Linsenkernes.

Tractus corticospinalis (Tcsp): (Abb. 11, 12, Tafel XI—XIV)

Der Tractus corticospinalis bildet in Höhe des rostralen Brückenendes die caudale Fortsetzung der im Pes pedunculi verlaufenden Fasern. Er durchzieht als ventral liegendes Faserbündel das Rhombencephalon, bildet caudal vom Trapezkörper die Pyramiden und kreuzt im Bereich der Grenze zwischen Medulla oblongata und Medulla spinalis in Form der Decussatio pyramidum.

In der Höhe der Brücke wird der Tractus corticospinalis dorsal vom Nucl. pterygoideus, lateral von der Formatio reticularis, ventral und medial von den Brückenkernen und dorsomedial vom Lemniscus medialis begrenzt. Im Bereiche des Trapezkörpers wird er durch die quer verlaufenden Trapezkörperfasern in Einzelfaserzüge zerlegt, die sich in Höhe des Colliculus facialis zur ventral liegenden Pyramis vereinigen. Die Pyramide wird dorsal in ihrem rostralen Abschnitt von der Formatio reticularis und in ihrem caudalen Abschnitt von der unteren Olive begrenzt. Sie kreuzt in Höhe der Medulla oblongata-Medulla spinalis-Grenze.

Fasciculus gracilis und Fasciculus cuneatus (Fg, Fc): (Tafel XIX—XXI)

Beide Faserbündel bilden den Hinterstrang des Rückenmarkes und reichen nur ein kurzes Stück in die Medulla oblongata. Sie endigen in der Höhe der Ala cinerea in den Hinterstrangkernen, der Fasciculus gracilis im medial liegenden Nucl. gracilis und der Fasciculus cuneatus im Nucl. cuneatus.

Tractus tegmenti centralis (Ttegc): (Abb. 10, 11, 12, 13, 14)

Der Tractus tegmenti centralis durchzieht in Einzelfaserbündeln die Formatio reticularis.

Die Kerne des Hirnstammes

Diencephalon

Epithalamus

Nucleus habenularis medialis (Hm): (Abb. 15, Tafel III, IV, V)

Der Nucl. habenularis medialis ist ein langgestreckter Kern, der eine rostrocaudale Verlaufsrichtung besitzt und immer in räumlicher Beziehung zum dorsalen Abschnitt des III. Ventrikels steht. Er beginnt etwas caudal vom rostralen Thalamuspol und reicht bis in die Gegend der Commissura habenularum. Die topische Beziehung zum III. Ventrikel

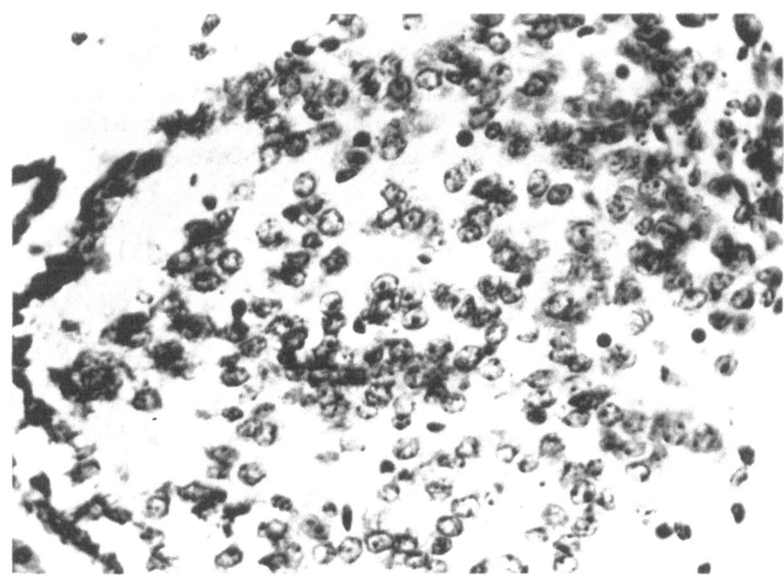

Abb. 15. Nucleus habenularis medialis

wechselt von rostral nach caudal: er liegt zuerst ventral, weiter caudal jedoch lateral von diesem. Ähnlich wechseln seine Begrenzungen. Rostral liegt lateral von diesem Kern die Stria medullaris, die sich aber caudal bald an seine dorsale Seite zwischen Kern und Ventrikelependym schiebt; die laterale Begrenzung des Nucl. habenularis medialis wird dann vom Nucl. habenularis lateralis gebildet. Ventral wird der Kern stets vom Nucl. paraventricularis begrenzt.

Cytologisch besteht der Kern aus 6—9 μ großen, gliazellähnlichen Nervenzellen, die dem Kern durch ihre dichte Lagerung ein charakteristisches Aussehen verleihen. Manchenorts bilden sie Reihen und Haufen. Die großen chromatinreichen Zellkerne werden von einem sehr schmalen, eher hellen Plasmasaum umgeben. Zwischen den Nervenzellen liegen verstreut einige Makro- und Oligodendrogliazellen.

Nucleus habenularis lateralis (Hl): (Abb. 16, Tafel III, IV, V)

Der Nucl. habenularis lateralis liegt als langgestrecktes Nervenzellareal an der lateralen Seite des gleichnamigen medialen Kernes. Er beginnt etwas weiter caudal als der mediale Habenulakern und besitzt daher auch eine geringere rostrocaudale Aus-

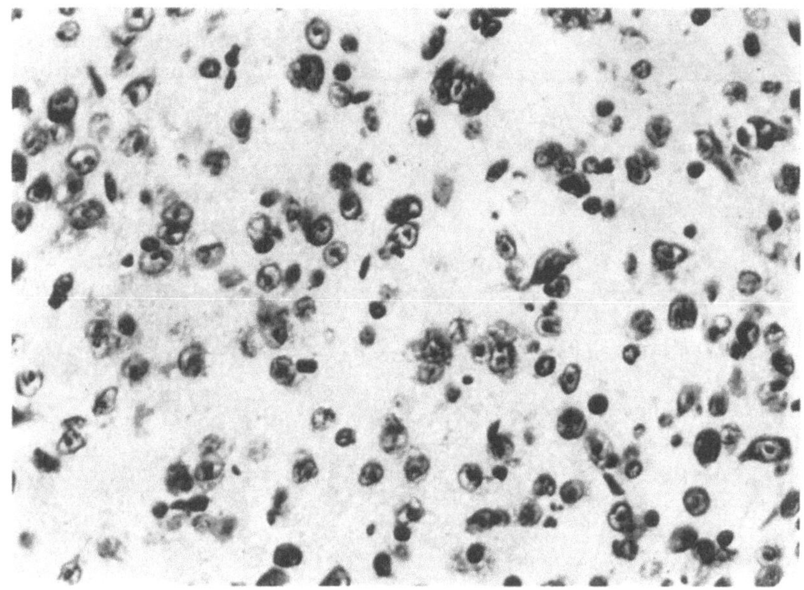

Abb. 16. Nucleus habenularis lateralis

dehnung. Der rostrale Abschnitt des Kernes grenzt dorsal an die Stria medullaris, lateral zuerst an den Nucl. centralis lateralis, später an den Nucl. lateralis thalami, ventral an den Nucl. medialis dorsalis, mediodorsal an den Nucl. habenularis medialis und medioventral an den Nucl. paraventricularis thalami. Caudal bildet seine laterale Grenze der Nucl. lateralis posterior, während er dorsal nach dem mediodorsalen Abrücken der Stria medullaris direkt an das Ependym des IV. Ventrikels grenzt. Der Nucl. habenularis lateralis verschwindet ungefähr in der Höhe der Commissura habenularum.

Die im Gegensatz zum Nucl. habenularis medialis sehr schütter angeordneten Nervenzellen sind im allgemeinen rund und haben Durchmesser von ca. 7 μ. Die auffallend chromatinarmen Zellkerne sind unregelmäßig gestaltet und zeigen oft Kernmembraneinfaltungen. Der Cytoplasmasaum ist schmal, häufig überhaupt nicht sichtbar. Zwischen die Nervenzellen sind zahlreiche Makrogliazellen eingestreut.

Thalamus

Vordere thalamische Kerngruppe

Nucleus anterior thalami (Ad, Av, Am): (Abb. 17, Tafel I, II, III)

Der Kern beginnt knapp caudal vom rostralen Thalamuspol und nimmt in dieser Höhe den lateralen Thalamusabschnitt ein. In diesem Bereich lassen sich zwei Unterkerne, der Nucl. anterior thalami dorsalis und der Nucl. anterior thalami ventralis deutlich differenzieren. Beide Kerne besitzen in der Fimbria fornicis ihre laterale und in der Stria medullaris ihre mediale Begrenzung. Dorsal stößt die Pars dorsalis an Leptomeninx, ventral grenzt die Pars ventralis an den Nucl. reticularis. Bereits wenige Schnitte caudal ist der von ventral nach dorsal verlaufende Anteil der Stria medullaris nicht mehr zu sehen, während der rostrocaudal ziehende Anteil nun nur mehr die mediale Begrenzung der Pars dorsalis bildet. Der ventrale Anteil des Nucl. anterior thalami dorsalis und der dorsale Anteil des Nucl. anterior thalami ventralis werden medial vom Nucl. centralis lateralis begrenzt. Vom

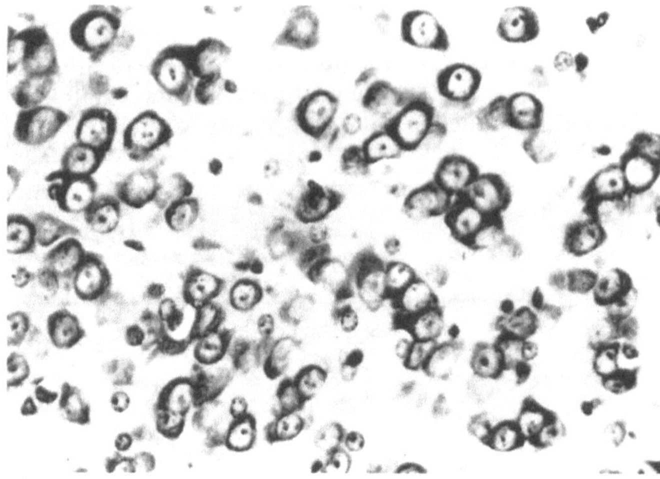

Abb. 17a. Nucleus anterior thalami pars dorsalis

ventralen Kern geht eine nach medial bis zum Nucl. parataenalis reichende Vorwölbung aus, die bereits der Pars medialis des Nucl. anterior thalami angehört. In der Höhe des rostralen Beginnes des gut sichtbaren Nucl. habenularis medialis schiebt sich der Nucl. lateralis thalami gegen die Pars dorsalis vor und begrenzt sie von lateral. Im medialen Thalamusbereich gewinnt die Pars medialis des Nucl. anterior thalami an Größe und wird dorsal vom neu aufgetretenen Nucl. paracentralis begrenzt. Nur wenig caudal davon verdrängt der Nucl. lateralis thalami die Pars dorsalis des Nucl. anterior thalami völlig und es bleibt nur mehr der ventrale und der mediale Unterkern über. Letztgenannter steht bereits über die Mittellinie hinweg mit dem gleichen Kern der gegenüberliegenden Seite in Verbindung. Die Grenzen beider Anteile des Nucl. anterior thalami bilden nun: dorsal der Nucl. lateralis thalami, lateral und latero-

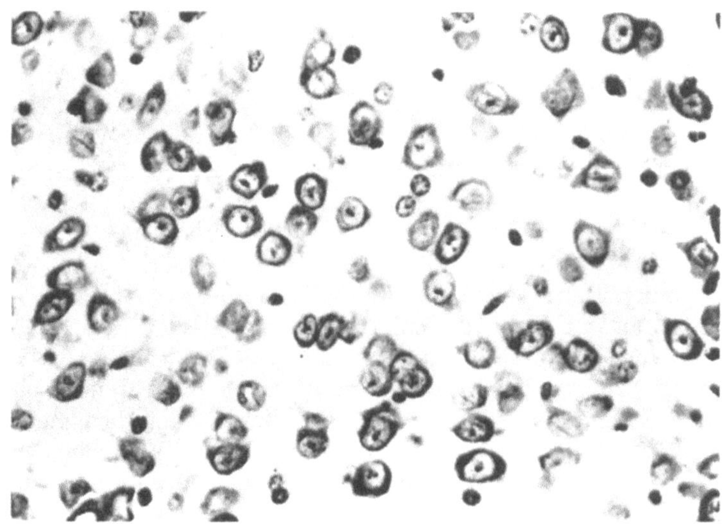

Abb. 17b. Nucleus anterior thalami pars ventralis

ventral der Nucl. reticularis, ventrolateral die Zona incerta und ventromedial der Nucl. anterior hypothalami. Die Pars ventralis und die Pars medialis des Nucl. anterior thalami werden schließlich durch den Nucl. ventralis thalami ersetzt, der im lateroventralen Thalamusabschnitt beginnt und sich nach medial und dorsal ausbreitet.

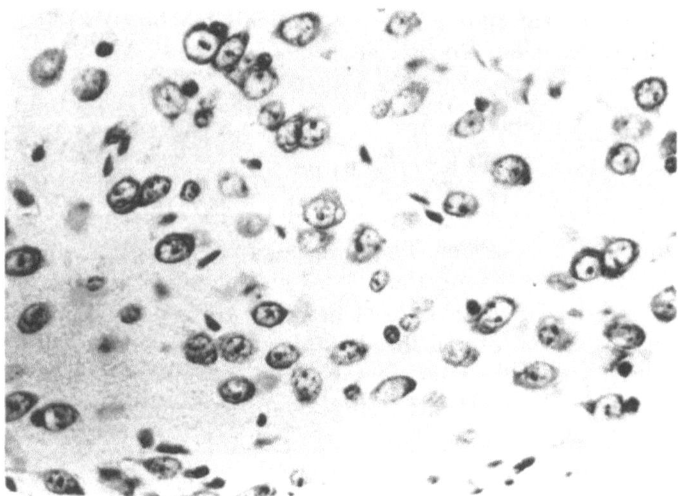

Abb. 17c. Nucleus anterior thalami pars medialis

Die Pars dorsalis besteht aus 9—11 μ großen, herdförmig dichter gedrängten Nervenzellen, die besonders im lateralen Kernbereich oft Reihen bilden. Sie besitzen einen chromatinarmen, hellen Kern, der von einem gut mit Kresylviolett färbbaren Plasmasaum mit feinkörniger Nisslsubstanz umgeben ist. Die schütter liegenden Nervenzellen des ventralen Kernanteiles haben Durchmesser von 9—13 μ. Ihr Plasmasaum ist im allgemeinen schmäler und wesentlich heller als bei den Nervenzellen der Pars dorsalis. Dazwischen liegen nur spärlich Gliazellen. Die Pars medialis des Nucl. anterior thalami entspricht cytologisch im wesentlichen der Pars ventralis des Nucl. anterior thalami. Die median liegenden Nervenzellen, die von manchen Autoren auch als Commissurenzellen bezeichnet werden, sind im Durchschnitt etwas kleiner als die lateral liegenden (7 bzw. 9 : 11 μ), oval und horizontal orientiert.

Mediale Kerngruppe

Nucleus parataenalis (Pt): (Abb. 18, Tafel I, II)

Der Nucl. parataenalis beginnt im Bereiche des rostralen Thalamuspoles. Er nimmt dort im Querschnitt ein nach lateral konkaves bohnenförmiges Feld ein und wird dorsomedial vom Nucl. paraventricularis, dorsolateral und lateral von der Stria medullaris, ventral vom Nucl. reuniens und medial ebenfalls vom Nucl. paraventricularis begrenzt. Im mittleren Bereich seiner rostrocaudalen Ausdehnung tritt lateral der Nucl. medialis dorsalis auf, der schließlich den Nucl. parataenalis auch ventral umfaßt. Der Nucl. parataenalis verschwindet noch im Bereich des vorderen Thalamusdrittels.

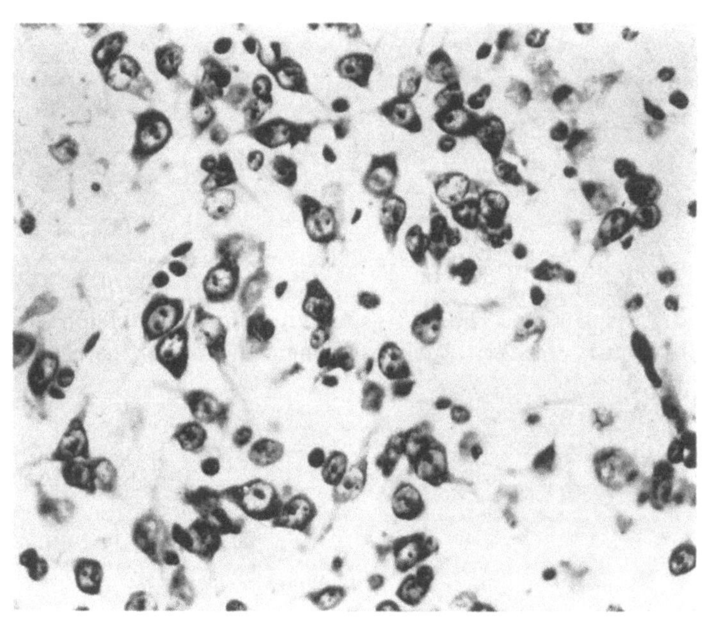

Abb. 18. Nucleus parataenalis

Der Nucl. parataenalis besteht aus 9—13 μ großen, locker liegenden Nervenzellen. Sie besitzen einen hellen, chromatinarmen Kern mit je einem zentralen Nucleolus und einem schmalen gut färbbaren Plasmasaum. Zwei bis vier Fortsätze lassen sich erkennen. Das Gliaelement in Form von Makro- und Oligodendrogliazellen ist zahlenmäßig den Nervenzellen unterlegen.

Nucleus medialis dorsalis (Md): (Abb. 19, Tafel III, IV, V)

Der Nucl. medialis dorsalis gehört zu den mittelgroßen Kernen des Thalamus und beginnt ein wenig caudal vom rostralen Thalamuspol. Er vereinigt sich in der Mittellinie mit dem Kern der gegenüberliegenden Seite und wird dorsal von der Taenia thalami, lateral vom Nucl. anterior thalami ventralis und ventral von der Pars medialis des Nucl. anterior thalami begrenzt. Als weitere dorsale Begrenzungen, von rostral nach caudal gesehen, folgen der Nucl. habenularis lateralis, der Nucl. paraventricularis thalami und schließlich die Regio praetectalis und der Nucl. parafascicularis. Ventral und lateral wird der rostrale Kernabschnitt vom Nucl. paracentralis begrenzt, an dessen Stelle weiter caudal der Nucl. ventralis thalami als laterale Begrenzung tritt. In Höhe des Nucl. centralis entspringt aus dem Nucl. habenularis lateralis der Fasciculus retroflexus und gewinnt damit Beziehung zum Nucl. medialis dorsalis. Die in der Umgebung dieses Faserzuges liegenden Nervenzellen bauen den Nucl. parafascicularis auf, und dieser Kern ersetzt dann den Nucl. medialis dorsalis ungefähr in der Höhe der Commissura posterior.

Der Nucl. medialis dorsalis besteht aus 13—15 μ großen, im ventralen Kernbereich lokkerer, im dorsalen etwas dichter liegenden Nervenzellen. Das Cytoplasma der einzelnen Zelle bildet einen schmalen Saum um den großen, chromatinarmen Kern. Nur selten sind Fortsätze sichtbar. Der Plasmasaum färbt sich bei einigen Zellen gut, bei anderen weniger deutlich an. Zwischen den Nervenzellen liegen vor allem reichliche Makrogliazellen. Oligodendrogliazellen sind in geringerer Zahl vertreten.

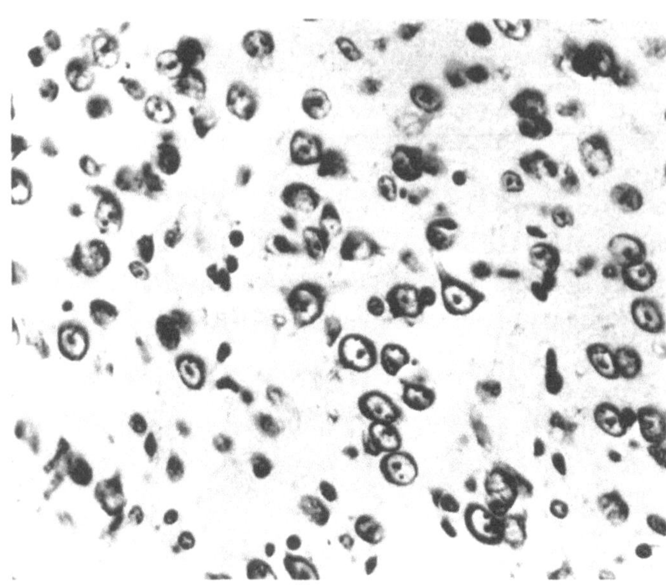

Abb. 19. Nucleus medialis dorsalis

Nucleus parafascicularis (Pf): (Abb. 20, Tafel V, VI)

Der Nucl. parafascicularis beginnt rostral in Höhe der caudalen Habenularegion, d. h. in jenen Frontalschnitten, in denen der Nucl. habenularis lateralis seine maximale Ausdehnung besitzt und die Fasern des Fasciculus retroflexus MEYNERT entläßt. Auch in seinem weiteren rostrocaudalen Verlauf steht der Nucl. parafascicularis in enger Beziehung zum Fasciculus retroflexus MEYNERT. Rostral liegt er ventral vom Fasciculus retroflexus und ist von dorsal her in den Nucl. medialis dorsalis eingestülpt. Medial begrenzt ihn der Nucl. paraventricularis thalami. Nach caudal nimmt der Kern an Größe zu und umgibt schließlich den Fasciculus MEYNERT. Er wird jetzt dorsomedial von der praetectalen Region, dorsolateral vom Nucl. posterior thalami, lateral und lateroventral vom Centre median, ventral, ventromedial und medial vom caudalen Rest des Nucl. paraventricularis thalami und vom Nucl. periventricularis begrenzt. Caudal endet der Nucl. parafascicularis gemeinsam mit dem Centre median, mit dem er stets in engem Kontakt steht und dem er auch cytologisch sehr ähnlich ist, in der Höhe des rostralen Anteiles des Colliculus superior.

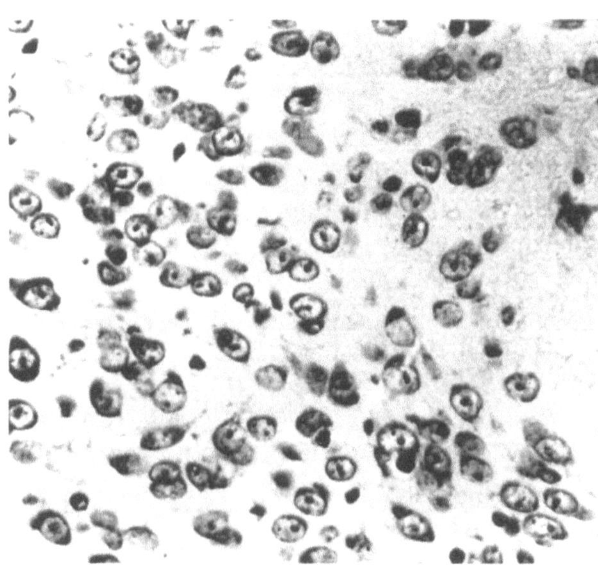

Abb. 20. Nucleus parafascicularis

Der Nucl. parafascicularis wird von dicht liegenden, 11—13 μ großen Nervenzellen aufgebaut, die rundlich und nur selten oval sind. Sie besitzen große helle Zellkerne, die von einer sehr schmalen kaum sichtbaren Cytoplasmazone umgeben sind; stellenweise verbreitert sich jedoch das Cytoplasma kappenförmig und zeigt an diesen Stellen eine bessere Färbung mit Kresylviolett. Eine Nisslsubstanz ist nicht zu sehen. Zwischen den Nervenzellen liegen nur wenige Gliazellen.

Nucleus paracentralis (Pc): (Abb. 21, Tafel III, IV, V)

Der Nucl. paracentralis, der weiter nach rostral als der Nucl. centralis reicht, ist ein kleiner schmaler, im Querschnitt flügelförmiger Kern im mittleren Thalamus. Er beginnt zugleich mit dem Nucl. medialis dorsalis und schiebt sich zwischen diesen Kern und den Nucl. anterior medialis ein. Weiter caudal nach Verschwinden des Nucl. anterior medialis trennt der Nucl. paracentralis den Nucl. medialis dorsalis vom Hauptkern des Nucl. ventralis thalami. Das mediane Kerngebiet, das die Nucl. paracentrales beider Seiten verbindet, nimmt bei rostrocaudaler Untersuchung der Serienschnitte, rasch an Größe zu und bildet in der Höhe der caudalen Habenularegion einen eigenen Kern, den Nucl. centralis.

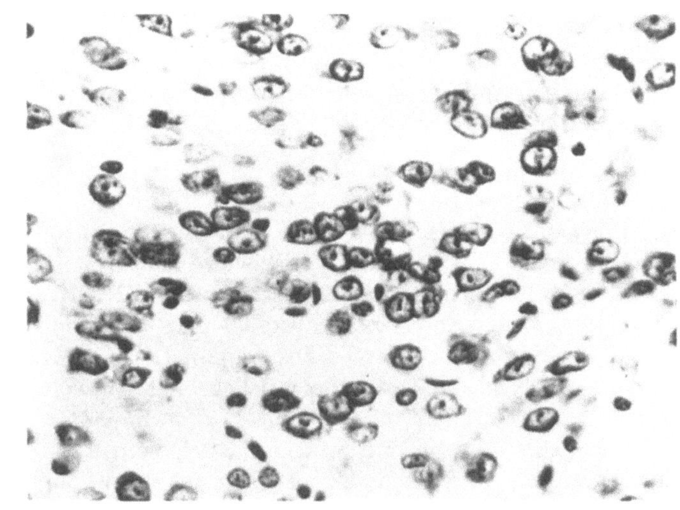

Abb. 21. Nucleus paracentralis

Cytologisch bestehen zwischen dem Nucl. paracentralis und dem Nucl. centralis deutliche Unterschiede. Durch die besondere Nervenzellform kann der Nucl. paracentralis gut gegen seine Umgebung abgegrenzt werden. Die spindelförmigen Nervenzellen dieses Kernes liegen parallel und beschreiben entsprechend der Form des Kernes einen nach dorsal konkaven Bogen. Sie sind bipolar und im Durchschnitt 7 : 11—13 μ groß. Neben dem zentralen Nucleolus des Zellkernes liegen häufig zwei bis drei größere Chromatinkörner. Der Cytoplasmasaum ist schmal, nach der Nisslmethode jedoch gut gefärbt. Makro- und Oligodendrogliazellen sind schütter zwischen die Nervenzellen eingestreut. Im lateralen Kernabschnitt liegen die Zellen locker, im medialen in der Nähe des Nucl. centralis dichter.

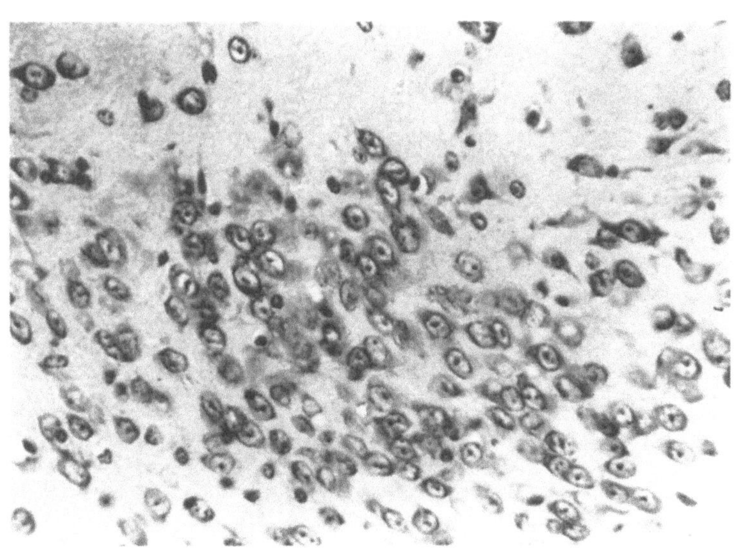

Abb. 22. Nucleus centralis lateralis

Nucleus centralis lateralis (Cl): (Abb. 22, Tafel II)

Als Nucl. centralis lateralis wird in der vorliegenden Arbeit eine Nervenzellansammlung bezeichnet, die etwas caudal vom rostralen Thalamuspol beginnt und in dieser

Höhe zwischen der Stria medullaris und dem Nucl. parataenalis liegt. Sie bildet ein im Querschnitt ovales Feld, dessen größerer Durchmesser entsprechend dem späteren Verlauf des Nucl. paracentralis von laterodorsal nach medioventral geneigt ist. Weiter caudal sind die Grenzen des Kernes weniger deutlich. In dieser Höhe treten medial von ihm die ersten Nervenzellen des Nucl. medialis dorsalis auf. Der Kern geht ventromedial in den Nucl. paracentralis über und verschwindet unmittelbar caudal davon mit zunehmender Größenzunahme des Nucl. medialis dorsalis.

Der Nucl. centralis lateralis besteht aus uniformen, ovalen, ca. 7 : 14 μ großen Nervenzellen, deren schmaler Plasmasaum sich mit Kresylviolett nur wenig anfärbt. Die Nisslsubstanz ist feinkörnig und diffus im Plasma verteilt. Die Zellkerne sind scharf konturiert, chromatinarm und zeigen zentral liegende Nucleolen. Zwischen den Nervenzellen liegen nur sehr wenige Gliazellen.

Centre median (Cmn): (Abb. 23, Tafel VI)

Das Centre median besitzt nur eine geringe rostrocaudale Ausdehnung, Es beginnt in der Höhe der Commissura habenularis und liegt in jenem Bereich des Thalamus, der weiter rostral von der intralaminaren Kerngruppe (Nucl. centralis, Nucl. paracentralis) eingenommen wird. Der Kern wird dorsal und medial vom Nucl. medialis dorsalis thalami, lateral von der Pars dorsomedialis des Nucl. ventralis thalami und ventral von der Pars medialis des Nucl. ventralis thalami begrenzt. In weiter caudal geführten Schnitten tritt der Nucl. parafascicularis als dorsale und dorsomediale Begrenzung an die Stelle des Nucl. medialis dorsalis, während der Nucl. ventralis medialis als ventromediale und der Nucl. ventralis dorsomedialis als laterale gleich bleiben. Es bilden somit die dorsale Begrenzung des Centre median von rostral nach caudal der Nucl. medialis dorsalis, der Nucl. parafascicularis und der Nucl. posterior thalami. Das Centre median verschwindet in der Höhe des rostralen Abschnittes des Colliculus superior.

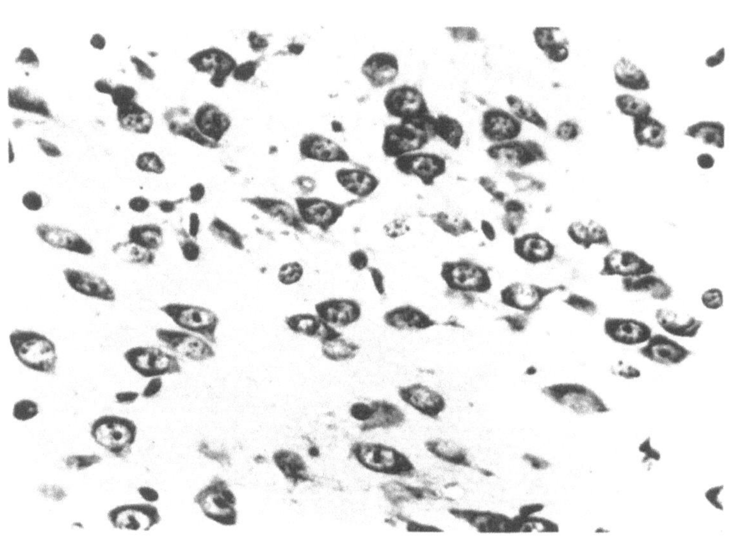

Abb. 23. Centre median

Der Kern ähnelt cytologisch dem Nucl. parafascicularis, von dem er besonders caudal nur schwer abgrenzbar ist. Auf Grund seiner Lage scheint er zu der intralaminaren Kerngruppe zu gehören. Er besteht aus länglichen, bipolaren Nervenzellen, deren Abmessungen ca. 15 : 8 μ betragen. Die Zellen liegen zueinander parallel und nehmen eine dorsolateral-ventromediale Verlaufsrichtung ein. Der schmale Plasmasaum färbt sich mit Kresylviolett gut an. Zwischen den Nervenzellen liegen reichlich Makro- und Oligodendrogliazellen.

Kerne der Mittellinie

Nucleus paraventricularis thalami (Pa): (Abb. 24, Tafel I, II, III, IV, V, VI)

Der Nucl. paraventricularis thalami ist ein langgestrecktes Kerngebiet und reicht vom vordersten Thalamuspol bis zum Beginn des Aquaeductus Sylvii. Er bildet den dorsalen Anteil der Kerne der Mittellinie und wird in seinem Verlauf dorsal rostral vom Nucl.

habenularis medialis und caudal von der Commissura posterior begrenzt. Die laterale Begrenzung von rostral nach caudal bilden die Stria medullaris und der Nucl. parataenalis, der Nucl. medialis dorsalis und der Nucl. parafascicularis, der seinerseits den Fasciculus retroflexus MEYNERT umgibt. Ventral setzt sich der Kern in die Kerne der Mittellinie mit dem Nucl. reuniens als ventralen Abschluß fort. Weiter caudal schieben sich der Nucl. centralis und ventral von ihm der Nucl. ventralis medialis zwischen Nucl. paraventricularis und Nucl. reuniens ein. Median stößt der Kern in seinem rostralen Abschnitt mit dem gleichnamigen der Gegenseite zusammen, caudal bildet er die laterale Begrenzung des spaltförmigen III. Ventrikels. In der Höhe der Commissura posterior zeigt der Kern nur mehr unscharfe Grenzen, die Nervenzellen liegen sehr schütter. In dieser Höhe endet der Kern schließlich.

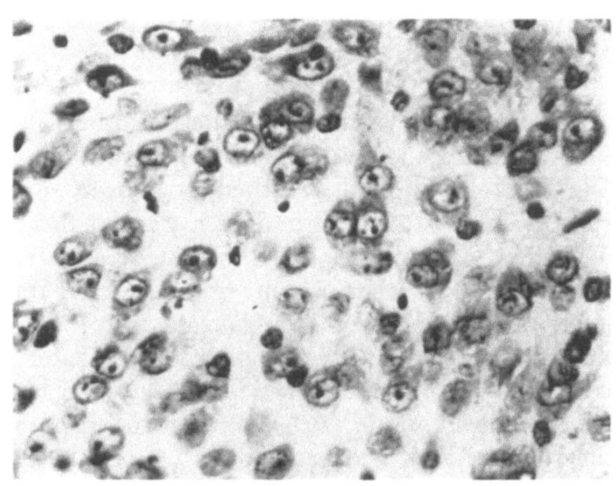

Abb. 24. Nucleus paraventricularis thalami

Cytologisch besteht der Nucl. paraventricularis aus nur mäßig dicht liegenden ca. 12 μ großen Nervenzellen. Diese zeigen ein mit Kresylviolett nur schwach färbbares Cytoplasma und einen durchwegs exzentrisch liegenden, sehr hellen großen Kern. Zwischen die Nervenzellen sind nur spärlich Makro- und Oligodendrogliazellen eingestreut.

Nucleus reuniens (Re): (Abb. 25, Tafel I, II, III, IV, V)

Der Nucl. reuniens nimmt im Frontalabschnitt nur ein kleines paramedian liegendes Areal ein. Er zieht in rostrocaudaler Richtung durch den gesamten Thalamus. Er beginnt im Bereich des rostralen Thalamuspoles in Höhe der Commissura anterior zugleich mit dem Nucl. paraventricularis, dem er auch cytologisch ähnlich ist. Im ventralen Abschnitt der Massa intermedia gelegen, grenzt er dorsomedial an den Nucl. paraventricularis, dorsolateral an den Nucl. parataenalis, lateral an die Stria medullaris und ventral an die Columna fornicis. In der Medianen steht der Nucl. reuniens mit dem gleichnamigen Kern der gegenüberliegenden Seite in Verbindung, wodurch ein charakteristischer flügelförmiger Querschnitt entsteht. Weiter caudal verliert er seine scharfe Grenze gegen die Umgebung, wobei er auch

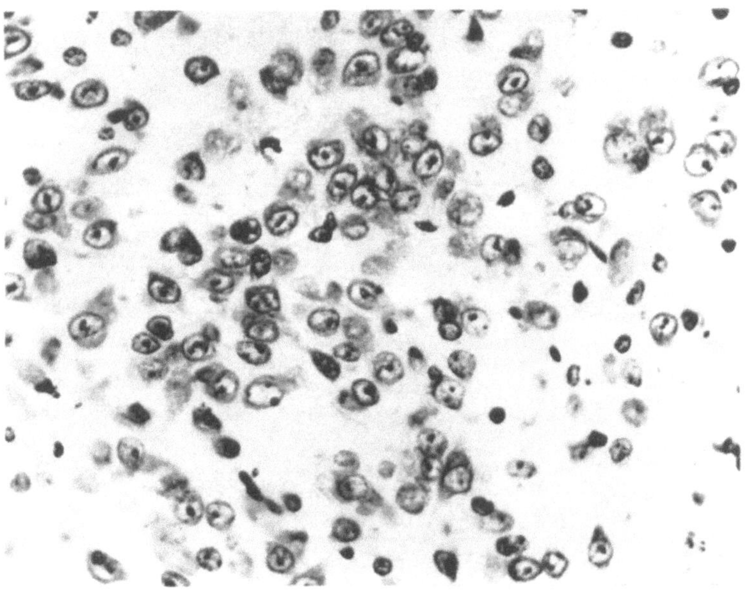

Abb. 25. Nucleus reuniens

sein cytologisches Bild ändert. In diesem Bereich wird eine mediane, raphenähnliche Zellgruppe sichtbar. Dorsal und lateral umgibt nun der Nucl. rhomboideus den Nucl. reuniens in Form eines dorsal konvexen Bogens. Die Grenze zwischen beiden Kernen ist unscharf. Ventral vom Nucl. reuniens liegt im Hypothalamus der Nucl. paraventricularis. Im caudalen Hirnabschnitt ist der Nucl. reuniens durch die dichte Lagerung seiner Zellen wieder umschriebener. Nach Verkleinerung des Nucl. rhomboideus tritt er lateral mit der Pars medialis des Nucl. ventralis thalami und mit dem Vicq d'Azyr'schen Bündel in Kontakt. In der Höhe der Commissura posterior verschwinden der Nucl. reuniens und der Nucl. rhomboideus.

Zytologisch variiert der Nucl. reuniens in den einzelnen Schnitthöhen. Im rostralen Kernareal liegen die Nervenzellen sehr dicht und besitzen Durchmesser von 9—11 μ. Ihr Zellkern ist hell, deutlich konturiert und besitzt einen zentralen Nucleolus. Der Plasmasaum ist schmal und hell. Caudalwärts liegen die Nervenzellen lockerer, die Zahl der Gliazellen nimmt zu. Die isomorphen runden Nervenzellen, wie sie im rostralen Kernbereich zu sehen waren, sind nur mehr im medialen Kernabschnitt zu finden, lateral liegen in der Mehrzahl längsovale mit zwei deutlich sichtbaren Fortsätzen versehene Zellen, deren Achsen von laterodorsal nach ventromedial verlaufen. Ihre Größe beträgt ca. 7 : 15 μ. Die runden Zellen werden schließlich vollkommen durch die längsovalen ersetzt, deren Achse sich in die Horizontale dreht. Im caudalen Kerngebiet sind die Nervenzellen wieder rund und liegen besonders im lateralen Bereich dicht gedrängt. Lage der Zellen und Struktur der Kerne sind ähnlich wie im rostralen Abschnitt, jedoch zeigen die schmalen Zytoplasmasäume eine viel stärkere Färbung mit Kresylviolett. Medial bleibt die Zellagerung bis zum Verschwinden des Kernes locker. Die Plasmasäume der Nervenzellen sind dort schmal und hell. Zwischen die Nervenzellen sind Makro- und Oligodendrogliazellen eingestreut.

Nucleus rhomboideus (Rh): (Abb. 26, Tafel III, IV)

Der Nucl. rhomboideus beginnt in der Höhe des caudalen Abschnittes des Nucl. anterior thalami (entspricht im Hypothalamus der praeoptischen Region). Er ist ein nur unscharf begrenzter, cytologisch aber charakteristisch aufgebauter Kern, der den Nucl. reuniens in Form eines dorsal konvexen Bogens umgibt und über die Mediane hinweg mit dem kontralateralen Kern in Verbindung steht. In seinem rostralen Anteil stößt er dorsal an die Pars medialis des Nucl. anterior thalami, lateral an den rostralen Nucl. ventralis thalami. Ventral tritt er in enge Beziehung zum Nucl. reuniens. Nach dem Verschwinden des Nucl. anterior thalami grenzt er dorsolateral an die Pars medialis des Nucl. ventralis thalami, dorsomedial an den Nucl. centralis, lateral an die Pars medialis des Nucl. ventralis thalami und ventral an den Nucl. reuniens. Der Nucl. rhomboideus ver-

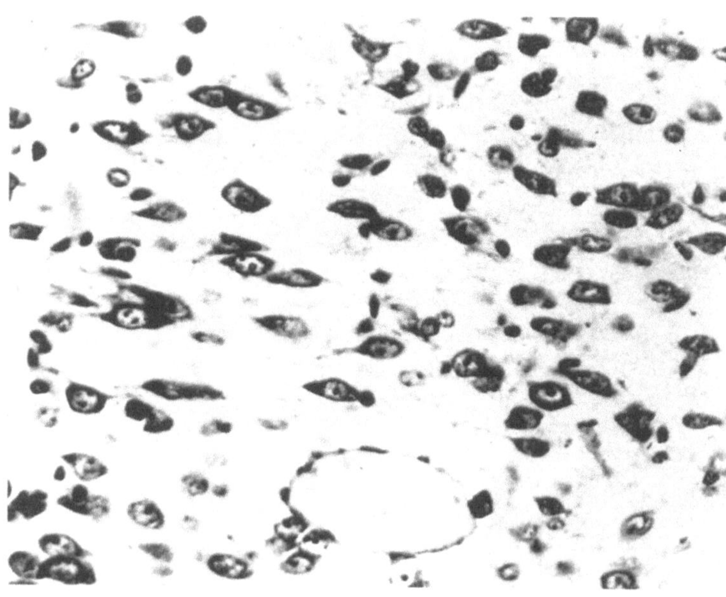

Abb. 26. Nucleus rhomboideus

schwindet zusammen mit dem Nucl. reuniens in der Höhe der Commissura posterior.

Verfolgen wir den Kern von rostral nach caudal, so fallen seine stets unscharfen Grenzen auf. Er besteht aus langgestreckten, bipolaren Nervenzellen, die zueinander parallel gelagert in einem dorsal konvexen Bogen den Nucl. reuniens umgeben. Die Zellgröße liegt bei ca. 4—7 μ : 13—15 μ. Der Plasmasaum der einzelnen Zellen ist sehr schmal, an den Polen etwas breiter und im Nisslbild dunkel. Die Nisslsubstanz ist nicht beurteilbar. Im Grenzgebiet gegen den Nucl. reuniens besonders im lateralen Anteil besteht eine Übergangszone, in der es scheinbar zur Mischung mit den runden Nervenzellen des Nucl. reuniens kommt. Zwischen den Nervenzellen liegen nur wenige Makro- und Oligodendrogliazellen.

Nucleus centralis (C): (Abb. 27, Tafel III, IV, V)

Der Nucl. centralis grenzt dorsal an den Nucl. medialis dorsalis, lateral an die Pars medialis des Nucl. ventralis und ventral an den Nucl. rhomboideus. Der Kern läßt zwei laterale und einen medianen Unterkern erkennen. Die rostrocaudale Ausdehnung dieses kleinen Kerngebietes ist nur gering. Bereits in Höhe des Beginnes der Commissura habenularum besitzt er sein caudales Ende.

Die Nervenzellen des Nucl. centralis sind besonders in den lateralen Unterkernen dicht gelagert, im allgemeinen rund und von durchschnittlich 8—13 μ Durchmesser. Sie liegen häufig in kleinen Gruppen. Der Cytoplasmasaum der einzelnen Zellen ist schmal und läßt sich nur wenig mit Kresylviolett anfärben. Die Gliazellen sind in Zahl und Verteilung identisch mit denen im Nucl. paracentralis.

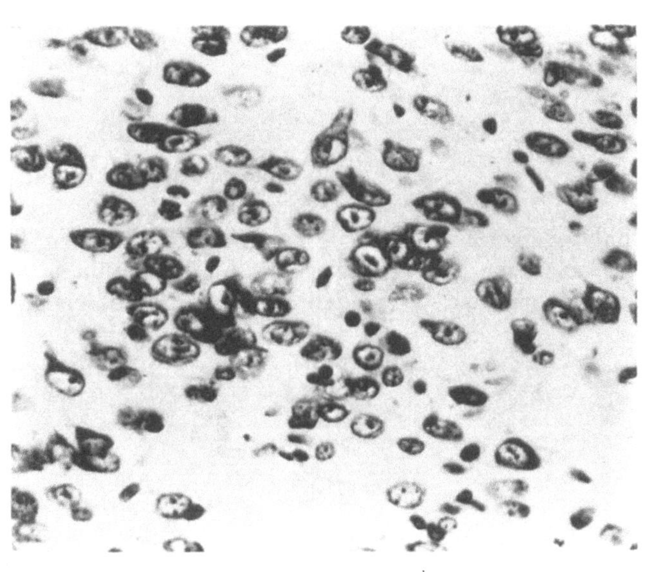

Abb. 27. Nucleus centralis

Nucleus periventricularis thalami (Pe): (Abb. 28, Tafel VI, VII)

Der Nucl. periventricularis thalami, der der Wand des dritten Ventrikels anliegt, besitzt nur eine geringe Ausdehnung in rostro-caudaler Richtung. In verschieden geführten Frontalschnitten zeigt der Kern entsprechend der Ausdehnung des Ventrikels einen unterschiedlichen Querschnitt. Rostral ist der Ventrikel durch die Massa intermedia in einen kleinen dorsalen und einen größeren ventralen (hypothalamischen) Abschnitt unterteilt. Der Kern, der nur den dorsalen Abschnitt begrenzt, hat in dieser Höhe dementsprechend nur geringe dorsoventrale Ausdehnung, sein Querschnitt ist ungefähr dreieckig mit nach dorsal gerichteter Basis. Weiter caudal ist die Massa intermedia verschwunden, der III. Ventrikel stellt einen durchgehenden Spalt dar. Der Nucl. periventricularis thalami liegt nun in der Wand des gesamten thalamischen Abschnittes des Ventrikels und ist in dorsoventraler Richtung langgezogen.

Der Kern beginnt in der Höhe der Commissura habenularum und ventral von der Commissura posterior und endet im Bereich des Überganges des III. Ventrikels in den Aquaeductus Sylvii. Er wird laterodorsal vom Nucl. commissurae posterioris, lateroventral vom Fasciculus retroflexus MEYNERT und ventral vom caudalen Rest des Nucl. paraventricularis thalami begrenzt. Caudal geht sein dorsaler Anteil kontinuierlich in das Griseum centrale über.

Der Nucl. periventricularis thalami besteht aus runden Nervenzellen von ca. 10 μ Durchmesser. Sie besitzen einen schmalen hellen Cytoplasmasaum mit feinkörniger Nissl-Substanz. Die Zellkerne sind scharf konturiert und zeigen je einen großen, zentral liegenden Nucleolus. Die Nervenzellen sind im dorsalen Kernbereich regellos, im ventralen periventriculären in senkrechten Reihen angeordnet. Zwischen den Nervenzellen finden sich mäßig zahlreiche Makro-, Mikro- und Oligodendrogliazellen.

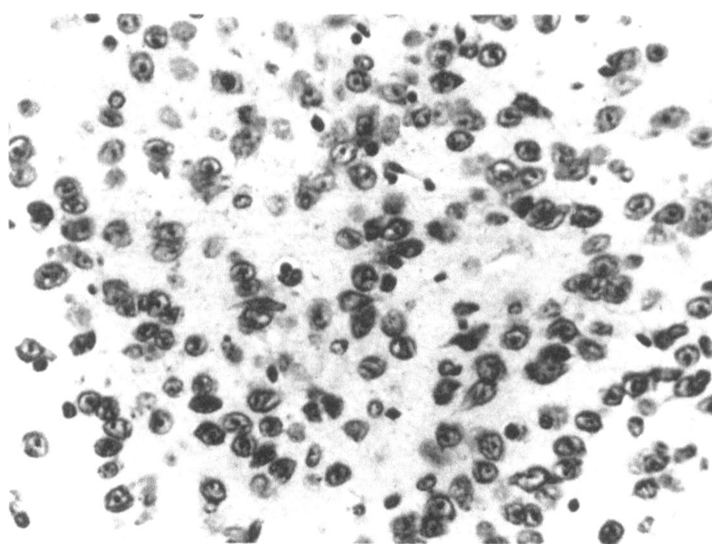

Abb. 28. Nucleus periventricularis thalami

Laterale Kerngruppe

Nucleus lateralis thalami (L): (Abb. 29, Tafel II, III, IV, V)

Der Nucl. lateralis thalami beginnt nur wenig caudal vom rostralen Thalamuspol, wo er sich von lateral her gegen den Nucl. anterior vorschiebt. In seinem rostralen Beginn wird er dorsal durch die Meninx vom Gyrus dentatus und lateral ebenfalls durch Meninx von der Fimbria fornicis getrennt. Ventral grenzt er an die Pars ventralis des Nucl. anterior thalami und medial an die Pars dorsalis des vorderen Thalamuskernes. Der Kern breitet sich von rostral nach caudal betrachtet immer mehr nach medial aus und besetzt schließlich auch das rostral von der Pars dorsalis des vorderen Thalamuskernes eingenommene Areal. Der Nucl. lateralis thalami grenzt in dieser Höhe dann medial an den Nucl. medialis dorsalis, während die dorsalen, lateralen und medialen Grenzen unverändert bleiben. Mit dem Kleinerwerden der Pars ventralis des vorderen Thalamuskernes und dem Auftreten des Nucl. ventralis thalami breitet sich der Nucl. lateralis thalami mehr nach ventral aus und gewinnt damit Anschluß an den Nucl. ventralis thalami. Nach dem Sichtbarwerden des Corpus geniculatum laterale (ca. in der Höhe der caudalen Habenularegion, die durch die deutliche Ausprägung des Nucl. habenularis lateralis gekennzeichnet ist), verschmälert sich der Nucl. lateralis thalami zusehends (er wird in dieser Höhe als *Nucl. lateralis posterior* bezeichnet) und verschwindet schließlich noch rostral von der Commissura habenularum.

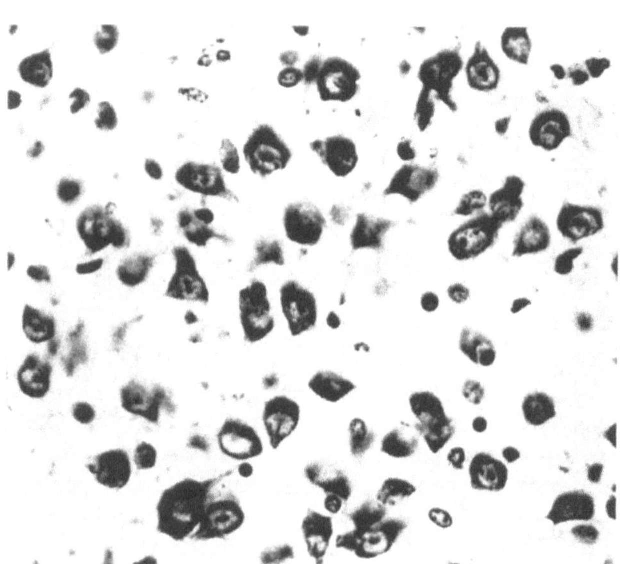

Abb. 29. Nucleus lateralis thalami

Cytologisch besteht der Nucl. lateralis thalami aus ca. 12—16 μ großen Nervenzellen. Sie sind im allgemeinen rund, besitzen chromatinarme Kerne und einen deutlichen eher hell gefärbten Plasmasaum, der häufig den Zellkernen kappenförmig aufsitzt und dadurch die Zellen bisweilen dreieckig erscheinen läßt. Die Zellform ist meist einheitlich. Zwischen den Nervenzellen ist nur spärliche Glia nachzuweisen.

Nucleus posterior thalami (Po): (Abb. 30, Tafel VI, VII, VIII)

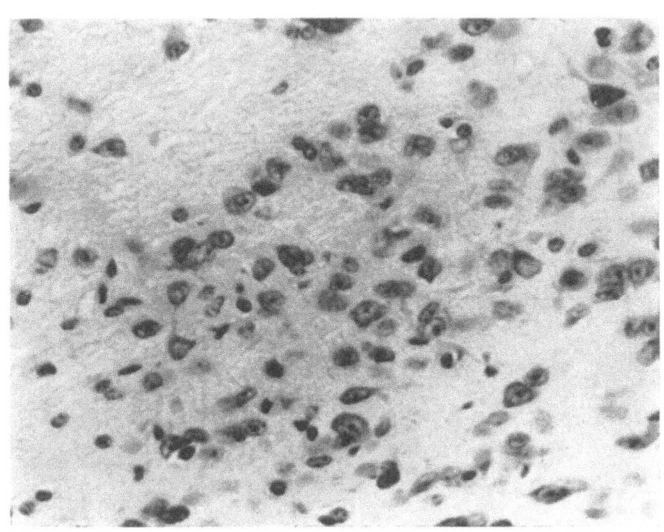

Abb. 30. Nucleus posterior thalami

Der kleine Kern besitzt nur eine relativ geringe rostrocaudale Ausdehnung. Er beginnt wenig rostral von der Commissura habenularum, erreicht bereits in Höhe der Kommissur seine maximale Ausdehnung und endet im Bereich des caudalen Abschnittes des Colliculus superior. Er wird rostral und mediodorsal von der Regio praetectalis, lateral vom Corpus geniculatum mediale, ventral von der Pars dorsomedialis des Nucl. ventralis thalami und medial von der Commissura posterior begrenzt. Diese Grenzen bleiben bis in die Höhe der Mitte des Colliculus superior annähernd gleich. Nur an der ventralen Seite ist der Nucl. ventralis posterior, der caudale Rest des Nucl. ventralis thalami, der aus Nervenzellen des dorsomedialen wie auch des ventralen Unterkernes des Nucl. ventralis besteht, zu sehen. Nach dem Auftreten der Formatio reticularis rückt der caudale Ausläufer des Kernes nach lateral, liegt ventral vom caudalen Rest der Regio praetectalis und medial vom Corpus geniculatum mediale und dorsal von der Zona incerta. In den Schnitten, die durch das caudale Drittel des vorderen Vierhügels gelegt sind, läßt sich der Kern nicht mehr nachweisen.

Der Nucl. posterior thalami besteht aus sehr multiformen, unregelmäßig angeordneten Nervenzellen, von denen einige rund, andere oval sind. Die Durchmesser betragen bei den ovalen Zellen ca. 6 : 14 μ, bei den runden ca. 14 μ. Bei den ovalen sind häufig dunkle, dem Kern an beiden Polen kappenförmig aufsitzende Plasmaareale zu sehen, die runden Nervenzellen besitzen nur sehr schmale, mit Kresylviolett schwach gefärbte Plasmasäume. Die Nisslsubstanz ist, soweit beurteilbar, feinkörnig. Zwischen den Nervenzellen liegen reichliche Makro- und weniger zahlreiche Oligodendrogliazellen.

Regio praetectalis (Prt): (Abb. 31, Tafel VI, VII, VIII)

Die Regio praetectalis ist ein langgestrecktes Kerngebiet, das von der Höhe der Commissura habenularum bis in das Mesencephalon reicht und dort im Vorderen Vierhügel aufgeht. Rostral bildet sie auf eine kurze Strecke die dorsale und die dorsolaterale Oberfläche des Hirnstammes, grenzt ventral an den Nucl. posterior thalami, mediodorsal an den Recessus pinealis und medioventral an die Commissura posterior. Nur wenig caudal von dieser Schnitthöhe wird die Regio praetectalis dorsal vom Colliculus superior überlagert und bildet dann die Grenzschicht zwischen diesem und den Kernen des Thalamus bei annähernd gleichen lateralen, ventralen und medialen Begrenzungen (medial ist allerdings der Recessus pinealis verschwunden). Noch weiter caudal wird im Frontalschnitt der Nucl. posterior thalami allmählich durch die Formatio reticularis ersetzt und bildet kurze Zeit die ventrale Begrenzung der Regio praetectalis, die sich aber bereits zusehends verschmälert hat und schließlich in der Höhe des caudalen Drittels des Colliculus superior in die ventralen Anteile des oberen Vierhügels übergeht.

Die Regio praetectalis besteht aus unterschiedlich konfigurierten Nervenzellen, die häufig zu zweit liegen oder auch Reihen bilden. Sie besitzen rostral einen Durchmesser von ca. 8—10 μ, sind annähernd rund bis schwach ovoid und zeigen nur sehr schmale, helle Plasmasäume um die ebenfalls hellen Kerne. Im caudalen Gebiet dieser Regionen sind zwischen den eben beschriebenen Nervenzellen andere von ca. 10—20 μ Durchmesser eingestreut, die eine längliche Gestalt haben und polare mit Kresylviolett dunkel gefärbte Cytoplasmakappen aufweisen. Unter der reichlich vorhandenen Glia überwiegen die Makrogliazellen.

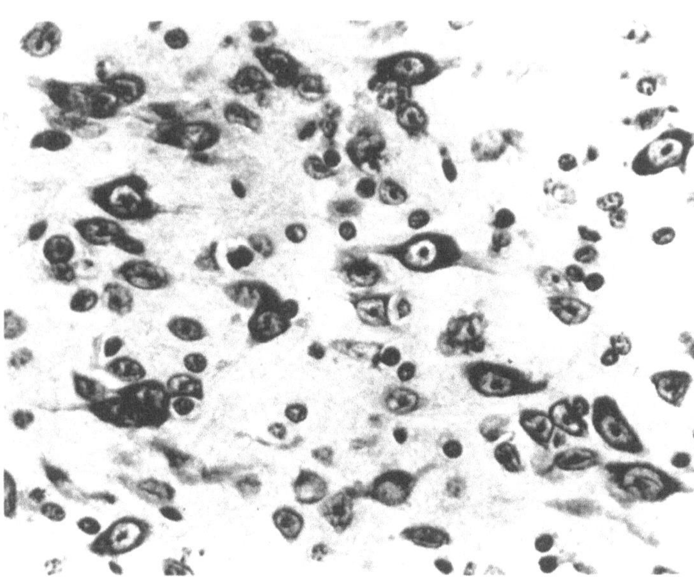

Abb. 31. Regio praetectalis

Nucleus commissurae posterioris (Ncp): (Abb. 32, Tafel VII)

Der Kern wird von Nervenzellen aufgebaut, die zwischen die Fasern der Commissura posterior eingeschoben sind, sodaß nicht von einem umschriebenen Kern im eigentlichen Sinne gesprochen werden kann. Die Grenzen werden vor allem durch Fasern der Commissura posterior bestimmt, durch die er dorsal und dorsolateral von der Regio praetectalis, lateral vom Nucl. posterior thalami und ventral vom Nucl. periventricularis thalami getrennt wird.

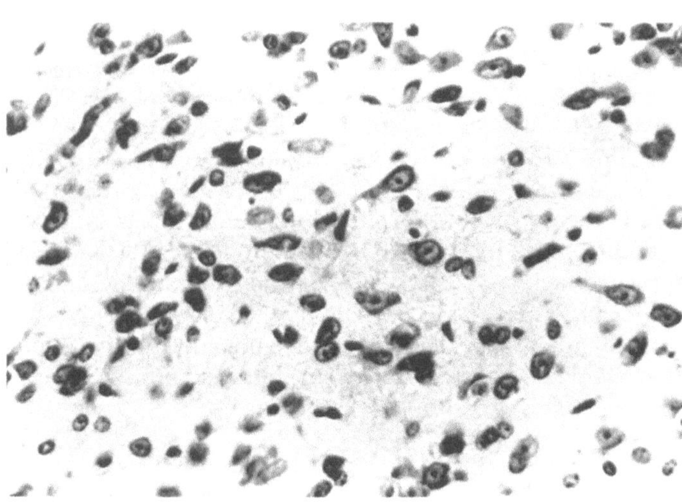

Abb. 32. Nucleus commissurae posterioris

Cytologisch besteht der Kern aus annähernd isomorphen ovalen ca. 10 μ großen Nervenzellen, deren Zellkern nur von einem schmalen, hellen Cytoplasmasaum umgeben ist. Die Fasern der Commissura posterior bedingen eine Reihenbildung der Nervenzellen. Im Kernbereich sind vorwiegend Makrogliazellen anzutreffen.

Ventrale Kerngruppe

Nucleus ventralis thalami (V, Vdm, Vm): (Abb. 33, Tafel III, IV, V, VI, VII)

Der Nucl. ventralis thalami, der größte Kern des Mäusethalamus, ist eine langgestreckte Nervenzellformation. Er beginnt nur wenig caudal vom vorderen Thalamuspol und kann in seinen Ausläufern bis in die Höhe der Commissura posterior verfolgt werden. Der Nucl. ventralis thalami läßt sich in drei topographisch voneinander deutlich unterscheidbare Unterkerne, den ventralen Hauptkern (V), die Pars dorsomedialis (Vdm) und die Pars medialis (Vm) gliedern.

a) Ventraler Hauptkern (V): (Abb. 33a, Tafel III, IV, V, VI, VII)

Beginnt am weitesten rostral und liegt anfangs ventral von der Pars ventralis des Nucl. anterior thalami, medial vom Nucl. reticularis, dorsal von der Zona incerta und lateral von der Pars medialis des Nucl. anterior thalami. Weiter caudal dehnt sich der Kern nach dorsal aus, während die Pars ventralis des Nucl. anterior thalami kleiner wird. In den caudal geführten Schnitten nimmt er schließlich jenes Areal ein, das der Nucl. anterior in den rostralen Querschnitten ausfüllt. Der Kern besitzt nun andere topische Beziehungen als rostral. Er wird dorsomedial vom Nucl. paracentralis, dorsolateral vom Nucl. lateralis, lateral vom Nucl. reticularis, ventral von der Zona incerta und medial vom allerdings schlecht sichtbaren neu auftretenden medialen Unterkern des Nucl. ventralis thalami (Pars medialis des Nucl. ventralis thalami) begrenzt. In dieser Höhe, die durch den sehr deutlich sichtbaren Nucl. paraventricularis hypothalami sehr gut charakterisiert wird, erreicht der Kern seine größte Ausdehnung. Im caudalen Thalamusbereich wird er durch den dorsomedialen Unterkern von dorsal her immer mehr eingeengt. An seiner lateralen Seite wird das Corpus geniculatum laterale sichtbar, während die ventrale und die mediale Begrenzung gleich bleiben. Der Kern verschwindet schließlich in der Höhe der Commissura posterior.

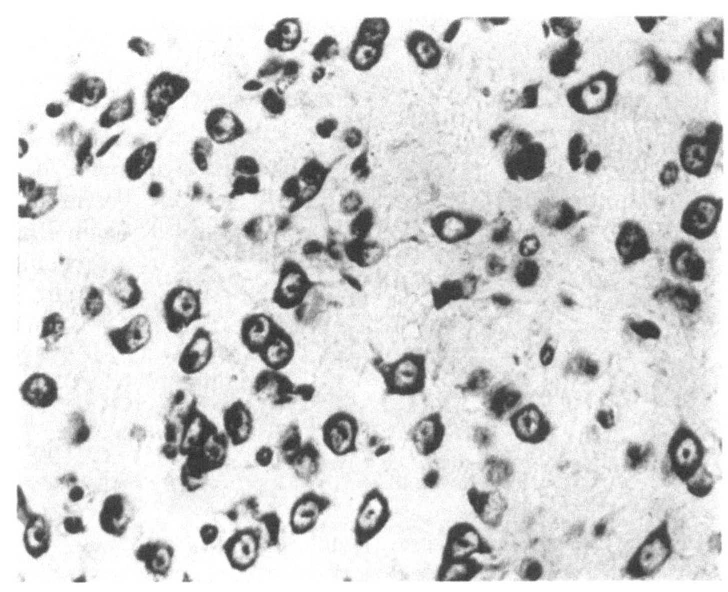

Abb. 33a. Hauptkern des Nucleus ventralis thalami

Der Kern besteht aus locker angeordneten, ca. 13 μ großen Nervenzellen mit hellen, deutlich konturierten Zellkernen und großen Nucleolen. Der Cytoplasmasaum ist mäßig breit, läßt sich mit Kresylviolett gut färben und besitzt deutlich sichtbare Fortsätze. Die Nisslsubstanz ist feinkörnig. Zwischen den Nervenzellen liegen vor allem Makro- und Oligodendrogliazellen.

b) Pars dorsomedialis des Nucleus ventralis thalami (Vdm): (Abb. 33b, Tafel V, VI)

Die Pars dorsomedialis beginnt in der Höhe der caudalen Habenularegion, knapp rostral vom Beginn der Commissura habenularum. Sie wird dorsal vom Nucl. lateralis posterior, lateral und ventrolateral vom Hauptkern des Nucl. ventralis, ventromedial von der Pars medialis des Nucl. ventralis begrenzt. An seiner ventromedialen Seite liegt das Centre médian, an seiner dorsomedialen der Nucl. medialis dorsalis. In weiter caudal in Höhe der Commissura posterior geführten Schnitten stößt die Pars dorsomedialis nach Verschwinden des Nucl. lateralis posterior lateral an das Corpus geniculatum laterale, dorsomedial an den in dieser Höhe auftretenden Nucl. posterior thalami, die lateralen und ventralen Begrenzungen bleiben gleich; medial lassen sich das Centre médian und dorsal davon der Nucl. parafascicularis erkennen. Der caudale Kernabschnitt wird vom Nucl.

posterior thalami von dorsal her immer mehr eingeengt. Lateral schiebt sich das Corpus geniculatum mediale zwischen das Corpus geniculatum laterale und die Pars dorsomedialis ein, während der Kern ventromedial bereits die Zona incerta erreicht. Im Bereich des Colliculus superior wird die Pars dorsomedialis vom Nucl. posterior thalami ersetzt.

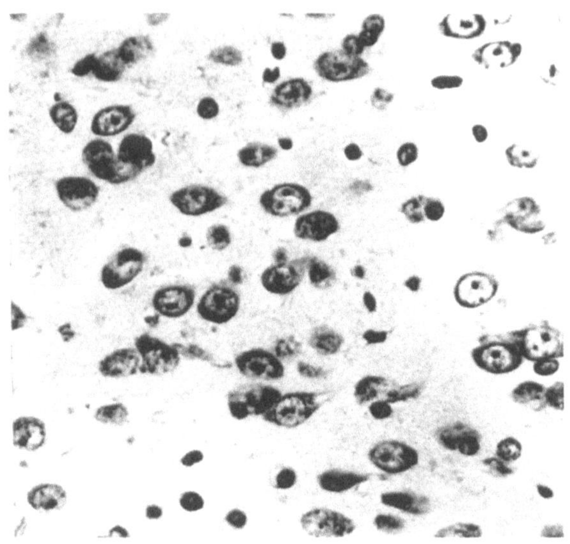

Abb. 33b. Pars dorsomedialis des Nucleus ventralis thalami

9—13 μ große Nervenzellen mit schmalen, hellen Plasmasäumen bilden die Bauelemente des Kernes. In den Zellkernen liegen die solitären Nucleolen meist zentral, seltener exzentrisch. Die Nervenzellen sind wegen ihrer lockeren Anordnung in keiner bestimmten Richtung orientiert. Zwischen ihnen sind reichlich Makro- und nur wenige Oligodendrogliazellen eingestreut.

c) *Pars medialis des Nucleus ventralis thalami* (Vm): (Abb. 33c, Tafel VI, V, VI)

Die Pars medialis des Nucl. ventralis thalami läßt sich rostral bis in das Niveau der caudalen Habenularegion verfolgen (diese Höhe entspricht ventral dem Nucl. paraventricularis hypothalami). In diesem Bereich wird sie dorsal vom Nucl. paracentralis, lateral vom ventralen Hauptkern, ventral von Nucl. rhomboideus und medial vom Nucl. rhomboideus und vom Nucl. centralis begrenzt. Eine scharfe Abgrenzung gegenüber dem ventralen Hauptkern ist in dieser Höhe noch nicht möglich. Etwas weiter caudal läßt sich der Kern deutlich in einen dorsomedialen, ventrolateralen und einen medianen Anteil, der die Verbindung mit dem Kern der gegenüberliegenden Seite herstellt, gliedern. In diesem Bereich liegt dorsal das Centre median, ventrolateral die Zona incerta, ventromedial die Nucl. rhomboideus und reuniens; die laterale Begrenzung bleibt unverändert, medial besteht eine Verbindung mit dem Kern der gegenüberliegenden Seite. Knapp rostral vom caudalen Ende des Kernes bildet die Area hypothalamica dorsalis die ventrale Begrenzung. Der Kern verschwindet mit dem Beginn des Mittelhirns.

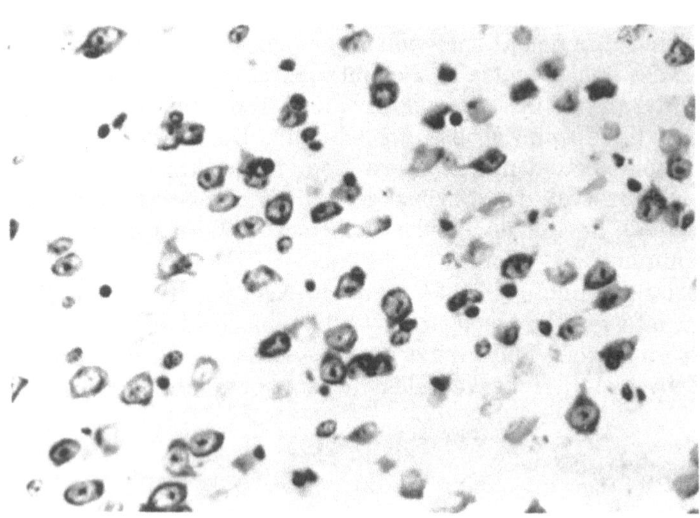

Abb. 33c. Pars medialis des Nucleus ventralis thalami

Die Pars medialis des Nucl. ventralis thalami besteht in der Mehrzahl aus locker angeordneten, längsovalen Nervenzellen, deren Achse von mediodorsal nach lateroventral geneigt ist. Die Zellabmessungen betragen ca. 6 : 15 μ. Es sind nur wenige runde Zellen von 9—11 μ Durchmesser eingestreut. Die lockere Lagerung der Nervenzellen und die reichlichen interponierten Fasern der Radiatio thalami bewirken unscharfe Kerngrenzen. Weiter caudal liegen die Nervenzellen horizontal besonders im medianen Bereich. Das Cytoplasma dieser Zellen ist im allgemeinen etwas dunkler gefärbt als das der Zellen des rostralen Kernabschnittes. Die Zellen sind etwas größer (10 : 20 μ). Hin und wieder sind Pyramidenzellen sichtbar. Zwischen den Nervenzellen liegen zahlreiche Makro- und Oligodendrogliazellen.

Nucleus reticularis thalami (r): (Abb. 34, Tafel I, II, III, IV, V, VI)

Der Nucl. reticularis thalami ist ein langgestrecktes Nervenzellareal, das sich vom rostralen Thalamuspol durch den gesamten Thalamus bis an die Zwischenhirn-Mittelhirngrenze erstreckt. Er wird von zahlreichen Fasern durchsetzt, die aus den Thalamuskernen in die Capsula interna ziehen. Rostral ist der Kern eine dünne Nervenzellamelle, die zwischen den Nucl. anterior thalami ventralis und den Nucl. interstitialis striae terminalis eingeschoben ist. Lateral grenzt er in dieser Höhe an die Stria terminalis und medial an die Stria medullaris. Weiter caudal verbreitert sich der Kern laterodorsal und nimmt einen dreieckigen Querschnitt an. Während er im Rostralbereich des Thalamus ein ventraler Kern war, ist er jetzt zu einem lateralen Thalamuskern geworden. Er grenzt dorsal an den Nucl. lateralis thalami, lateral (von dorsal nach ventral gesehen) an die Fimbria fornicis, die Stria terminalis und die Capsula interna, ventral an die Capsula interna und medial (von dorsal nach ventral gesehen) an den Nucl. lateralis thalami, an die Pars ventralis des Nucl. anterior und an den Nucl. ventralis thalami (der etwas weiter caudal einen Ausläufer zwischen den Nucl. anterior thalami ventralis und den Nucl. reticularis vorschiebt). Das caudale Drittel des Nucl. reticularis thalami grenzt dorsomedial an das Corpus geniculatum laterale, dorsolateral an die Stria terminalis, lateral an die Stria terminalis und an die Capsula interna, ventral an die Capsula interna und

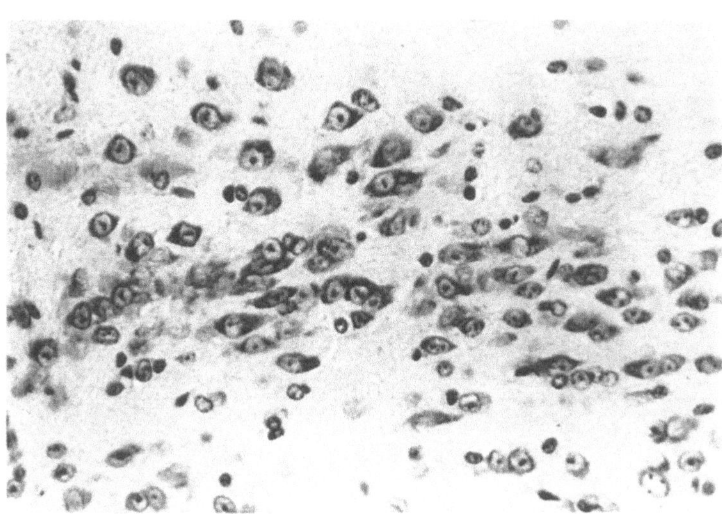

Abb. 34a. Nucleus reticularis thalami (ventraler Abschnitt)

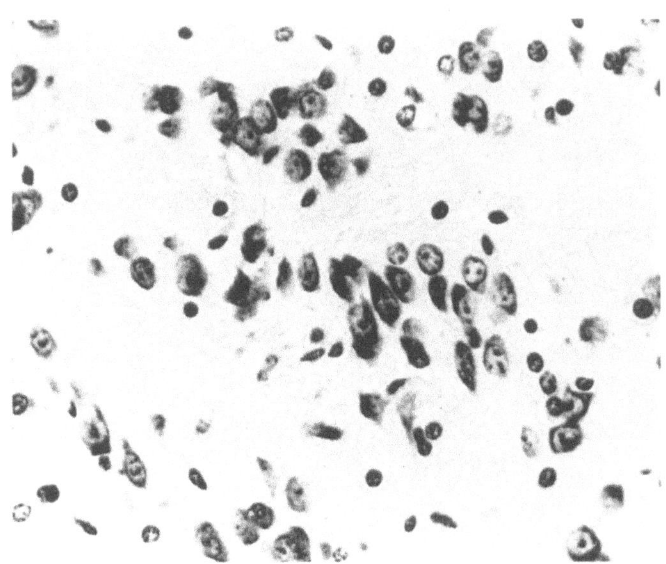

Abb. 34b. Nucleus reticularis thalami (lateraler Abschnitt)

medial an den Nucl. ventralis thalami. Diese Höhe entspricht dem rostralen Beginn der Commissura posterior. Nur wenig caudal in der Höhe des rostralen Beginnes der vorderen Vierhügel verschwindet der Nucl. reticularis.

Der Kern ist aus spindelförmigen (7 : 24 μ), ovalen (17 : 10 μ) und runden (14 μ Durchmesser) Nervenzellen aufgebaut, deren schmaler Plasmasaum sich mit Kresylviolett nur schwach anfärbt. Die Nisslsubstanz ist feinkörnig. Der Zellkern ist deutlich konturiert und besitzt neben dem Nucleolus noch 1—2 große Chromatinkörner. Die durchziehenden Fasern bedingen eine reihenförmige Anordnung der Nervenzellen. Eingestreut sind zahlreiche Gliazellen, vor allem Makrogliazellen.

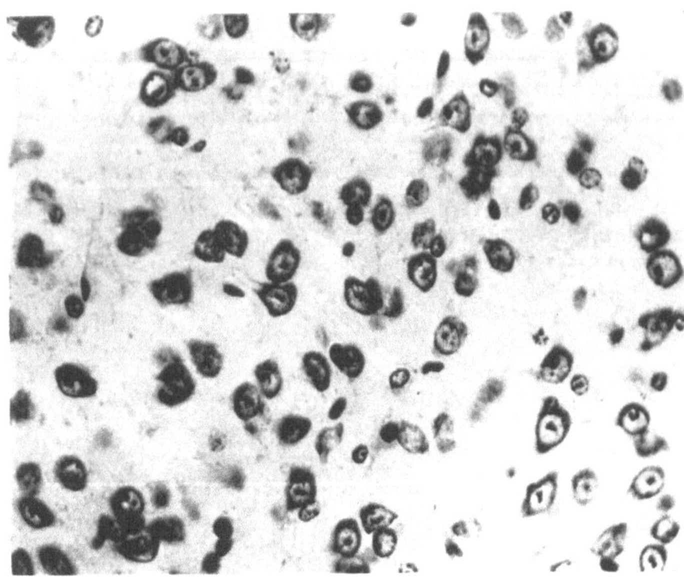

Abb. 35. Corpus geniculatum mediale

Corpus geniculatum mediale (Gm): (Abb. 35, Tafel VI, VII, VIII, IX, X)

Das Corpus geniculatum mediale ist ein langgestrecktes Nervenzellareal, das in der Höhe der größten Ausdehnung des Corpus geniculatum laterale an dessen dorsomedialer Seite beginnt. In caudaler Richtung erstreckt sich das Corpus geniculatum mediale bis in die Höhe des caudalen Drittels des Corpus mamillare. Der rostrale Abschnitt dieses Kernes wird dorsal vom Ammonshorn, lateral vom Corpus geniculatum laterale, ventral von den caudalen Ausläufern des Nucl. ventralis thalami und der Pars dorsomedialis des Nucl. ventralis thalami und medial vom Nucl. posterior thalami und von der praetectalen Region begrenzt.

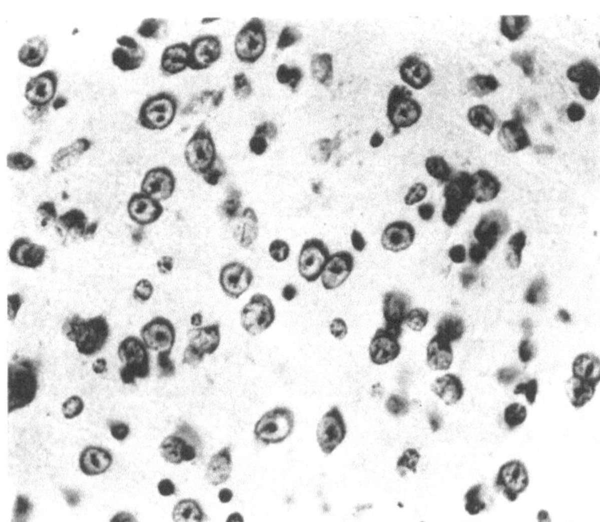

Abb. 36. Corpus geniculatum laterale

Das Corpus geniculatum mediale besteht aus 9—12 μ großen, locker liegenden Nervenzellen. Die schmalen Plasmasäume färben sich mit Kresylviolett nur schwach an. Die Nisslsubstanz läßt sich nicht beurteilen. Einige Nervenzellen lassen deutlich einen bi- bis multipolaren Bau erkennen. Im caudalen Bereich dieses Kerngebietes schließt sich dorsolateral ein scharf begrenztes Zellareal an, das aus etwas größeren, plasmareicheren und besser gefärbten Nervenzellen besteht. Trotz dieser Verschiedenheiten scheint es wegen seiner engen topischen Beziehung ein Bestandteil des Corpus geniculatum mediale zu sein.

Corpus geniculatum laterale (Gl): (Abb. 36, Tafel V, VI, VII, VIII)

Das Corpus geniculatum laterale beginnt rostral ungefähr in Höhe des Chiasma nervi optici und endet in der Höhe des Beginnes des Aquaeductus Sylvii. Es sitzt dem Thalamus laterodorsal kappenförmig auf und wird in seinem ganzen Verlauf dorsal und lateral durch die Ammonsformation begrenzt, wobei eine enge topische Beziehung zum Gyrus dentatus besteht. Lateral wird es von der Fimbria fornicis, ventral vom Nucl. reticularis und vom Nucl. ventralis thalami und medial, von dorsal nach ventral gesehen, vom Nucl. lateralis, vom Nucl. dorsomedialis des Nucl. ventralis thalami und vom ventralen Hauptkern (Nucl. ventralis) begrenzt. Nach Verschwinden des Nucl. lateralis thalami tritt das Corpus geniculatum mediale als mediale Begrenzung des Corpus geniculatum laterale auf.

Cytologisch besteht der Kern aus 9—11 μ großen, schütter liegenden Nervenzellen, die helle Kerne und einen schmalen Plasmasaum mit grobscholliger Nisslsubstanz erkennen lassen. Zwischen die Nervenzellen sind reichlich Makrogliazellen eingestreut.

Subthalamus

Zona incerta (Zi): (Abb. 37, Tafel III, IV, V, VI, VII, VIII, IX)

Die Zona incerta ist ein langgestrecktes, cytologisch uneinheitliches, faserdurchzogenes Kerngebiet, das fast den gesamten Thalamus durchzieht und bis zum Mittelhirn reicht. Rostral grenzt der Kern dorsomedial an die Pars medialis des Nucl. anterior thalami, dorsolateral an den Nucl. ventralis thalami, laterodorsal an den Nucl. reticularis, lateroventral an die Capsula interna, medioventral an die Regio praeoptica medialis, lateroventral an die Regio praeoptica lateralis und medial an den Nucl. rhomboideus. Nach dem Verschwinden der Pars medialis des Nucl. anterior thalami, der Regio praeoptica medialis und des Nucl. rhomboideus bilden der Nucl. ventralis thalami die dorsale, die Capsula interna die laterale, der Nucl. anterior hypothalami und die Regio praeoptica lat. die ventrale und der Nucl. reuniens die mediale Kernbegrenzung. In Höhe des Überganges der Capsula interna in den Pes pedunculi schiebt sich der Lemniscus medialis in das Grenzgebiet zwischen Zona incerta und Nucl. ventralis thalami ein. In dieser Schnitthöhe bildet die Regio hypothalamica lateralis die ventrale und die Regio hypothalamica dorsalis die mediale Begrenzung. Das caudale Drittel der Zona incerta grenzt dorsal an den Nucl. ventralis posterior und an den Lemniscus medialis, lateral an das Corpus geniculatum laterale, ventrolateral an das Corpus subthalamicum Luysii, ventromedial an die Regiones hypothalamicae lateralis und dorsalis und medial an den Nucl. periventricularis thalami. Im Übergangsbereich vom Zwischenhirn zum Mittelhirn wird der Nucl. ventralis posterior lateral vom Nucl. posterior thalami und medial von der Formatio reticularis ersetzt. Ventral liegen von lateral nach medial gesehen die Substantia nigra

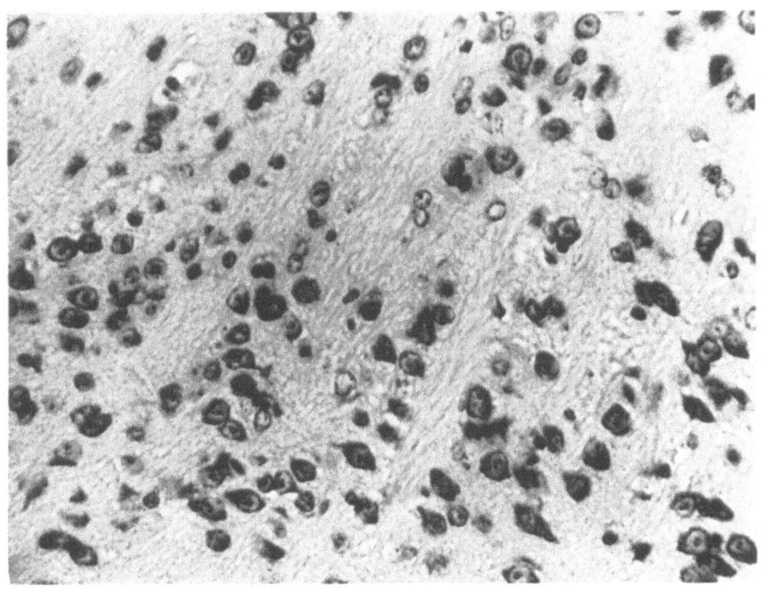

Abb. 37. Zona incerta

(Pars dorsalis), das Corpus subthalamicum Luysii und die Regiones hypothalamicae lateralis und dorsalis. Die Zona incerta verschwindet mit Beginn des Mittelhirns.

Das Kerngebiet ist cytologisch uneinheitlich aufgebaut. Es besteht teils aus spindeligen 19 : 7 μ messenden, teils aus runden Nervenzellen mit Durchmessern von ca. 8 μ. Der Plasmasaum ist bei der Mehrzahl der Zellen schmal, jedoch in der Nisslfärbung verschieden tingiert, sodaß für die Zona incerta kein Zelltyp als charakteristisch angesehen werden kann. Ähnlich verschieden verhalten sich die Zellkerne, was Kontur und Chromatingehalt betrifft. Zwischen den Nervenzellen bleibt wegen der lockeren und unregelmäßigen Lagerung der Zellen reichlich Platz für Gliazellen (Makro-, Mikro- und Oligodendrogliazellen).

Corpus subthalamicum Luysii (CstL): (Abb. 38, Tafel VII, VIII)

Das Corpus subthalamicum Luysii besitzt nur eine geringe rostrocaudale Ausdehnung. Es beginnt im Bereich des caudalen Thalamus und wird caudal sehr bald von der Substantia nigra abgelöst. Dorsal wird der Kern durch das Forel'sche Feld H 2 von der Zona incerta getrennt; lateral und ventral stößt er an den Pes pedunculi, medial an den Hypothalamus.

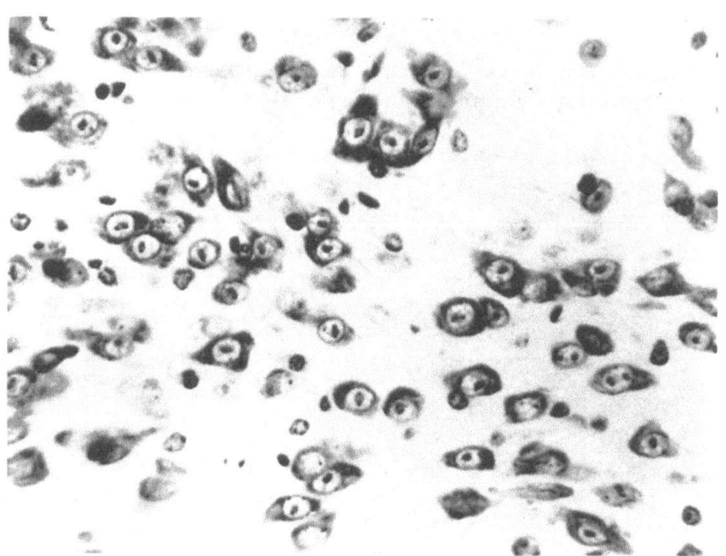

Abb. 38. Corpus subthalamicum Luysii

Die in Gestalt und Größe einheitlichen Nervenzellen sind oval und ca. 9 : 12—14 μ groß. Die Zellkerne sind groß und chromatinarm. Der schmale Plasmasaum färbt sich mit Kresylviolett nur mittelmäßig an. Zwischen den Nervenzellen liegen mäßig zahlreiche Makro- und Oligodendrogliazellen.

Nucleus interstitialis striae terminalis (Iv, Id): (Abb. 39, Tafel I, II)

Der Nucl. interstitialis striae terminalis beginnt rostral im ventralen Septumbereich und reicht nach caudal bis in die Höhe des rostralen Thalamuspoles. In dieser Lokalisation ist er in den Tafeln sichtbar. Der Kern besteht aus einem dorsalen kompakten und einem ventralen faserdurchzogenen Unterkern. Er grenzt dorsolateral an den Nucl. reticularis, dorsomedial an die Stria medullaris, lateral an die Capsula interna und die Stria terminalis, ventral an die laterale praeoptische Region und medial an die Columna fornicis und an die Commissura anterior.

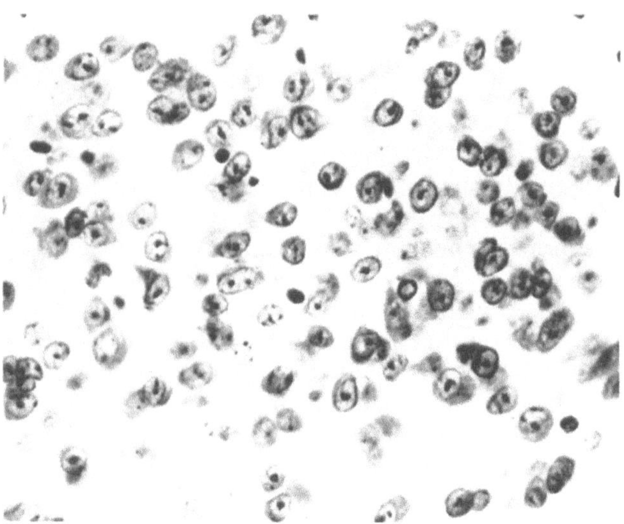

Abb. 39. Nucleus interstitialis striae terminalis

Cytologisch besteht der dorsale Unterkern aus isomorphen, runden, ca. 10 μ messenden, dicht liegenden Nervenzellen, deren schmaler Plasmasaum sich mit Kresylviolett nur schwach anfärbt. Die Zellen sind häufig zu dritt oder zu viert gelagert; der Zellkern ist mäßig chromatinreich und wenig konturiert. Gliazellen sind in diesem Kernabschnitt nur äußerst spärlich vertreten.

Im ventralen Unterkern bilden die Nervenzellen durch die Fasern der Stria terminalis bedingt Reihen, sie entsprechen aber in Form und Größe den oben beschriebenen. Gliazellen, vor allem Makrogliazellen sind häufiger zu finden.

Hypothalamus

Regio praeoptica lateralis (Prl): (Abb. 40, Tafel I, II, III, IV, V)

Die Regio praeoptica lateralis ist ein großes und unscharf abgegrenztes Kerngebiet, das von der Höhe des rostralen Thalamuspoles bis in die Höhe des Chiasma opticum, des rostralen Beginnes des Nucl. paraventricularis und des Nucl. anterior hypothalami reicht. Die rostralen Abschnitte werden dorsal von der Commissura anterior, lateral vom Nucl. amygdalae, ventral vom Kern des Broca'schen Diagonalbandes und medial von der Regio praeoptica medialis begrenzt. In weiter caudal geführten Schnitten ist der Kern des Broca'schen Diagonalbandes nicht mehr zu sehen; der Nucl. hypothalami anterior bildet dort die dorsomediale Begrenzung. Im caudalen Abschnitt der Region liegt nahe der Grenze zum Nucl. hypothalami anterior der Fornix.

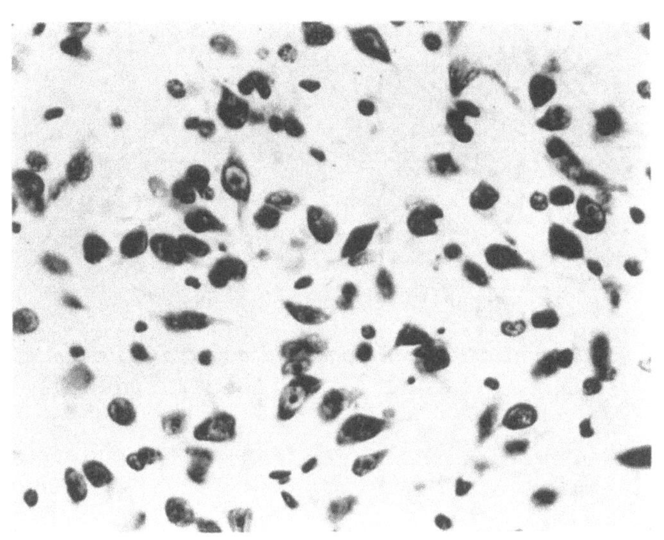

Abb. 40. Regio praeoptica lateralis

In der Regio praeoptica lateralis finden sich verschieden gestaltete Nervenzellen, wodurch eine cytologische Abgrenzung des Gebietes erschwert wird. Die meisten der locker gelagerten Nervenzellen sind spindelförmig und bipolar, 8 : 11 μ im Durchmesser und besitzen um den runden mäßig chromatinreichen Kern einen schmalen, eher hell gefärbten Plasmasaum. Gegen die Regio praeoptica medialis werden die Zellen größer (11—13 μ) und sind dichter gelagert. Das Cytoplasma bildet dort einen breiteren Saum um den ebenfalls hellen runden Kern. Zwischen den Nervenzellen liegen sehr reichlich Makro- und nur selten Oligodendro- und Mikrogliazellen.

Regio praeoptica medialis (Prm): (Abb. 41, Tafel I, II, III)

Die Regio praeoptica medialis ist das zweitgrößte Nervenzellareal im Hypothalamus. Ihr rostraler Beginn liegt ungefähr in gleicher Höhe wie der der lateralen Region, also im Bereich des rostralen Endes des Thalamus. Sie reicht weniger weit nach caudal wie die Regio praeoptica lateralis. An ihre Stelle tritt dann der Nucl. anterior hypothalami. Einen Anhaltspunkt für das Auffinden der Region bietet die Commissura anterior. In ihren rostralen Anteilen wird die Regio praeoptica medialis dorsal von der Commissura anterior, lateral von der Regio praeoptica lateralis und medial vom Nucl. praeopticus medianus und periventricularis begrenzt. Ventral liegt sie in einem kleinen Areal oberflächlich. In weiter caudal geführten Schnitten, in denen die Commissura anterior nicht mehr sichtbar ist, wird sie dorsal vom Nucl. reuniens, vom Fornix, der Zona incerta und vom Nucl. interstitialis der Stria terminalis begrenzt. Mit dem Nucl. interstitialis verschmilzt sie schließlich laterodorsal. Weiter caudal treten dorsomedial der Nucl. paraventricularis und der Nucl. anterior hypothalami auf. Die beiden Kerne werden caudalwärts schnell größer und verdrängen die Region ventralwärts. Nach maximaler Entwicklung des Nucl. anterior hypothalami ist sie dann nicht mehr zu sehen.

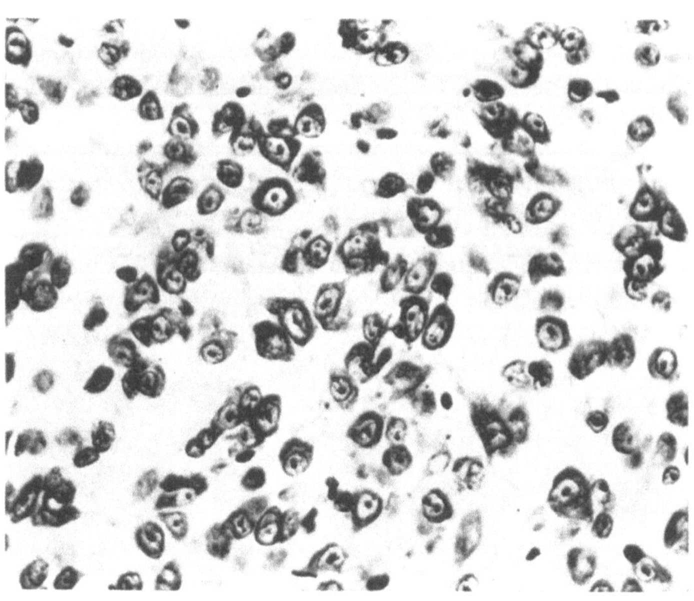

Abb. 41. Regio praeoptica medialis

Die mediale praeoptische Region besteht aus dicht liegenden 7—11 μ großen Nervenzellen, deren helle Zellkerne einen zentral liegenden, großen Nucleolus besitzen und von einem schmalen, nur wenig gefärbten Plasmasaum umgeben werden. Zwischen diesen Zellen sind, allerdings ziemlich selten, deutlich bipolare Zellen eingestreut. Unter den spärlich vorhandenen Gliazellen überwiegen die Makrogliazellen.

Nucleus praeopticus periventricularis und Nucleus praeopticus medianus (Prpe, Prmn): (Abb. 42, Tafel I, II, III)

Die Nucl. praeoptici periventricularis und medianus besitzen gleichartige Nervenzellen und werden daher gemeinsam beschrieben. Beide Kerne sind durch die säulenförmig angeordneten Zellen leicht erkennbar und liegen in unmittelbarer Nachbarschaft des hypothalamischen Abschnittes des dritten Ventrikels. Topographisch und cytologisch gesehen bilden beide Kerne ein einheitliches Gebiet, wobei der Nucl. praeopticus periventricularis zu beiden Seiten, der Nucl. praeopticus medianus rostral vom III. Ventrikel liegt. Caudal bildet der Nucl. periventricularis hypothalami eine direkte Fortsetzung des Nucl. praeopticus periventricularis. An den Nucl. praeopticus periventricularis grenzt im rostralen Bereich dorsal die Commissura anterior und lateral die Regio praeoptica lateralis. Ventral bildet das Gebiet einen Teil der ventralen Gehirnoberfläche. Medial hängt der Nucl. praeopticus medianus mit dem Kern der gegenüberliegenden Seite zusammen. Der Nucl. praeopticus periventricularis grenzt dorsal an den Nucl. paraventricularis hypothalami, lateral an den Nucl. anterior hypothalami, ventral an den Nucl. suprachiasmaticus u. medial an den III. Ventrikel.

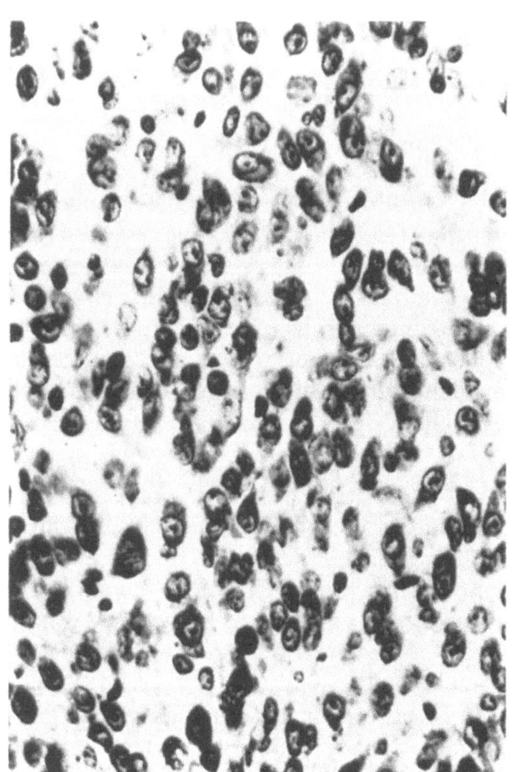

Abb. 42. Nucleus praeopticus medianus

Die Nervenzellen dieser Kerne sind uniform, ca. 8 μ breit und 10—17 μ lang und haben bipolares Aussehen. Ihre Zellkerne besitzen häufig zwei Nucleolen und einige größere Chromatinkörner. Der schmale Plasmasaum läßt sich mit Kresylviolett gut darstellen. Die Nervenzellen bilden, wie bereits beschrieben, Reihen und sind so dicht gelagert, daß zwischen ihnen nur sehr wenig Platz für Gliazellen bleibt.

Nucleus suprachiasmaticus (Sch): (Abb. 43, Tafel IV, V)

Der Nucl. suprachiasmaticus liegt im ventromedialen Hypothalamusbereich und besitzt ähnliche rostrocaudale Ausdehnung wie der Nucl. paraventricularis hypothalami. Er wird dorsal vom Nucl. periventricularis hypothalami, dorsolateral und lateral vom Nucl. anterior hypothalami begrenzt; ventral reicht der Kern bis an die ventrale Oberfläche des Hirnstammes, von der Leptomeninx nur durch eine dünne nervenzellfreie Schichte getrennt.

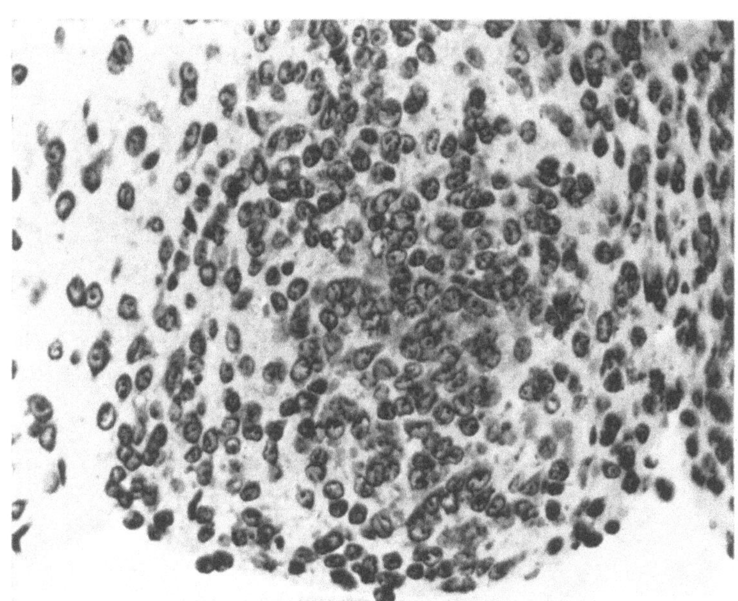

Abb. 43. Nucleus suprachiasmaticus

Der Nucl. suprachiasmaticus besteht aus sehr dicht liegenden, ca. 7—9 μ großen, runden Nervenzellen mit mäßig chromatinreichen Kernen und schmalen hellen Plasmasäumen, sodaß die Zellen Mikrogliazellen ähnlich sehen. Die Nisslsubstanz läßt sich nicht beurteilen. In ihrer Umgebung finden sich nur sehr spärliche vor allem Oligodendrogliazellen.

Nucleus hypothalami anterior (Ant): (Abb. 44, Tafel IV, V)

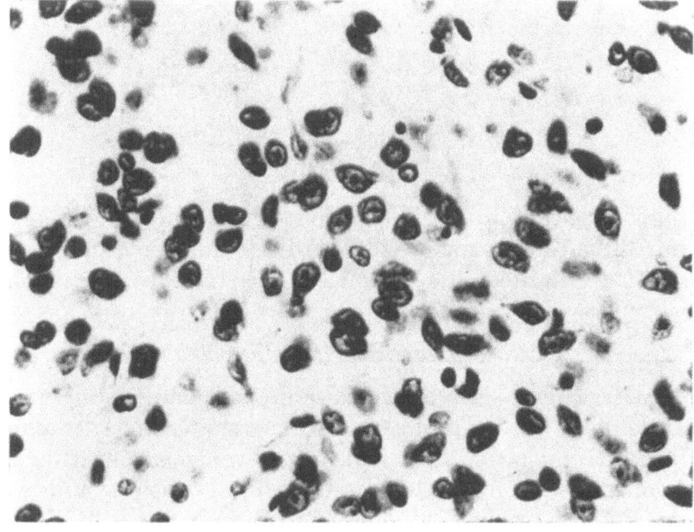

Abb. 44. Nucleus hypothalami anterior

Der Nucl. hypothalami anterior ist ein mittelgroßer, im Querschnitt ovaler Kern, der im mittleren Hypothalamus zusammen mit dem Nucl. paraventricularis hypothalami und dem Nucl. suprachiasmaticus beginnt. Im Gegensatz zu den letzterwähnten Kernen läßt er sich jedoch nur schwer gegen seine Umgebung abgrenzen. Er stößt dorsomedial an den Nucl. paraventricularis hypothalami, dorsolateral, lateral und ventral wird er von der Regio praeoptica lateralis umgeben. Er bildet die Fortsetzung der caudalen Regio praeoptica medialis. Medial trennt den Nucl. hypothalami anterior der schmale Nucl. periventricularis hypothalami (eine caudale Fortsetzung des Nucl. praeopticus periventricularis) vom hypothalamischen Anteil des III. Ventrikels. In Höhe der Commissura posterior tritt an Stelle des ventralen Anteils des Nucl. hypothalami anterior der Nucl. ventromedialis und etwas weiter caudal an Stelle des dorsalen Anteils der Nucl. dorsomedialis hypothalami.

Die Nervenzellen des Nucl. anterior hypothalami sind isomorph. Sie liegen lockerer als die des Nucl. paraventricularis, des Nucl. suprachiasmaticus und der Regio praeoptica medialis, jedoch dichter als diejenigen der Regio praeoptica lateralis. Dadurch ist eine Abgrenzung von den erwähnten Kernen möglich. Der Durchmesser der Nervenzellen schwankt zwischen 7 und 9 μ, seltener sind bis 13 μ große Zellen eingestreut. Die meisten Nervenzellen sind rund und besitzen einen schmalen, aber im allgemeinen gut färbbaren Plasmasaum. Dadurch ähneln sie Makrogliazellen. Zwischen den Nervenzellen liegen nur spärlich Makro- und Oligodendrogliazellen.

Nucleus supraopticus (So): (Abb. 45, Tafel IV, V)

Der Nucl. supraopticus ist ein kleiner, in der lateralen hypothalamischen Region unter dem Ependym der basalen Hirnoberfläche liegender Kern, der in manchen Querschnitten kompakt umschrieben, in manchen wiederum verzweigt aussieht, da sich seine Nervenzellen bisweilen längs der Gefäße in die Regio hypothalamica lateralis vorschieben. Er liegt rostral von der Einstrahlung des Tractus opticus und wird seiner Lage entsprechend dorsal und lateral von der lateralen hypothalamischen Region begrenzt.

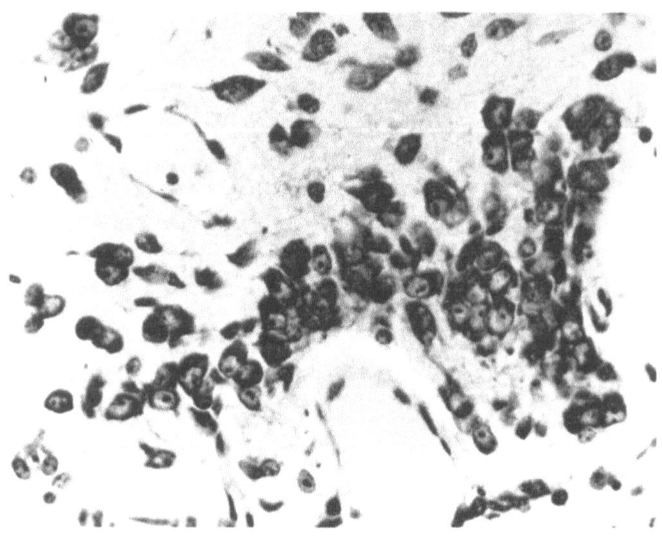

Abb. 45. Nucleus supraopticus

Der Nucl. supraopticus besteht aus dicht gedrängten polygonalen, isomorphen Nervenzellen von ca. 12 μ Durchmesser. Die hellen, chromatinarmen Zellkerne besitzen große Nucleolen, sind scharf konturiert und werden von einem eher schmalen Plasmasaum umgeben, der sich mit Kresylviolett mittelintensiv tingiert. Die Nisslsubstanz ist körnig und diffus im Plasma verteilt. Auf Grund der dichten Lagerung der Nervenzellen sind spärliche Gliazellen nur in den Randpartien des Kernes sichtbar.

Nucleus paraventricularis hypothalami (Pv): (Abb. 46, Tafel IV, V)

Der Nucl. paraventricularis hypothalami besitzt eine nur geringe rostrocaudale Ausdehnung. Er beginnt als scharf begrenztes Zellareal ungefähr in der Höhe der mittleren Habenularegion und läßt sich nur in wenigen Schnitten nachweisen. Der Kern ist durch seinen flügelförmigen Querschnitt charakterisiert und wird dorsal vom Nucl. reuniens, lateral und lateroventral vom Nucl. anterior hypothalami und ventral vom Nucl. periventricularis hypothalami begrenzt. Medial stößt der Kern an das Ependym des hypothalamischen Anteiles des III. Ventrikels. Die scharfe Abgrenzbarkeit verliert sich caudal gegen das Kernende zu immer mehr.

Der Nucl. paraventricularis hypothalami besteht aus medial etwas schütter, lateral aber sehr dicht liegenden 7—11 μ großen Nervenzellen, die medial einen eher runden, lateral einen ovalen Querschnitt zeigen. Die Zellkerne sind gut konturiert, mäßig chromatinreich und besitzen einen deutlich sichtbaren Nucleolus. Der Cytoplasmasaum ist schmal, hell gefärbt und besitzt feinkörnige Nissl-Substanz. Zwischen den Nervenzellen liegen nur äußerst wenige Oligodendrogliazellen.

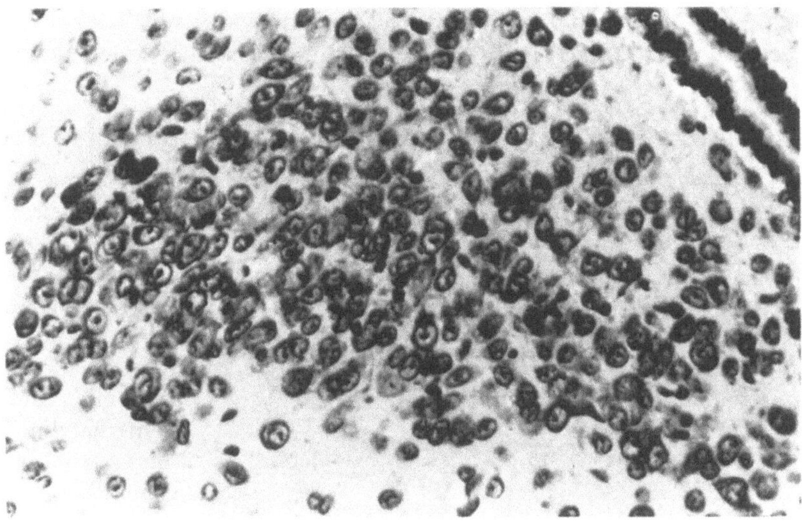

Abb. 46. Nucleus paraventricularis hypothalami

Nucleus infundibularis (i): (Abb. 47, Tafel VI, VII, VIII)

Der Nucl. infundibularis ist ein kleiner ventral und paramedian gelegener Kern. Er beginnt rostral in Höhe des Infundibulum gleichzeitig mit dem Nucl. ventromedialis

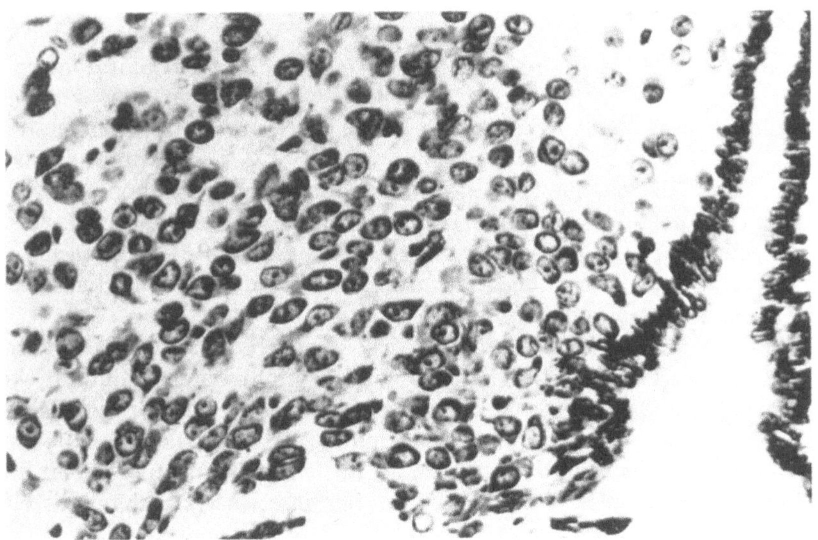

Abb. 47. Nucleus infundibularis

hypothalami und reicht nach caudal bis in die praemamillare Region. Er wird in den rostralen Schnitten dorsal vom Nucl. ventromedialis hypothalami begrenzt. Da der Nucl. ventromedialis hypothalami caudal nach lateroventral abweicht, tritt dann der Nucl. infundibularis dorsal in Beziehung zum Nucl. dorsomedialis hypothalami (in den Bildtafeln nicht getroffen). Gegen den Nucl. periventricularis posterior hypothalami, in den der Nucl. dorsomedialis hypothalami caudal übergeht, läßt sich keine scharfe Grenze ziehen. Es hat aber doch den Anschein, daß auch nach Auftreten des Nucl. periventricularis posterior die ventrale Hirnstammregion weiterhin von den Nervenzellen des Nucl. infundibularis aufgebaut ist. Medial grenzt der Kern direkt an den infundibularen Anteil des III. Ventrikels.

Der Kern besitzt sehr dicht liegende ovale, bipolare Nervenzellen, deren Achse von dorsomedial nach ventrolateral verläuft. Die Abmessungen sind bei allen Zellen annähernd gleich 7 : 13 μ. Ihr schmaler Plasmasaum färbt sich mit Kresylviolett dunkel an. Dorsal liegen die Zellen lockerer. Zwischen den Nervenzellen liegen nur sehr wenige Gliazellen.

Nucleus ventromedialis hypothalami (vm): (Abb. 48, Tafel VI, VII)

Der Kern beginnt in der Höhe des caudalen Anteiles des Chiasma opticum. Er besitzt einen ovalen Querschnitt mit einer von dorsomedial nach ventrolateral verlaufenden Achse und grenzt im rostralen Bereich dorsal an den Nucl. hypothalami anterior, lateral an die Regio hypothalamica lateralis und ventromedial an den in dieser Höhe noch schwer gegenüber seiner Umgebung differenzierbaren Nucl. infundibularis. Diese Lagebeziehungen sind in den Tafeln nicht wiedergegeben. Weiter caudal wird der Nucl. ventromedialis dorsal vom Nucl. dorsomedialis, lateral von der Regio hypothalami lateralis, ventromedial vom jetzt schon deutlich sichtbaren Nucl. infundibularis und medial vom III. Ventrikel begrenzt. Caudal wird der Kern zusehends von dem nach ventral rückenden Nucl. dorsomedialis hypothalami nach ventrolateral verdrängt und verschwindet schließlich knapp rostral vom rostralen Beginn des Corpus mamillare. Der erwähnte caudale, ventrolateral liegende Ausläufer wird auch als Pars posterior des Nucl. ventromedialis bezeichnet.

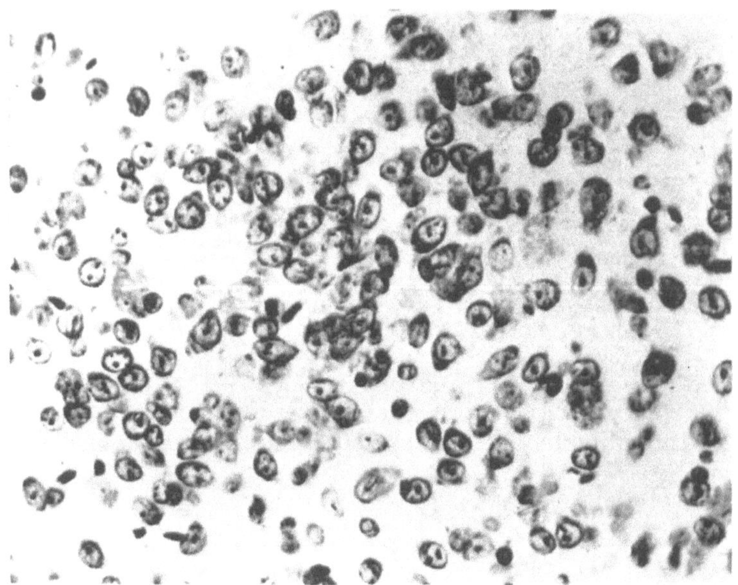

Abb. 48a. Nucleus ventromedialis hypothalami, pars mediodorsalis

Im Kernquerschnitt lassen sich rostral drei deutlich verschiedene Nervenzellareale abgrenzen, die in der Tafel aus Übersichtsgründen nicht eigens benannt werden. Der dorsomedial in unmittelbarer Ventrikelnähe liegende besteht aus uniformen runden bis ovoiden Nervenzellen mit einem Durchmesser von 9—11 μ. Das schmale gut färbbare Plasma umgibt einen hellen Zellkern mit einem zentralen Nucleolus, neben dem zwei bis drei große Chromatinkörner liegen. Es läßt im Bereich des Axonabganges eine dichtere Zone mit feinkörniger Nisslsubstanz erkennen. Dieser Kernanteil erweckt infolge der dichten Lagerung seiner Zellen einen in sich geschlossenen Eindruck. Gliazellen in Form von Makro- und Oligodendroglia sind nur spärlich nachweisbar. Das ventromediale Kernareal zeigt uniforme runde Nervenzellen von 11—13 μ Durchmesser, die etwas lockerer liegen als im dorsomedialen Anteil. Breite und Färbbarkeit des Cytoplasmasaumes, und das Aussehen der Zellkerne entsprechen dem dorsomedialen Unterkern. Zwischen den beiden besprochenen Kernanteilen liegen locker angeordnet 11—13 μ im Durchmesser haltende Nervenzellen, die den Zellen des caudalen Ausläufers des Nucl. hypothalami anterior sehr ähnlich sind.

Die charakteristische und cytologisch leicht erkennbare Schichtung des ventromedialen Hypothalamuskernes verliert sich in caudal geführten Schnitten besonders dorsomedial. Die Nervenzellen sind dort nur mehr schütter verstreut, wodurch die Grenze gegen die Umgebung unscharf wird. Im ventrolateralen Bereich hingegen, der, wie er-

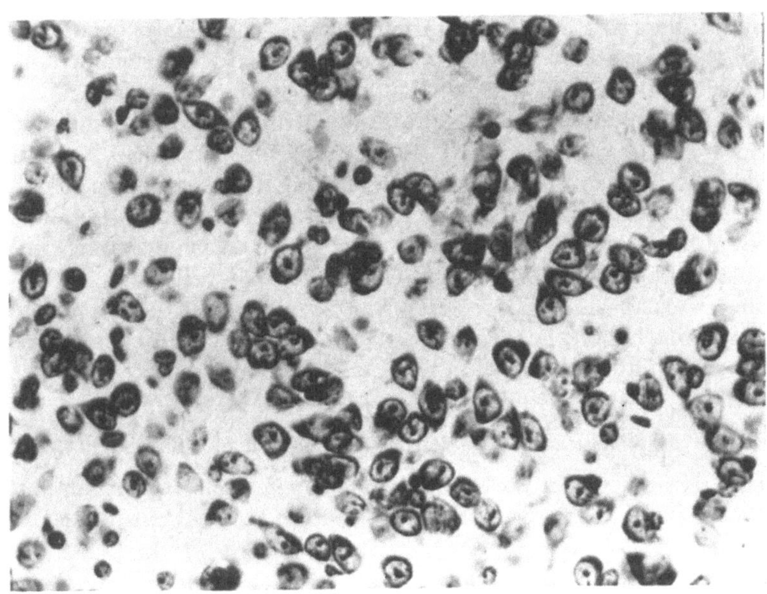

Abb. 48b. Nucleus ventromedialis hypothalami, pars ventromedialis

wähnt, Pars posterior genannt wird, sind die Nervenzellen dicht gelagert und bilden ein deutlich umschriebenes Nervenzellareal.

Nucleus dorsomedialis hypothalami (dm): (Abb. 49, Tafel VI, VII)

Der Kern beginnt etwas weiter caudal als der Nucl. ventromedialis hypothalami und liegt in Fortsetzung des Nucl. anterior hypothalami. Das Kerngebiet nimmt im Frontalschnitt ein ovales Feld ein, dessen größerer Durchmesser von dorsomedial nach ventrolateral gerichtet ist. In caudaler Richtung ist es bis zum Beginn des Corpus mamillare nachweisbar und reicht etwas weiter caudal als der Nucl. ventromedialis hypothalami. Die Grenze gegen die benachbarten Strukturen ist verwaschen. An den rostralen Kernabschnitt grenzen (in der Tafel nicht getroffen) dorsal der rostrale Abschnitt der Area hypothalami dorsalis, dorsolateral das Vicq d'Azyr'sche Bündel, lateral ein Ausläufer des Nucl. anterior hypothalami, ventral der Nucl. ventromedialis hypothalami. Medial erreicht der Kern den spaltförmigen

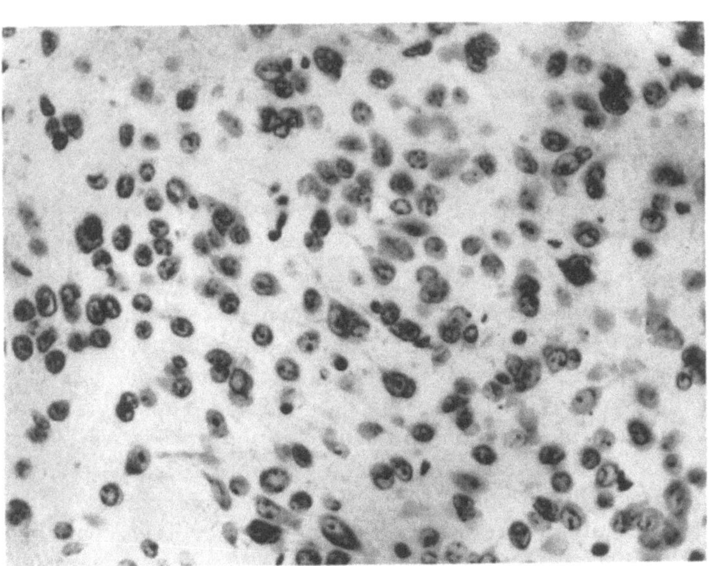

Abb. 49. Nucleus dorsomedialis hypothalami

III. Ventrikel. Weiter caudal wird die Begrenzung des Kernes schärfer, nur dorsal geht der Kern ohne scharfe Grenze in die nun vergrößerte Regio hypothalami dorsalis über; lateral grenzt er nun direkt an die Regio hypothalami lateralis, die ventrale und mediale Begrenzung sind gleich geblieben. Noch weiter caudal rückt zugleich mit dem ventrolateral abweichenden Nucl. ventromedialis hypothalami der Nucl. dorsomedialis nach ventral und nähert sich dem Nucl. infundibularis, von dem er sich besonders caudal immer schwerer abgrenzen läßt. In der praemamillären Region scheint der Nucl. dorsomedialis allmählich in den Nucl. periventricularis posterior überzugehen.

5—9 μ große, runde Nervenzellen, die ähnlich dicht gelagert sind wie in der Pars dorsomedialis des Nucl. ventromedialis, finden sich im rostralen Kernabschnitt. Der Cytoplasmasaum der Nervenzellen ist sehr schmal, hell und kaum sichtbar. Im Plasma läßt sich keine Nisslsubstanz nachweisen. Dadurch erhalten die Nervenzellen ein den Makrogliazellen ähnliches Aussehen. Im besprochenen Kernabschnitt findet sich nur sehr spärlich Glia in Form von Makro- und Oligodendrogliazellen.

Im caudalen Kernabschnitt liegen die Nervenzellen, die das gleiche Aussehen wie im rostralen Abschnitt haben, lateral lockerer und medial dichter als rostral, sodaß sich ein medialer Unterkern abgrenzen läßt.

Nucleus periventricularis posterior (pp): (Abb. 50, Tafel VIII, IX)

Der Nucl. periventricularis posterior liegt im caudalen Hypothalamusbereich und besitzt nur eine geringe rostrocaudale Ausdehnung. Er schließt dorsal an den Nucl.

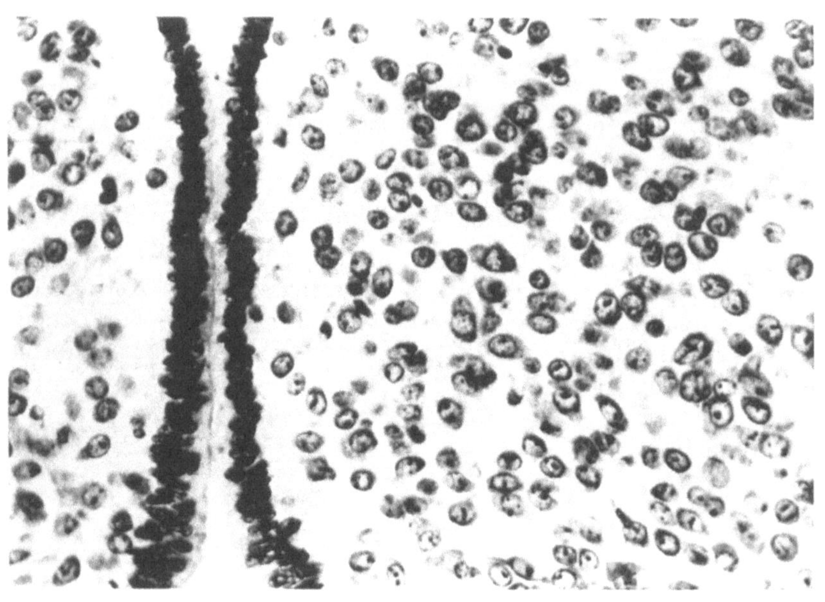

Abb. 50. Nucleus periventricularis posterior

infundibularis an und liegt zwischen diesem und dem Nucl. dorsomedialis. Der letztgenannte Kern geht weiter caudal im Nucl. periventricularis posterior hypothalami auf. Auch die rostral noch scharfe Grenze gegen den Nucl. infundibularis verliert sich im caudalen Bereich, sodaß die drei Kerne: Nucl. dorsomedialis hypothalami, Nucl. periventricularis posterior und Nucl. infundibularis schließlich nicht mehr voneinander zu trennen sind. Die laterale Begrenzung des Nucl. periventricularis posterior bilden rostral die Regio hypothalami lateralis und im praemamillären Bereich die Nucl. praemamillares dorsalis und ventralis. Medial ist stets der III. Ventrikel die Grenze. Caudal läßt sich der Nucl. periventricularis posterior noch im ventralen Corpus mamillare in der Umgebung des Recessus submamillaris des III. Ventrikels nachweisen und verschwindet schließlich in einer Ebene, die ungefähr durch die Mitte des Corpus mamillare gelegt werden kann.

Der Nucl. periventricularis posterior besteht aus 7—11 μ großen, runden bis ovalen isomorphen Nervenzellen, die sehr dicht liegen. Die Mehrzahl der Zellkerne besitzen neben dem Nucleolus noch ein bis zwei größere Chromatinkörner. Der Cytoplasmasaum ist schmal, färbt sich jedoch mit Kresylviolett stark an. Zwischen den Nervenzellen liegen nur sehr spärlich Makrogliazellen.

Nucleus praemamillaris dorsalis (pmd): (Abb. 51, Tafel VIII, IX)

Der kleine Nucl. praemamillaris dorsalis beginnt unmittelbar rostral vom Corpus mamillare in gleicher Höhe wie der Nucl. praemamillaris ventralis, an dessen dorsaler

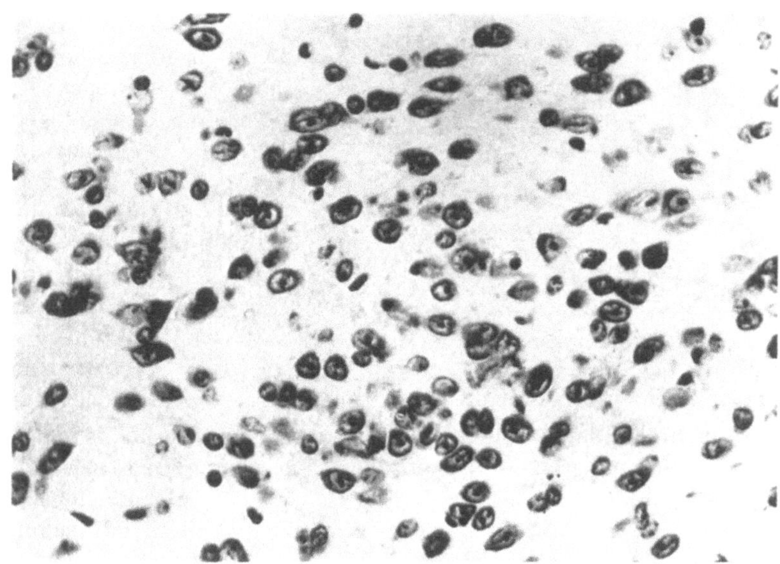

Abb. 51. Nucleus praemamillaris dorsalis

Seite er liegt. Er wird im rostralen (hypothalamischen) Abschnitt dorsal und medial von der Regio hypothalami dorsalis, lateral von der Regio hypothalami lateralis, ventral vom Nucl. praemamillaris ventralis und medioventral vom Nucl. periventricularis posterior begrenzt. Caudal (im Bereich des Corpus mamillare) nimmt der Kern einen bogenförmigen Querschnitt an und überdacht den Nucl. praemamillaris ventralis. Medial steht er in dieser Höhe mit dem Nucl. periventricularis posterior in Verbindung, dem er auch cytologisch ähnlich ist. Zwischen dem Nucl. praemamillaris dorsalis und dem Nucl. praemamillaris ventralis liegt eine zellarme Zone. Der Nucl. praemamillaris dorsalis trennt in Höhe des Beginnes des Corpus mamillare den Nucl. praemamillaris ventralis und den Nucl. periventricularis posterior von den dorsal liegenden Kernen des Corpus mamillare. Er läßt sich auch nach voller Ausbildung des Corpus mamillare im ventralen Bereich dieser Struktur lateral vom Nucl. periventricularis posterior erkennen.

Der Nucl. praemamillaris dorsalis besteht teils aus runden Nervenzellen von ungefähr 9 μ Durchmesser, teils aus längsovalen bipolaren ungefähr 6 : 11 μ messenden Nervenzellen. Im rostralen Kernbereich sind trotz einer im Kernzentrum dichten Zellagerung die Grenzen unscharf. Caudal nimmt der Kern im Querschnitt eine horizontale Lage ein und läßt sich auch besser gegen die Umgebung abgrenzen. Die Nervenzellen sind in diesem Bereich nun durchwegs längsoval mit den bereits beschriebenen Abmessungen. Die Achse der Zellen ist horizontal orientiert. Zwischen den Nervenzellen liegen Makro- und sehr selten Oligodendrogliazellen.

Nucleus praemamillaris ventralis (pmv): (Abb. 52, Tafel VIII, IX)

Der Nucl. praemamillaris ventralis ist ein mittelgroßes lateral vom Nucl. periventricularis posterior gelegenes Kerngebiet, das einen ovalen Querschnitt aufweist, aber nur geringe rostrocaudale Ausdehnung besitzt. Die ersten zu diesem Kern gehörigen, aber schütter liegenden Nervenzellen lassen sich in der caudalen Infundibularregion nachweisen. Dorsal davon beginnt der Nucl. praemamillaris dorsalis; lateroventral liegt die Regio hypothalamica lateralis mit der Fornixfaserung und medial der Nucl. periventricularis hypothalami posterior. Unmittelbar rostral vom Corpus mamillare bilden die nun ziemlich dicht liegenden Nervenzellen einen gut abgrenzbaren Kern. Dieser wird bis zu seinem Verschwinden von den gleichen Kernen wie im rostralen Abschnitt begrenzt.

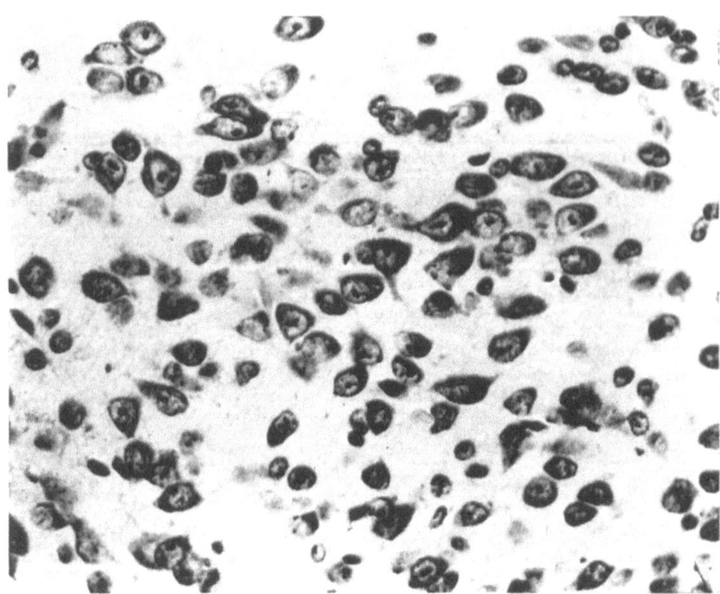

Abb. 52. Nucleus praemamillaris ventralis

Der Nucl. praemamillaris ventralis besteht aus annähernd isomorphen runden, im Durchmesser 9—11 μ großen Nervenzellen, die keine Fortsätze erkennen lassen. Der Plasmasaum dieser Zellen ist schmal und mit Kresylviolett mittelmäßig färbbar. Die Nisslsubstanz läßt sich nicht beurteilen. Zwischen den Nervenzellen liegen nur wenige Makro- und Oligodendrogliazellen.

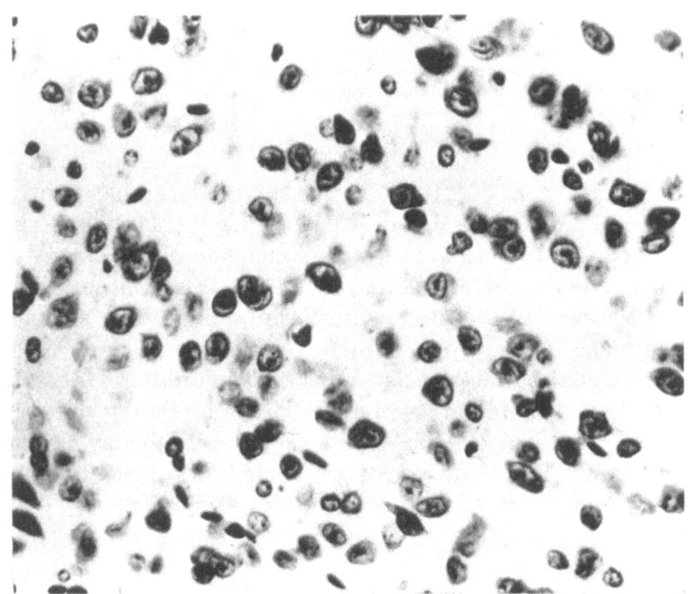

Abb. 53. Regio hypothalami dorsalis

Regio hypothalami dorsalis (hd): (Abb. 53, Tafel VI, VII, VIII)

Die Regio hypothalami dorsalis liegt in der Übergangszone vom Thalamus zum Hypothalamus. Sie beginnt rostral in gleicher Höhe wie der Nucl. dorsomedialis hypothalami und endet auch caudal in gleicher Höhe wie dieser Kern. Die Abgrenzung gegen die umgebenden Strukturen ist stets undeutlich, sodaß eher von einer Region als von einem Kern gesprochen werden kann. Die rostralen Abschnitte der Region grenzen dorsal an den Nucl. ventralis medialis thalami, lateral an die Zona incerta, wobei die Grenze durch die Lage des Vicq d'Azyr'schen Bündels markiert ist, und ventral an den Nucl. dorsomedialis hypothalami. Medial steht die Region in den Medianen mit derjenigen der gegenüberliegenden Seite in Verbindung. Caudal wird die dorsale Begrenzung durch die Zona incerta, die laterale durch die Regio hypothalami lateralis, die lateroventrale durch die Nucl. praemamillares dorsalis und ventralis und die medioventrale durch den Nucl. periventricularis posterior gebildet. Median besteht wieder eine Verbindung mit der gegenüberliegenden Struktur. Das caudale Ende der Regio hypothalami dorsalis ist durch den Beginn des Corpus mamillare wohl definiert.

Das Zellbild der Regio hypothalami dorsalis ist sehr uneinheitlich; die Nervenzellen sind teils dichter, teils lockerer gelagert. Ihre Durchmesser bewegen sich zwischen 7 und 13 μ. Die Zellen sind teils rund, makrogliaähnlich und zeigen nur einen schwach gefärbten, sehr schmalen Plasmasaum, teils sind sie groß, bi- bis multipolar mit breitem gut färbbarem Plasmasaum. Eingestreut finden sich vor allem Makro- und nur wenige Oligodendrogliazellen.

Regio hypothalami lateralis (lat): (Tafel VI, VII, VIII)

Die Regio hypothalami lateralis bildet die unmittelbare caudale Fortsetzung der Regio praeoptica lateralis. Der rostrale Anteil der Region grenzt dorsal an die Zona incerta, lateral an das Pallidum und an den Nucl. amygdalae, ventral an den Kern des Broca'schen Diagonalbandes und medial an den Nucl. hypothalami anterior. Weiter caudal liegt die Columna fornicis zwischen dem Nucl. hypothalami anterior und der Regio hypothalami lateralis und noch weiter caudal zwischen der Regio hypothalami lateralis und den Nucl. ventro- und dorsomedialis hypothalami. In dieser Höhe bilden die Capsula interna und der Tractus opticus die laterale Begrenzung. Die Regio hypothalami lateralis endet mit dem Beginn des Corpus mamillare.

Die Regio hypothalami lateralis ist cytologisch nicht einheitlich. Sie besteht rostral zumeist aus spindeligen Nervenzellen, wie sie schon bei der Regio praeoptica lateralis beschrieben wurden (Durchmesser ungefähr 6 : 13 μ). Caudal sind die Nervenzellen eher rund, 9—12 μ im Durchmesser und unregelmäßig angeordnet. Der Cytoplasmasaum dieser Zellen ist schmal und hell; die Zellkerne sind chromatinarm und deutlich konturiert. Zwischen den Nervenzellen liegen mäßig zahlreiche Gliazellen.

Nucleus tuberis lateralis (tl): (Abb. 54, Tafel VII, VIII)

Der Nucl. tuberis lateralis beginnt im Bereich des Tuber cinereum in gleicher Höhe wie der Nucl. tuberomamillaris, von dem er dorsal begrenzt wird. Die mediale Grenze bildet der Fornix. Lateral und lateroventral liegt er direkt unter der lateroventralen Oberfläche des Tuber cinereum. Der Kern besitzt eine geringere rostrocaudale Ausdehnung als der Nucl. tuberomamillaris und endigt unmittelbar rostral vom Beginn des Corpus mamillare.

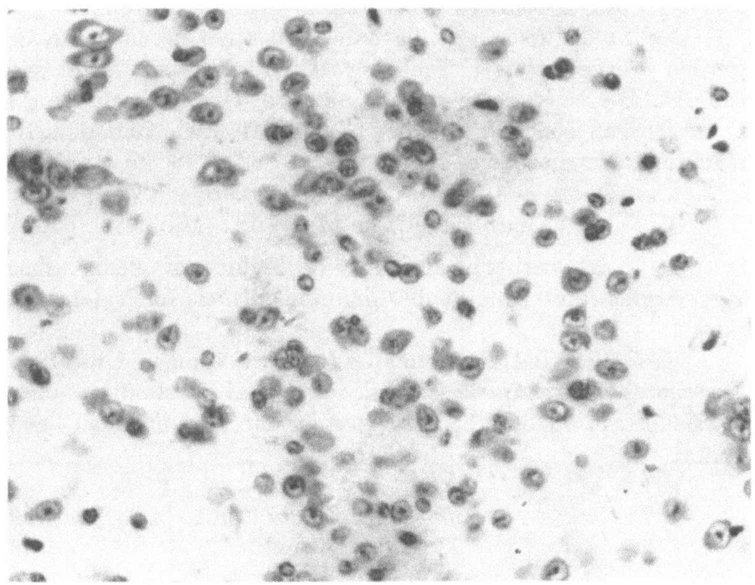

Abb. 54. Nucleus tuberis lateralis

Der Nucl. tuberis lateralis besteht aus ca. 7—9 μ großen, locker liegenden, runden Nervenzellen, die nur einen sehr schmalen Plasmasaum erkennen lassen, der sich mit Kresylviolett wenig färbt. Die chromatinarmen Zellkerne sind gut konturiert und besitzen einen großen zentralen Nucleolus. Zwischen den Nervenzellen liegen zahlreiche Makro- und Mikrogliazellen.

Nucleus tuberomamillaris (tu ma): (Abb. 55, Tafel IX)

Der Nucl. tuberomamillaris ist ein schwer gegen die Umgebung abgrenzbarer, im lateralen Feld des Tuber cinereum liegender Kern, der dorsal von der Zona incerta, lateral vom Pes pedunculi, ventral vom Nucl. tuberis lateralis und medial von der Regio hypothalamica dorsalis begrenzt wird. In Höhe des Corpus mamillare lassen sich ein etwas mehr umschriebener ventraler und ein kaum abgrenzbarer dorsaler Kernanteil nachweisen. Der dorsale Anteil grenzt dorsal an die Formatio reticularis, lateral an die Substantia nigra, ventral an den Nucl. mamillaris lateralis und medial an den Nucl. supramamillaris. Die Pars ventralis liegt unmittelbar unter der ventrolateralen Oberfläche des Corpus mamillare und wird dorsal vom Nucl. mamillaris lateralis begrenzt.

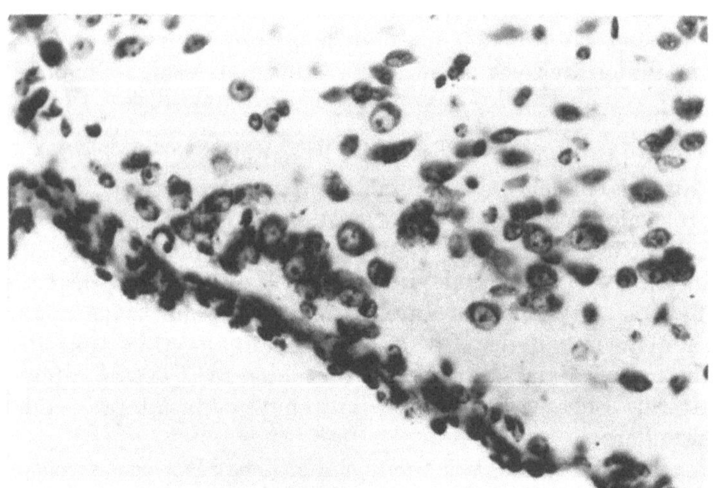

Abb. 55. Nucleus tuberomamillaris

Der Nucl. tuberomamillaris besteht aus runden bis ovalen, 12—14 μ bzw. 10 : 14 μ großen Nervenzellen, deren eher schmaler Plasmasaum sich mit Kresylviolett mäßig anfärbt. Die Nisslsubstanz ist feinkörnig. Die Zellkerne sind gut konturiert und besitzen einen großen zentral liegenden Nucleolus. Zwischen den Nervenzellen liegen nur sehr wenige Makrogliazellen.

Nucleus perifornicatus (pF): (Abb. 56, Tafel VII, VIII)

Der Nucl. perifornicatus ist eine kleine nur wenig umschriebene Ansammlung von Nervenzellen und umgibt die Columna fornicis nach deren Einstrahlen in/den Hypothalamus.

Die Zellen sind unregelmäßig gelagert, rund und besitzen Durchmesser von 7—10 μ. Der Cytoplasmasaum ist schmal und mit Kresylviolett nur wenig intensiv färbbar; die Nisslsubstanz ist feinkörnig. Zwischen den Nervenzellen liegen hauptsächlich Makrogliazellen.

Corpus mamillare (Mm): (Abb. 4, Tafel IX)

Nucleus mamillaris medialis (mm): (Abb. 4, 57, Tafel IX)

Der Nucl. mamillaris medialis ist ein relativ großer Kern, der paramedian im Zentrum des Corpus mamillare gelegen ist. Er wird dorsal vom Nucl. supramamillaris, lateral vom Nucl. mamillaris intermedius, ventrolateral vom Nucl. praemamillaris dorsalis und ventromedial vom Nucl. periventricularis posterior begrenzt. Medial werden die Kerne beider Seiten durch den median liegenden Nucl. mamillaris medianus voneinander getrennt.

Der Nucl. mamillaris medialis besteht aus annähernd runden, isomorphen Nervenzellen mit Durchmessern von 7—11 μ. Sie besitzen einen schmalen Plasmasaum, der sich mit Kresylviolett nur schwach anfärbt. Die chromatinarmen Kerne zeigen einen deutlichen

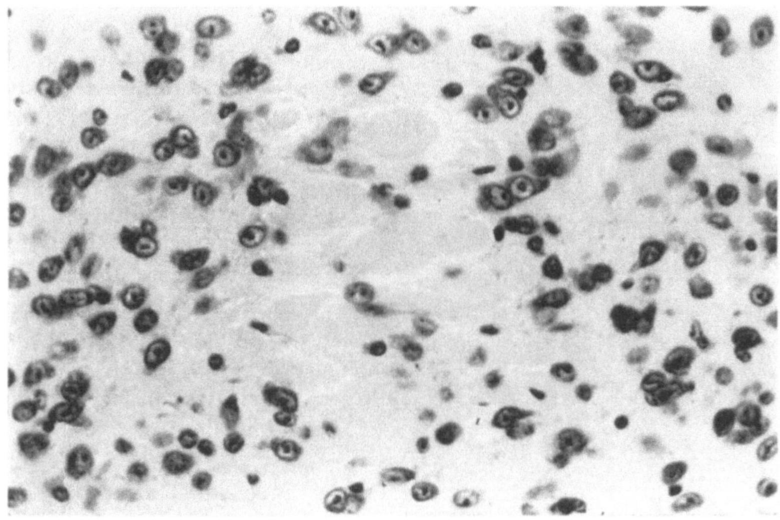

Abb. 56. Nucleus perifornicatus

zentralen Nucleolus. Zwischen den locker liegenden Nervenzellen sind zahlreiche Gliazellen eingestreut.

Nucleus mamillaris medianus (mmn): (Abb. 4, Tafel IX)

Der unpaarige Kern liegt median im Corpus mamillare und wird dorsal vom Nucl. supramamillaris, lateral vom Nucl. mamillaris medialis und ventral vom Nucl. periventricularis posterior begrenzt.

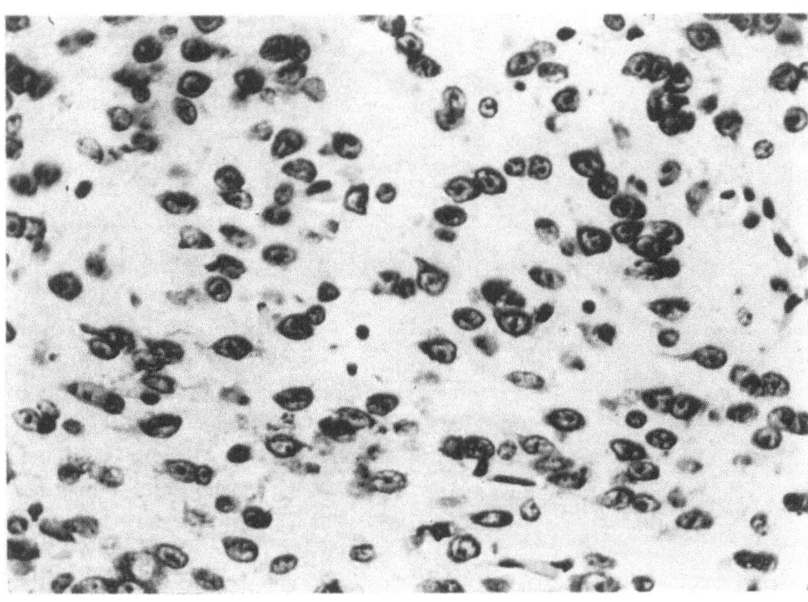

Abb. 57. Nucleus mamillaris medialis

Die Nervenzellen entsprechen in ihrem Aussehen denen des Nucl. mamillaris medialis, sind jedoch dichter gelagert.

Nucleus mamillaris intermedius (mi): (Abb. 4, 58, Tafel IX)

Der Kern liegt zwischen dem Nucl. mamillaris medialis und dem Nucl. mamillaris lateralis und steht in enger Beziehung zum Tractus mamillothalamicus, durch den er vom Nucl. mamillaris medialis getrennt wird. Dorsal bilden der Nucl. supramamillaris, lateral und ventral der Nucl. mamillaris lateralis die Grenze.

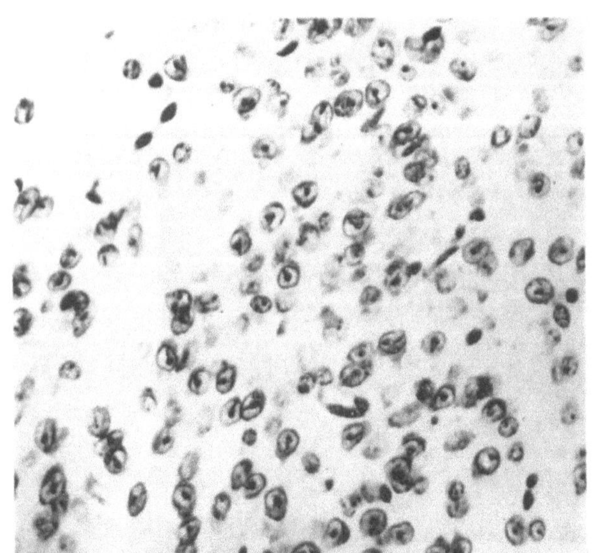

Abb. 58. Nucleus mamillaris intermedius

Der Kern besteht aus 6 μ großen Nervenzellen, die besonders dorsomedial dicht gedrängt liegen. Der Plasmasaum der einzelnen Zelle ist sehr schmal und färbt sich mit Kresylviolett nur hell an. Die Nissl-Substanz ist nicht beurteilbar. Die chromatinarmen Kerne weisen deutliche Nucleolen auf. Zwischen den Nervenzellen liegen nur sehr wenige Gliazellen.

Nucleus supramamillaris (sm): (Abb. 4, 59, Tafel IX)

Der Nucl. supramamillaris bildet im rostralen Bereich die dorsale Abgrenzung des Corpus mamillare gegen den Tractus habenulointerpeduncularis, im caudalen Bereich gegen den Recessus interpeduncularis.

Der Kern besteht aus ung. 9 : 5 μ großen, bipolaren Nervenzellen, deren Längsachse horizontal orientiert ist. Der an den Polen breitere Plasmasaum färbt sich mit Kresylviolett gut an. Die Nissl-Substanz ist feinkörnig. Die mäßig chromatinreichen Zellkerne besitzen deutliche Nucleolen. Zwischen den Zellen liegen nur wenige Gliazellen.

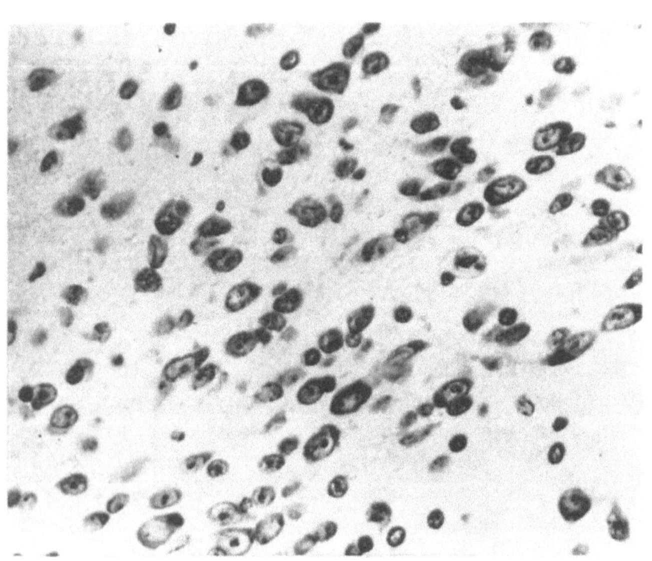

Abb. 59. Nucleus supramamillaris

Nucleus mamillaris lateralis (ml): (Abb. 4, 60, Tafel IX)

Der Nucl. mamillaris lateralis besteht aus einem dorsalen großzelligen und einem ventralen kleinzelligen Unterkern. Er bildet die laterale Begrenzung des Corpus mamillare. Dorsal grenzt er an den Nucl. supramamillaris, lateral und ventral bildet er die Oberfläche des Corpus mamillare, medial stößt er an den Nucl. mamillaris intermedius.

Die Pars dorsalis besteht aus 9—13 μ großen, in Gruppen zu dritt oder zu viert liegenden Nervenzellen mit gut sichtbaren und gut färbbaren Plasmasäumen. Die Zellkerne sind mäßig chromatinreich, gut konturiert und besitzen eher kleine Nucleolen.

Zwischen die locker liegenden Nervenzellgruppen sind Makro-, Mikro- und Oligodendrogliazellen eingestreut. Die Zellen der Pars ventralis sind kleiner und plasmaärmer.

Nucleus des Broca'schen Diagonalbandes (DB): (Abb. 61, Tafel I, II)

Der Kern des Broca'schen Diagonalbandes ist ein Nervenzellareal, das ventral in die Regio praeoptica lateralis eingeschoben ist und sich von dieser nur schlecht abgrenzen läßt. In seiner rostrocaudalen Ausdehnung ist der kleine Kern stets an die Regio praeoptica lateralis gebunden, die auch seine dorsale, laterale und mediale Begrenzung bildet. Ventral reicht der Kern bis an die ventrale Leptomeninx.

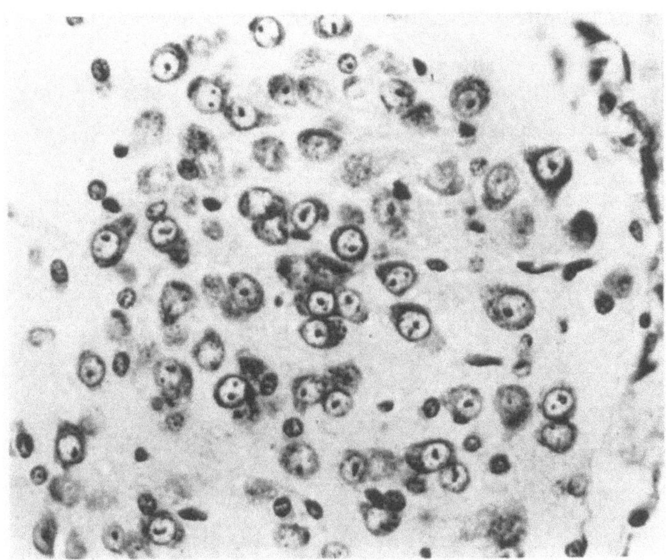

Abb. 60. Nucleus mamillaris lateralis

Die Nervenzellen sind 7—12 μ groß und besitzen ein gut gefärbtes Plasma und helle Zellkerne. Morphologisch gleichen sie Pyramidenzellen. Zwischen den locker angeordneten Nervenzellen sind nur wenige Makro- und Mikrogliazellen erkennbar.

Mesencephalon

Colliculus superior (Csup): (Abb. 62, Tafel VII, VIII, IX, X)

Der Colliculus superior ist als rostraler Anteil der Vierhügelplatte auch bei der Maus deutlich makroskopisch sichtbar. Im Frontalschnitt läßt sich ventral keine scharfe Grenze gegen die ventral liegenden Strukturen, die Regio praetectalis (rostral) und die Formatio reticularis (caudal), ziehen. Medioventral liegt das Griseum centrale, das sich sehr gut gegen den Colliculus superior absetzt. Trotz des bei kleinerer Vergrößerung gewonnenen Eindrucks eines Schichtenaufbaues läßt sich an unserem Material cytologisch nur eine Randschichte abgrenzen, deren Nervenzellen in zur Oberfläche annähernd senkrechten Reihen angeordnet sind.

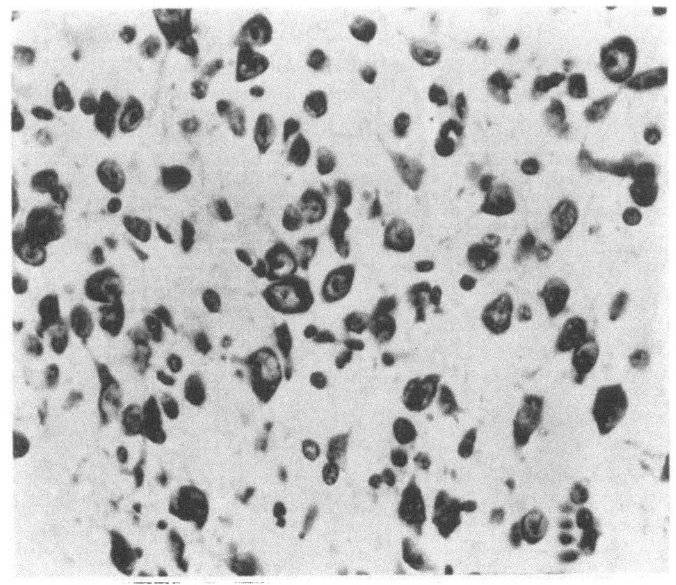

Abb. 61. Nucleus des Broca'schen Diagonalbandes

Die Mehrzahl der Nervenzellen ist 10—16 μ groß und rund. Der Cytoplasmasaum ist schmal und hell. Die Zellkerne sind scharf konturiert, mäßig chromatinreich und besitzen einen zentralen Nucleolus. Auf Grund der schwachen Färbung läßt sich die Nisslsubstanz nicht beurteilen. Neben den erwähnten Nervenzellen findet sich, allerdings schütter eingestreut, eine zweite Zellart von 17—19 μ Durchmesser und multipolarem Bau. Diese Zellen besitzen einen breiten Plasmasaum, der sich mit Kresylviolett gut anfärbt. Die Nisslsubstanz ist schollig. Zwischen den Nervenzellen sind alle drei Gliaelemente reichlich vertreten.

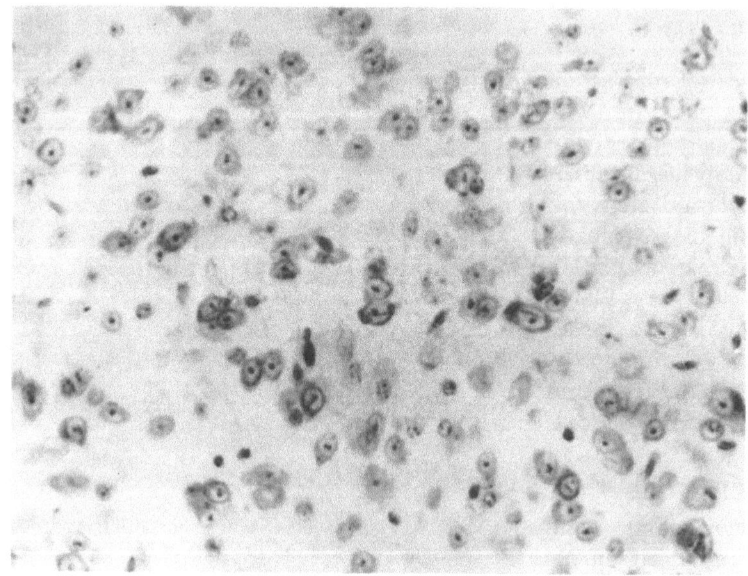

Abb. 62. Colliculus superior

Colliculus inferior (Cinf): (Tafel XI, XII)

Der Colliculus inferior ist der caudale Anteil der Vierhügelplatte. Die wichtigste ventrale Begrenzung bildet ähnlich wie beim Colliculus superior die Formatio reticularis. Nur in seinem rostralen Abschnitt ist medioventral das Griseum centrale zu sehen. Ventrolateral liegt in dieser Höhe der Nucl. lemnisci lateralis dorsalis.

Die Nervenzellen sind in Form und Größe mit jenen des Colliculus superior identisch; es fehlt jedoch die beim Colliculus superior beschriebene Randzone mit senkrecht zur Oberfläche gerichteten Nervenzellen.

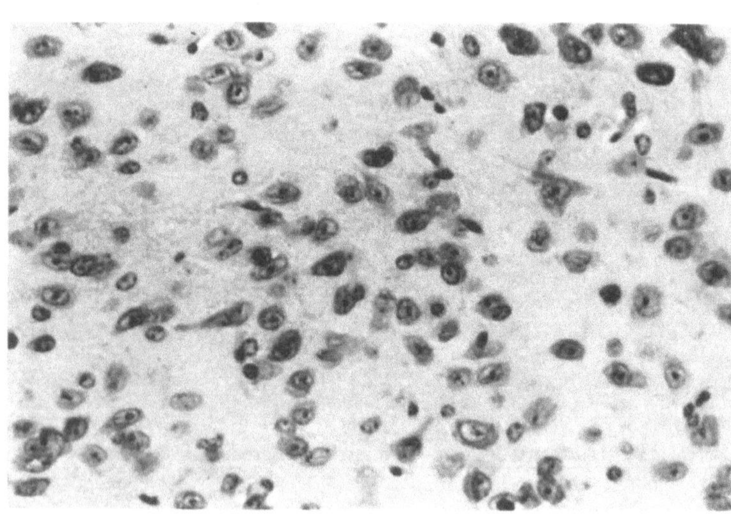

Abb. 63. Griseum centrale

Griseum centrale (Gc): (Abb. 63, Tafel VIII, IX, X, XI)

Das Zentrale Höhlengrau umgibt konzentrisch den Aquaeductus Sylvii. Zwischen der äußeren nervenzellführenden Schichte und dem Aquädukt liegt eine nur sehr wenige Gliazellen enthaltende Zone. Die übrigen Grenzen ergeben sich aus der zentralen Lage und werden daher nicht ausdrücklich besprochen.

Das Griseum centrale besteht aus isomorphen, mäßig dicht liegenden Nervenzellen von 7—11 μ Durchmesser. Die Zellen besitzen einen schmalen, hellen Plasmasaum, der Zellkern zeigt einen zentral liegenden großen Nucleolus. Zwischen den Nervenzellen liegen Makro- und Oligodendrogliazellen.

Formatio reticularis (Fr): (Abb. 64, Tafel VIII, IX, X, XI, XII, XIII, XIV, XV, XVI, XVII, XVIII, XIX, XX, XXI)

Die Formatio reticularis ist ein in rostrocaudaler Ausdehnung großes, cytologisch nicht einheitliches Nervenzellgebiet, das vom Mittelhirn bis in die Höhe der Decussatio

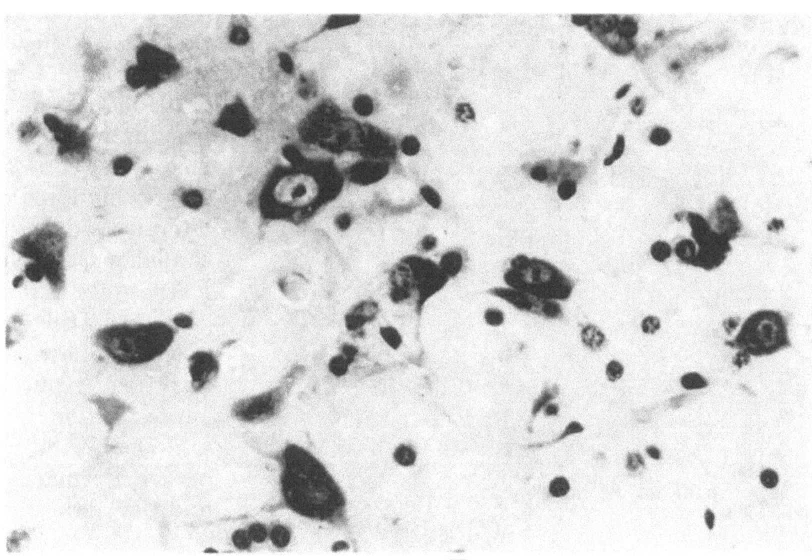

Abb. 64. Formatio reticularis

pyramidum reicht. Sie beginnt in der Höhe des caudalen Drittels der vorderen Vierhügel, wobei sie in caudaler Richtung an den Nucl. posterior thalami anschließt. Rostral wird sie dorsal vom caudalen Rest der Regio praetectalis und lateral vom Corpus geniculatum laterale begrenzt. Die ventrale Grenze bilden rostral die Zona incerta, etwas weiter caudal die Substantia nigra. Medial liegen in dieser Höhe der Nucl. ruber und die Decussatio rubro- und tectospinalis.

Im Bereich des caudalen Drittels der hinteren Vierhügel wird die dorsale Begrenzung medial vom Colliculus inferior und lateral vom Nucl. lemnisci lateralis dorsalis, die laterale vom Lemniscus lateralis, die ventrale lateral vom Nucl. lemnisci lateralis ventralis und medial von der Pons, die mediale von den Faserzügen des Tractus cerebellorubralis gebildet.

Im Rhombencephalon wird die Formatio reticularis dorsal von den Haubenkernen, lateral von der Trigeminuskernregion, ventrolateral von der Oberen Olive und ventromedial vom Trapezkörper begrenzt. Medial trennen die Kerne der Raphe die Formationes reticulares beider Seiten. Ventral, besonders dorsal vom Trapezkörper, und medial in der Umgebung der Raphe liegen die Nervenzellen etwas dichter, sodaß jeweils der Eindruck eines eigenen Kernes entsteht.

In der Formatio reticularis liegen verstreut große multipolare Nervenzellen, der Nucl. magnocellularis centralis. Cytologisch ist die Formatio reticularis nicht einheitlich. Neben den großen, dem Nucl. magnocellularis zugehörigen Nervenzellen, überwiegen 12—17 μ große, locker liegende Nervenzellen, deren schmale Plasmasäume sich mit Kresylviolett nur schwach anfärben. Dazwischen sind reichliche Makro- und Oligodendrogliazellen und Faserzüge zu sehen.

Nucleus ruber (Ru): (Abb. 65, Tafel IX, X)

Der Nucl. ruber ist ein annähernd kugelförmiger Kern, der bei der Maus gut von den umgebenden Strukturen abgrenzbar ist. Er besteht aus einem groß- und einem kleinzelligen Anteil. Der Kern wird zuerst in Schnitten, die unmittelbar rostral vom Beginn des Corpus mamillare geführt sind, sichtbar und kann caudalwärts bis in die Höhe des Beginnes der Brücke verfolgt werden. Der rostrale Anteil des Nucl. ruber ist kleinzellig. Diese Kernportion wird aber in der Höhe des mittleren Corpus mamillare durch die medial davon auftretende magnocelluläre Portion nach lateral verdrängt. In den caudalen Querschnitten des Kernes (ca. in der Höhe des caudalen Drittels des Corpus mamillare) lassen sich nur mehr große Nervenzellen feststellen.

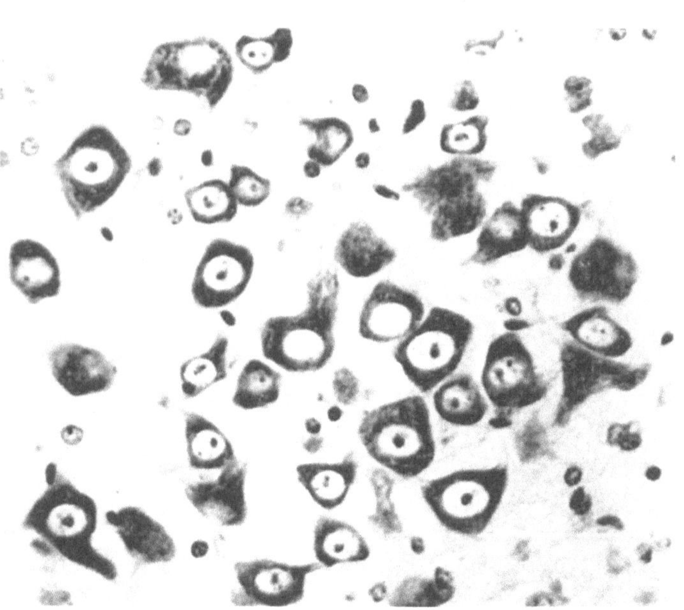

Abb. 65. Nucleus ruber

Der Nucl. ruber liegt in der Formatio reticularis und wird daher auch allseits von dieser bzw. von den in die Formatio reticularis eingelagerten Faserzügen begrenzt: dorsal und lateral von den Nervenzellen der Formatio reticularis, ventral vom Lemniscus medialis, medial liegt das System der Decussatio tegementi. Der mediale großzellige Kernabschnitt wird von der Oculomotoriuswurzel durchzogen.

Cytologisch besteht die Pars magnocellularis des Nucl. ruber aus 19—22 μ großen, hellkernigen Nervenzellen, die häufig großen Pyramidenzellen gleichen. Ihr breiter Plasmasaum färbt sich mit Kresylviolett gut an und läßt eine grobschollige Nisslsubstanz erkennen. Die Nervenzellen sind in keiner Richtung orientiert und liegen ziemlich locker. Zwischen den Nervenzellen sind reichlich Fasern sowie Makro- und Oligodendrogliazellen zu sehen. Im Gegensatz dazu besitzt der kleinzellige Anteil ein weniger einheitliches Zellbild. Er besteht aus 12—16 μ großen, teils locker, teils dicht liegenden Nervenzellen.

Substantia nigra (N, Nd, Nv): (Abb. 66, Tafel VIII, IX, X)

Die Substantia nigra besteht aus zwei cytoarchitektonisch klar trennbaren Anteile, einem dorsalen und einem ventralen. Die Pars dorsalis reicht weiter rostralwärts als die Pars ventralis und löst in der Höhe des Beginnes des Corpus mamillare das Corpus subthalamicum Luysii ab. Caudal reicht sie bis in das Gebiet des rostralen Anteiles des Pons. Die Substantia nigra wird dorsal von Resten der Zona incerta, lateral vom Corpus geniculatum mediale und ventral vom Pes pedunculi begrenzt. Medial stößt sie von rostral nach caudal gesehen an die laterale hypothalamische Region, an das Corpus mamillare und caudal an den Nucl. interpeduncularis.

Die Pars dorsalis der Substantia nigra besteht aus 7—16 μ großen Nervenzellen, deren schmaler gut färbbarer Cytoplasmasaum an beiden Polen etwas verbreitert ist, wodurch die Zelle ein längsovales Aussehen erhält. Die Zellen sind bipolar und dicht gelagert. Die Nisslsubstanz ist schollig. Das Gliaelement ist in der Pars dorsalis nur gering vertreten (hauptsächlich Makrogliazellen). In der Pars ventralis liegen nur wenige

Nervenzellen, die jedoch im allgemeinen etwas größer sind als die der Pars dorsalis und eher dem Pyramidenzelltyp entsprechen. Das Cytoplasma färbt sich wie das der Zellen der Pars dorsalis. Zwischen den Nervenzellen liegen zahlreiche Makrogliazellen.

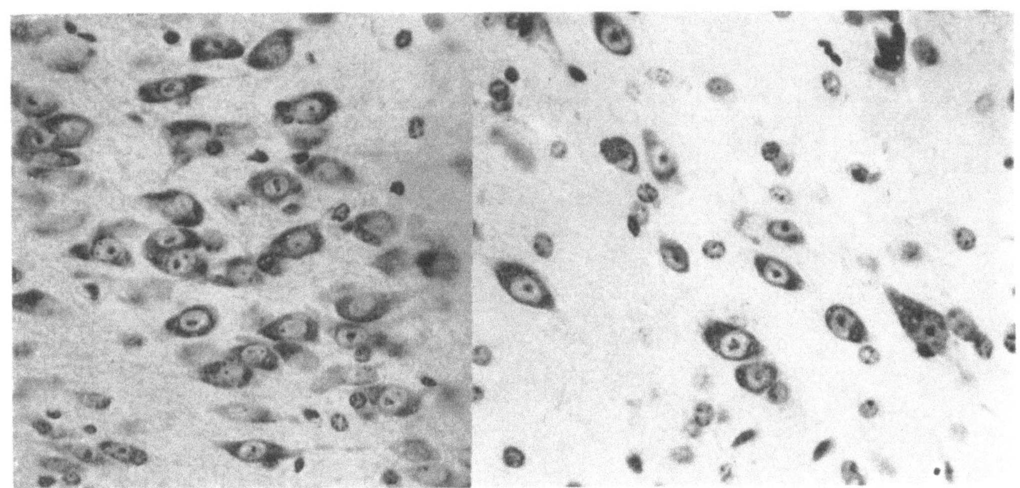

Abb. 66. Pars dorsalis substantia nigra Pars ventralis

Nucleus interpeduncularis (Ip): (Abb. 67, Tafel IX, X)

Der Nucl. interpeduncularis ist ein langgestreckter, ventromedian gelegener Kern von wenig einheitlichem Bau. Seine rostrocaudale Ausdehnung entspricht der Länge der Hirnschenkel. Rostral ist er das erste Mal in Höhe des Beginnes des Aquaeductus Sylvii nachzuweisen, nach caudal reicht er bis zum rostralen Rand des Pons. Der Kern wird dorsal von den Haubenkreuzungen, lateral von den Pedes pedunculi begrenzt. Im rostralen Abschnitt bildet das Corpus mamillare die ventrale Begrenzung, caudal erreicht der Kern die ventrale Hirnoberfläche.

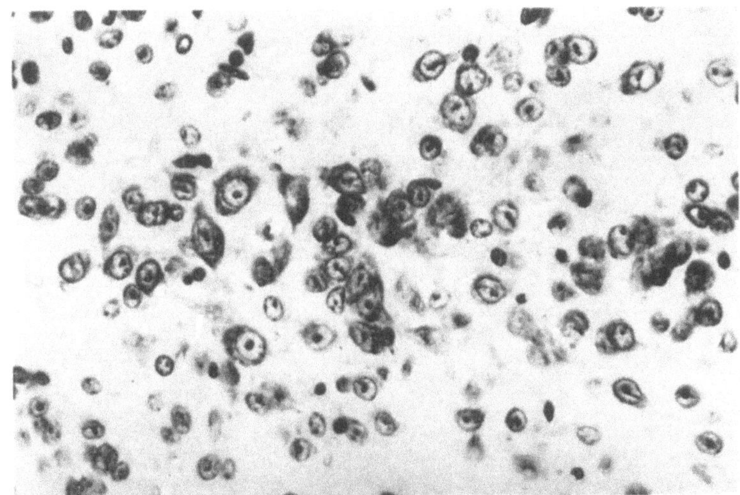

Abb. 67. Nucleus interpeduncularis

Cytologisch ist der Nucl. interpeduncularis uneinheitlich: die Nervenzellen bilden häufig aus drei bis sechs Zellen bestehende Gruppen. Sie sind ung. 6 μ groß und rund. Der schmale Plasmasaum läßt sich bei den meisten Zellen mit Kresylviolett nur schwer darstellen. Die meisten Zellkerne weisen einen deutlich sichtbaren zentral liegenden Nucleolus auf. Eingestreut sind bisweilen Zellen mit etwas breiteren, dunkel gefärbten Plasmasäumen. Das Gliaelement ist in Form von Makro-, Mikro- und Oligodendrogliazellen reichlich vertreten.

Nucleus Darkschewitsch (Da): (Abb. 68, Tafel VIII, IX)

Der kleine, gut gegen die Umgebung abgrenzbare Kern liegt im ventralen Bereich des Zentralen Höhlengraus. Er reicht von der Höhe des Beginnes des Aquaeductus Sylvii bis in die Höhe des caudalen Drittels des Colliculus superior (dies entspricht dem Beginn des lateralen motorischen Oculomotoriuskernes). Im caudalen Abschnitt grenzt der Nucl. Darkschewitsch lateroventral an den Fasciculus longitudinalis medialis.

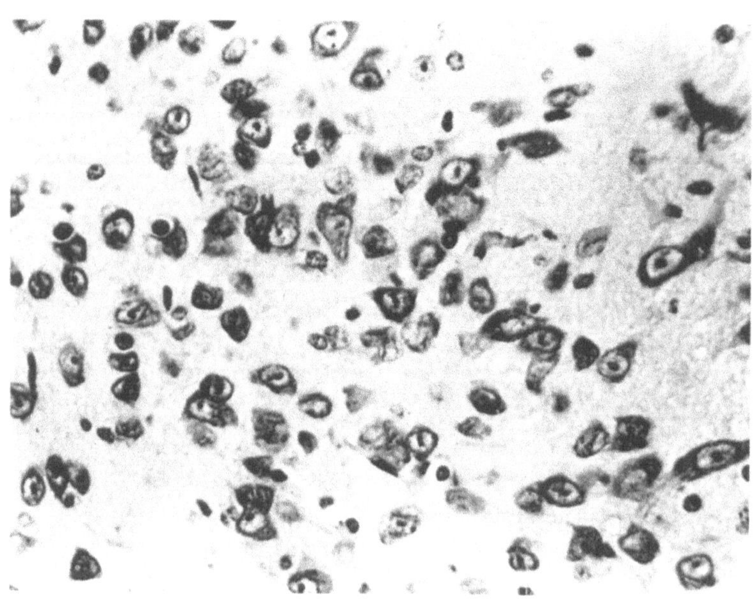

Abb. 68. Nucleus DARKSCHEWITSCH

Der Nucl. Darkschewitsch besteht aus dicht liegenden, annähernd runden, 9—12 μ im Durchmesser messenden Nervenzellen. Die Zellkerne sind chromatinarm und besitzen einen großen, zentral liegenden Nucleolus. Der schmale Cytoplasmasaum bleibt nach Nissl-Färbung hell. Zwischen den Nervenzellen liegen nur wenige Makrogliazellen.

Nucleus interstitialis CAJAL (IC): (Abb. 69, Tafel VIII)

Der Kern liegt im Übergangsbereich zwischen dem III. Ventrikel und dem Aquaeductus Sylvii ventrolateral vom Griseum centrale und dem Nucl. Darkschewitsch. Er ist wegen der lockeren Lage seiner Nervenzellen lateral und ventral nicht scharf von der Formatio reticularis abzutrennen.

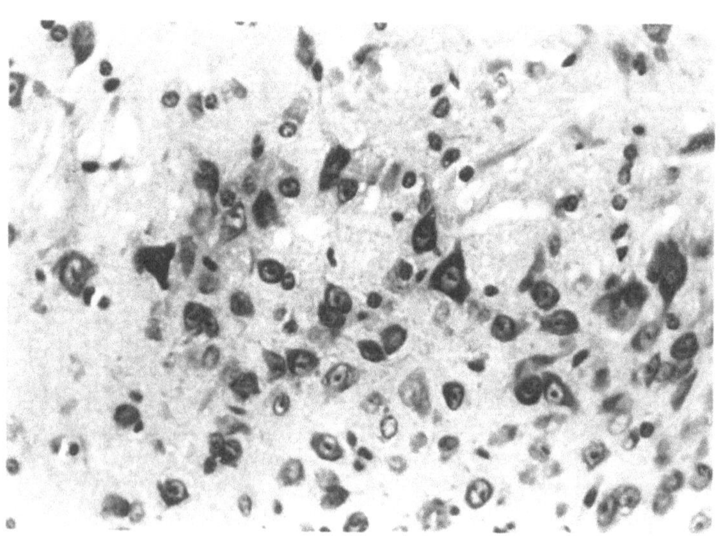

Abb. 69. Nucleus interstitialis CAJAL

Cytologisch besteht der Kern teils aus multipolaren, ca. 17 μ großen Nervenzellen mit gut gefärbten Plasmasaum und scholliger Nisslsubstanz, teils aus annähernd runden, ca. 10 μ großen Zellen mit hellen schmalen Plasmasäumen und feinkörniger Nisslsubstanz. Zwischen den Zellen sind häufig Fasern nachweisbar. Gliazellen sind nur spärlich vorhanden.

Nucleus WESTPHAL-EDINGER (W-E): (Abb. 70, Tafel IX)

Der Westphal-Edinger'sche Kern beginnt weiter rostral als der motorische Oculomotoriuskern und bildet eine median gelegene Zellgruppe im ventralen Griseum centrale. Nach Auftreten des Oculomotoriuskernes (motorischer Anteil) wird er dann beidseits von den Nervenzellen dieses Kernes begrenzt. Der Kern endigt rostral vom caudalen Ende des motorischen Oculomotoriuskernes.

Der Nucl. Westphal-Edinger liegt rostral im medianen Feld, zeigt unmittelbar rostral vom Auftreten des mot. Oculomotoriuskernes eine Dreiteilung in einen medianen und zwei paramediane Abschnitte; caudal sind nur mehr die paramedianen Abschnitte vorhanden.

Der Kern besteht aus sehr dicht liegenden, runden und ovalen, 12 μ bzw. 18—20:14 μ messenden Nervenzellen, die durch ihre schlechte Anfärbbarkeit mit Kresylviolett auffallen. Die Kerne erscheinen durchwegs wie leer, der Plasmasaum ist mäßig breit und ganz schwach angefärbt. Die Nisslsubstanz läßt sich nicht beurteilen. Die Zellkerne besitzen nur in seltenen Fällen darstellbare Nucleoli. Zwischen den Nervenzellen liegen wenige Makrogliazellen.

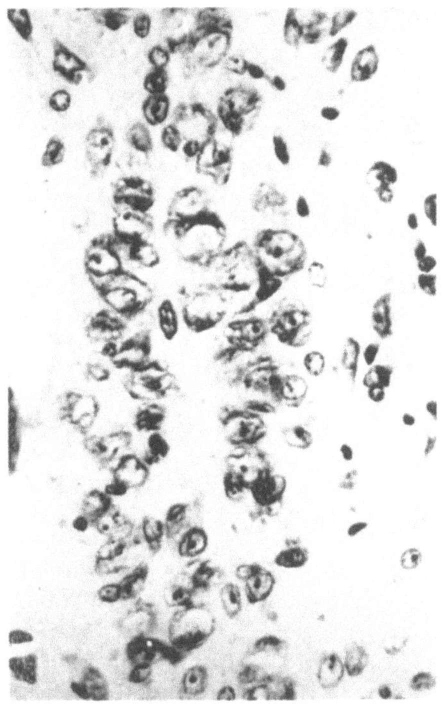

Abb. 70. Nucleus Westphal-Edinger

Motorischer Oculomotoriuskern (N III): (Abb. 71, Tafel X)

Der Kern liegt im rostralen Bereich des Mittelhirnes und geht caudal kontinuierlich in den Trochleariskern über. Er grenzt dorsal an das Zentrale Höhlengrau, lateral und ventral an den Fasciculus longitudinalis medialis. In der Mittellinie trennen die raphenähnlichen Nervenzellen des Westphal-Edinger'schen Kernes die motorischen Oculomotoriuskerne beider Seiten.

Der Kern besteht aus locker liegenden, 17—19 μ großen, plasmareichen und multipolaren Nervenzellen vom Pyramidenzelltyp. Die chromatinarmen Zellkerne besitzen in der Mehrzahl einen exzentrisch liegenden Nucleolus. Die Nisslsubstanz ist körnig und fädig. Zwischen den Nervenzellen finden sich Makro- und Oligodendrogliazellen.

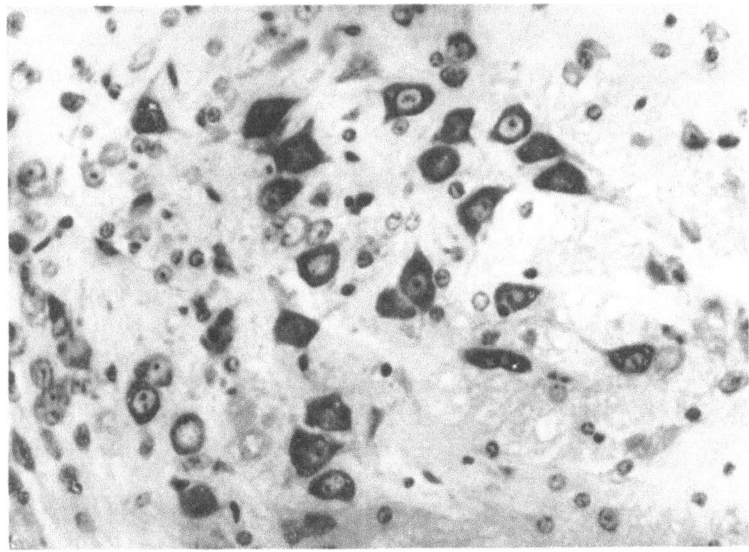

Abb. 71. Motorischer Oculomotoriuskern

Nucleus originis nervi trochlearis (N IV): (Abb. 72)

Der Kern liegt im Bereich des caudalen Endes des Aquaeductus Sylvii und entspricht cytologisch (Größe der Nervenzellen 14—17 μ) und in seiner Lage im allgemeinen dem motorischen Oculomotoriuskern. Ein gewisser Unterschied ist nur in der Beziehung zum Fasciculus longitudinalis medialis zu erkennen. Während der motorische Oculomotoriuskern einen dreieckigen Querschnitt zeigt, dorsal vom Fasciculus longitudinalis medialis liegt und sich gegen diesen deutlich abgrenzt, liegen die Nervenzellen des Trochleariskernes mehr ventral und sind teilweise zwischen die Faserzüge des Fasciculus longitudinalis medialis eingeschoben.

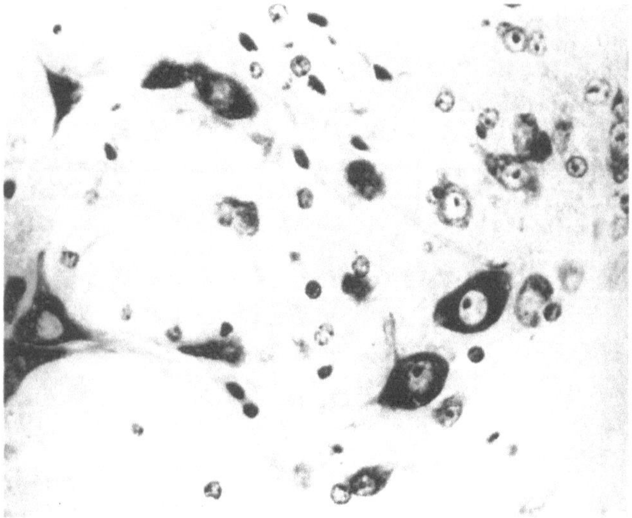

Abb. 72. Nucleus originis nervi trochlearis

Rhombencephalon

Die Kerne des Metencephalon und der Medulla oblongata werden unter dem übergeordneten Begriff des Rhombencephalon besprochen.

Nucleus tegmenti ventralis (Tv): (Abb. 73)

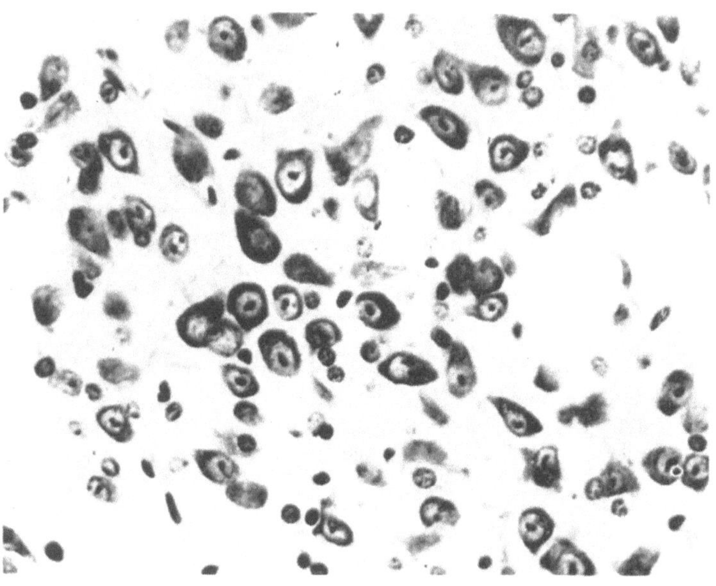

Abb. 73. Nucleus tegmenti ventralis

Der Kern besitzt eine nur geringe rostrocaudale Ausdehnung und liegt paramedian in Höhe des rostralen Drittels der Rautengrube ventral vom Nucl. tegmenti dorsalis, von dem er durch die Faserzüge des Fasciculus longitudinalis medialis getrennt ist. Lateral und ventral wird er von der Formatio reticularis umgeben.

Der Kern besitzt bipolare, ca. 11—20 μ große Nervenzellen, die neben Pyramidenzellen von ca. 13 μ Durchmesser liegen. Beide Zelltypen zeigen einen breiten gut färbbaren Cytoplasmasaum mit an der Zelloberfläche konzentrierter scholliger Nisslsubstanz. Die Zellen liegen häufig zu zweit oder zu dritt, dazwischen sind Makro- und Oligodendrogliazellen eingestreut.

Nucleus tegmenti dorsalis (Td): (Abb. 74, Tafel XI, XII, XIII, XIV, XV)

Der Nucl. tegmenti dorsalis bildet die dorsale Fortsetzung des Zentralen Höhlengraus im caudalen Bereich des IV. Ventrikels und reicht in rostrocaudaler Richtung vom Mittelhirn bis in die Höhe der caudalen Rautengrube. Im Bereich des caudalen Abschnittes des Aquaeductus Sylvii beginnt der Kern im ventralen Griseum centrale als eine median gelegene Nervenzellgruppe. In Höhe der Einmündung des Aquaeductus Sylvii in den IV. Ventrikel wird der jetzt besonders deutlich sichtbare Nucl. tegmenti dorsalis dorsal vom IV. Ventrikel, lateral von den Fasern und Nervenzellen des Tractus und Nucl. mesencephalicus nervi trigemini, ventral von der Formatio reticularis und vom Fasciculus longitudinalis medialis begrenzt. Median bilden die Nervenzellen der Raphe ein schmales Feld, das die Kerne beider Seiten voneinander trennt. In Höhe der rostralen Rautengrube lassen sich neben dem Hauptkern drei in diesem entstandene Unterkerne deutlich abgrenzen: lateral die Pars laterodorsalis (tld), mediodorsal die Pars centralis (tc) und medioventral die Pars ventromedialis (tvm). Weiter caudal wird diese Gliederung vorerst noch deutlicher, verwischt sich aber dann etwas rostral vom Colliculus facialis, wobei zuerst der großzellige Anteil (Pars laterodorsalis) verschwindet. An der Stelle dieses Unterkernes entwickelt sich der Locus caeruleus. In Höhe des Colliculus facialis tritt der Nucl. eminentiae medianae an die Stelle der Pars centralis, der übrige Kern sowie auch der Locus caeruleus werden allmählich durch den Nucl. vestibularis medialis ersetzt.

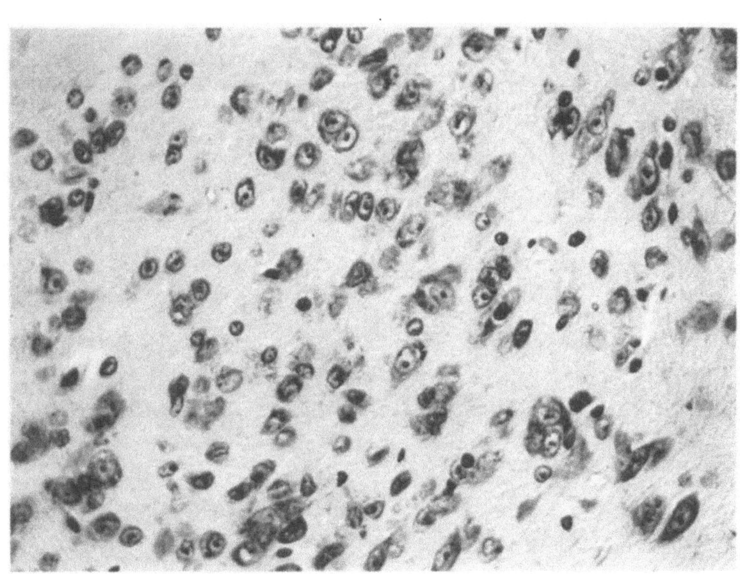

Abb. 74a. Nucleus tegmenti dorsalis. Hauptkern

Der Nucl. tegmenti dorsalis und seine Unterkerne zeigen deutliche cytologische Unterschiede:

Der Hauptkern (Abb. 74a) besteht hauptsächlich aus 7—11 μ großen, runden Nervenzellen mit sehr schmalen Cytoplasmasäumen. Die Zellkerne besitzen einen großen, zentral liegenden Nucleolus und eine gut sichtbare Kernmembran. Schon rostral sind im lateralen Kernbereich größere Nervenzellen von 13—17 μ Durchmesser eingestreut. Sie sind rund bis oval und zeigen im Plasma feinkörnige Nisslsubstanz Zwischen den Nervenzellen liegen reichlich Makrogliazellen.

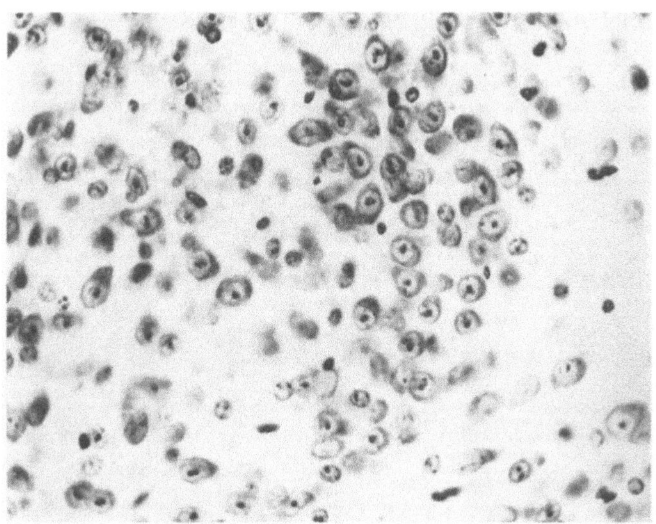

Abb. 74b. Nucleus tegmenti dorsalis. Pars centralis

Die Pars centralis (Abb. 74b) besteht aus isomorphen runden Nervenzellen von ca. 9 μ Durchmesser. Wegen ihres hellen, schmalen und daher kaum sichtbaren Plasmasaumes haben sie makrogliazellähnliches Aussehen. Die Nervenzellen liegen sehr dicht, nur in den Randpartien sind zwischen den Nervenzellen Makrogliazellen in reichlicherem Maße vorhanden.

Die vorhin beschriebenen großen, im lateralen Abschnitt des Hauptkernes liegenden

Nervenzellen stellen die Vorläufer eines in den caudalen Abschnitten sehr gut abgrenzbaren und aus den gleichen Zellen aufgebauten (Durchmesser ca. 13—17 μ) Kernes, der Pars laterodorsalis (Abb. 74c) dar.

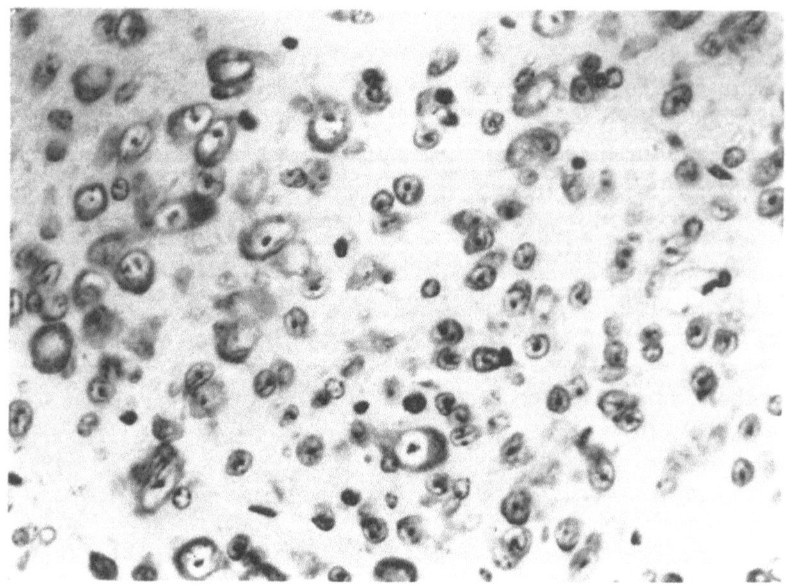

Abb. 74c. Nucleus tegmenti dorsalis. Pars laterodorsalis.

Die Pars ventromedialis (Abb. 74d) besitzt sehr verschieden aussehende, 9—11 μ große Nervenzellen, von denen die einen dunkle, die anderen helle Plasmasäume in der Nissl-Färbung aufweisen. Sie sind rund bis oval und teilweise mit ihrer Achse in mediodorsaler-lateroventraler Richtung orientiert.

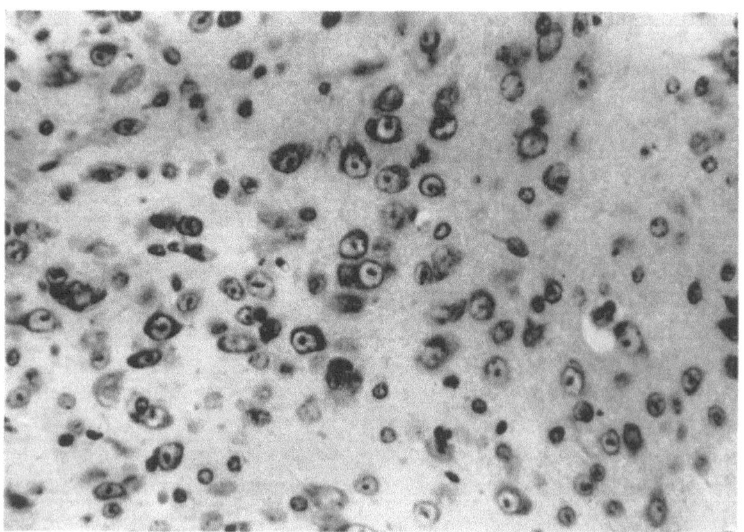

Abb. 74d. Nucleus tegmenti dorsalis. Pars ventromedialis

Nucleus eminentiae medianae (Em): (Abb. 75, Tafel XV, XVI, XVII)

Der Nucl. eminentiae medianae liegt unter dem Boden der Rautengrube und besitzt eine ziemlich große rostrocaudale Ausdehnung. Er beginnt in der Höhe des mittleren Drittels der Rautengrube im Bereich des Colliculus facialis und läßt sich bis in die Höhe des caudalen Rautengrubenendes verfolgen. Dorsal stößt er an den IV. Ventrikel, lateral an den Nucl. vestibularis medialis; ventral grenzt er rostral an das Innere Facialisknie, caudal an die Formatio reticularis. Medial ist er durch einige Nervenzellen der Raphe vom Kern der gegenüberliegenden Seite getrennt.

Der Nucl. eminentiae medianae wird von 9—12 μ großen, isomorphen, dicht liegenden Nervenzellen aufgebaut, deren große Kerne nur von einem schmalen, sehr schwach färbbaren Plasmasaum umgeben sind. Dazwischen liegen Makro-, aber nur sehr wenige Oligodendrogliazellen.

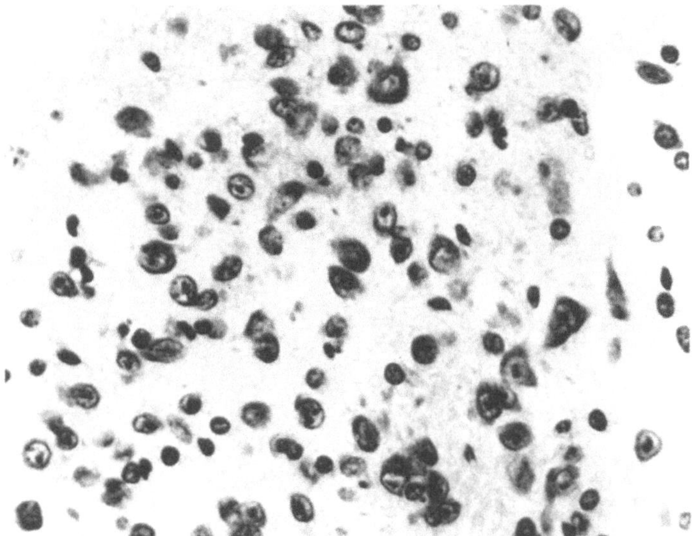

Abb. 75. Nucleus eminentiae medianae

Nucleus reticularis tegmenti (rt): (Abb. 76, Tafel XIV)

Der Nucl. reticularis tegmenti ist ein kleiner, im rostralen Drittel des Rhombencephalon median in der Formatio reticularis liegender Kern von dreieckigem Querschnitt. Er besitzt nur eine ganz geringe rostrocaudale Ausdehnung.

Er besteht aus runden bis ovalen Nervenzellen (12:16—14:20 μ), deren Plasmasaum sich mit Kresylviolett gut darstellen läßt. Die Nisslsubstanz ist körnig. Die großen chromatinarmen Zellkerne sind nicht deutlich konturiert und besitzen einen großen Nucleolus. Zwischen den eher locker liegenden Nervenzellen sind zahlreiche Makro- und Oligodendrogliazellen zu sehen.

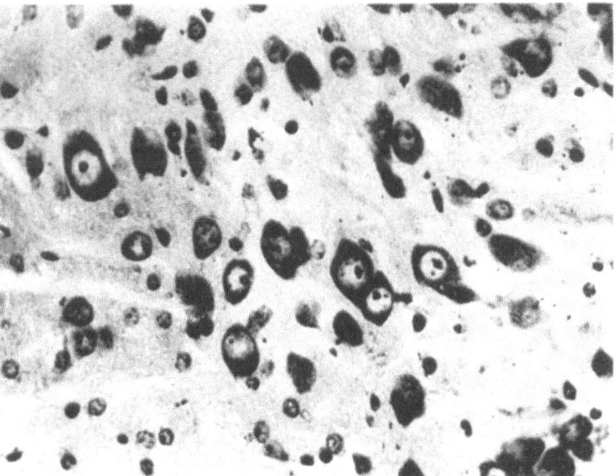

Abb. 76. Nucleus reticularis tegmenti

Locus caeruleus (Lc): (Abb. 77, Tafel XIV)

Der Locus caeruleus ist ein Kerngebiet, das im Bereich der rostralen Rautengrube liegt und lateral an den dorsalen Haubenkern (Nucl. tegmenti dorsalis) anschließt. Er besitzt nur geringe rostrocaudale Ausdehnung und einen dreieckigen Querschnitt, wobei die Basis nach ventral gegen die Formatio reticularis und die Spitze dorsal gegen das Lumen des IV. Ventrikels gerichtet ist. Der Locus caeruleus grenzt dorsal nur in einem kleinen Bereich an das Ependym des IV. Ventrikels, dorsolateral an den Nucl. mesencephalicus nervi trigemini, ventrolateral an den Nucl. vestibularis superior (im rostralen Kernbereich), ventral an die Formatio reticularis und medial an den Nucl. tegmenti dorsalis.

Die Nervenzellen sind uniform, in der Mehrzahl oval und haben Abmessungen von 12 : 17 μ. Sie besitzen einen eher breiten Cytoplasmasaum, der sich mit Kresylviolett gut, jedoch heller als der der Zellen des Nucl. mesencephalicus nervi trigemini anfärbt.

Die Nisslsubstanz ist im allgemeinen feinkörnig, nur selten sind größere schwach gefärbte Schollen eingelagert. Zwischen den dicht liegenden Nervenzellen sind nur wenige Makrogliazellen zu finden.

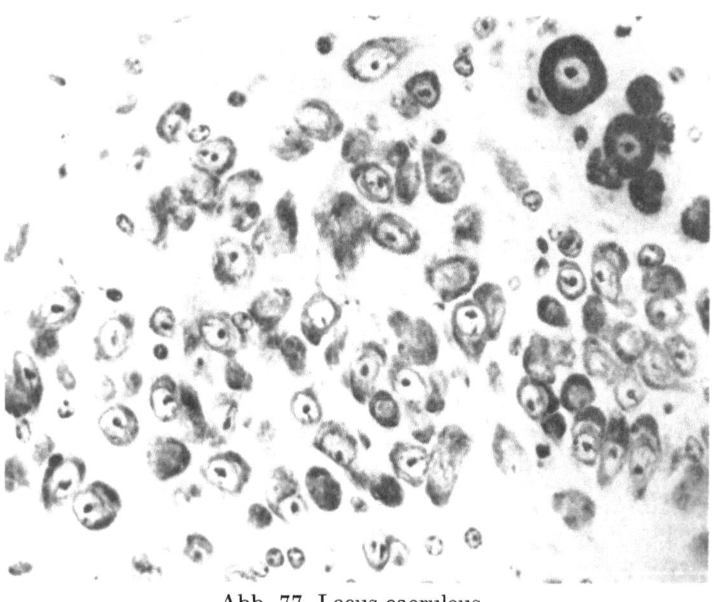

Abb. 77. Locus caeruleus

Raphe (Ra): (Abb. 78, Tafel XI, XIII, XIV XV, XVI, XVII, XVIII, XIX)

Die Raphe ist eine Nervenzellansammlung, die in der Medianen liegt und eine ziemlich große rostrocaudale Ausdehnung besitzt. Rostral beginnt sie im Mittelhirn und trennt dabei die Formationes reticulares beider Seiten. Im Bereich der Decussatio tegmenti ventralis und dorsalis besteht sie nur mehr aus ganz wenigen Nervenzellen, gewinnt in Höhe des rostralen Brückenrandes wieder an Ausdehnung und nimmt im Bereich des Colliculus inferior im Querschnitt wieder ein größeres Areal ein. Dort wird der dorsale Anteil lateral vom Nucl. tegmenti dorsalis und lateroventral vom Fasciculus longitudinalis medialis begrenzt. Der ventrale Anteil liegt zwischen den Formationes reticulares beider Seiten. Im Rhombencephalon bleibt die topographische Beziehung der Raphe zu den benachbarten Strukturen gleich; der Kern verbreitert sich aber unmittelbar ventral vom Ventrikelependym etwas. In Höhe des caudalen Anteiles des Nucl. tegmenti dorsalis verlieren sich die Nervenzellen des dorsalen Abschnittes der Raphe und sind in Höhe des Inneren Facialisknies nicht mehr sichtbar. Der ventrale Abschnitt hingegen wird in dieser Höhe sehr deutlich und ist gegen die Umgebung einwandfrei abzugrenzen. Der ventrale Raphenabschnitt läßt sich nach caudal bis in die Höhe der Decussatio pyramidum verfolgen.

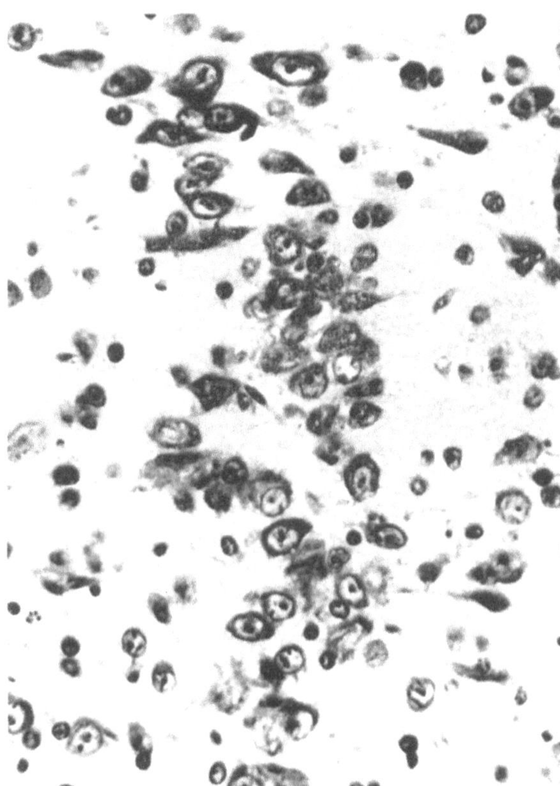

Abb. 78. Raphe

Cytologisch finden sich dicht liegende, 9—14 μ große Nervenzellen von multipolarem Bau, deren schmale Plasmasäume sich gut mit Kresylviolett anfärben. Die Nisslsubstanz ist körnig bis kleinschollig. Das Gliaelement ist zwischen den Nervenzellen nur spärlich vertreten.

Nucleus lemnisci lateralis dorsalis (Nlld): (Abb. 79, Tafel XII, XIII)

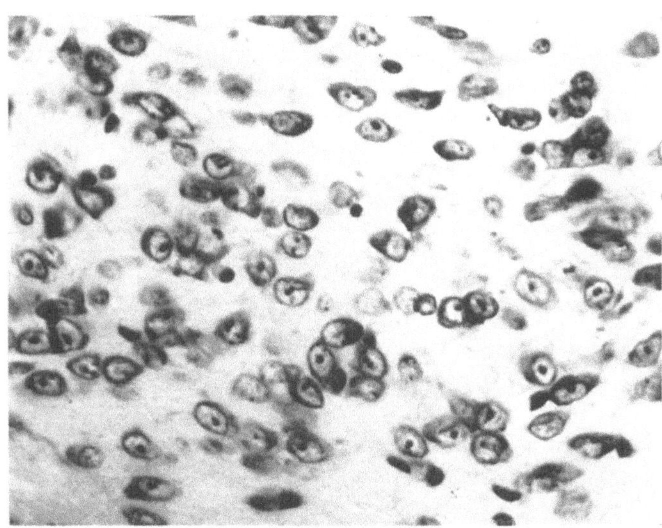

Abb. 79a. Nucleus lemnisci lateralis dorsalis. Rostraler Anteil

Der Nucl. lemnisci lateralis dorsalis ist eine kleine Zellgruppe, die in ihrer Länge ungefähr der rostrocaudalen Ausdehnung des Colliculus inferior entspricht, von dem sie auch dorsal begrenzt wird. Der Kern ist in den Lemniscus lateralis eingeschaltet, dessen Fasern die laterale und ventrale Begrenzung des Kernareales bilden. Medial anschließend liegt das Brachium conjunctivum.

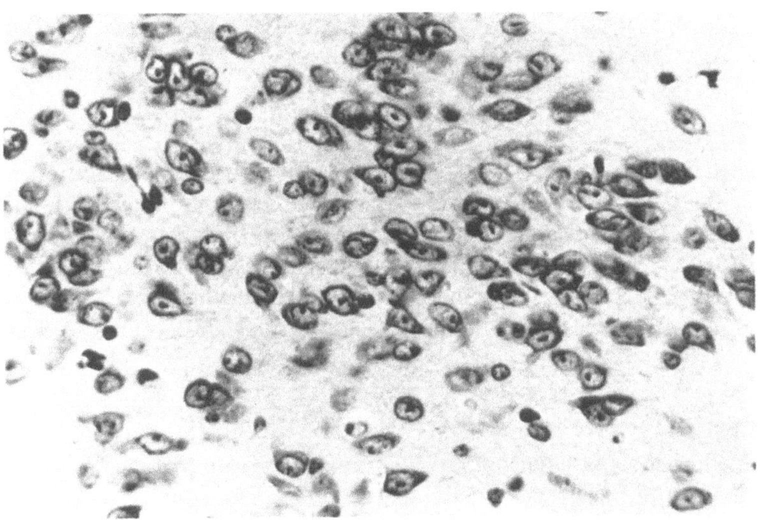

Abb. 79b. Nucleus lemnisci lateralis dorsalis. Caudaler Anteil

Der Kern besteht aus 9—12 μ großen, rostral durch die durchziehenden Fasern eher locker, caudal aber dicht gedrängt liegenden Nervenzellen mit hellen chromatinarmen Zellkernen. Der schmale, nur an den Polen verbreiterte Plasmasaum gibt der Zelle ein ovales Aussehen. Im caudalen Kernabschnitt sind die Zellen oft zu fünft oder zu sechst gelagert. Glia findet sich zwischen den Nervenzellen nur spärlich.

Nucleus lemnisci lateralis ventralis (Nllv): (Abb. 80, Tafel XI, XII, XIII, XIV, XV)

Der Nucl. lemnisci lateralis ventralis, ein Kern mit ovalem Querschnitt, beginnt im Bereich der hinteren Vierhügel und läßt sich in caudaler Richtung bis in die Höhe des vorderen Drittels der Rautengrube verfolgen, wo dann die Obere Olive an seine Stelle tritt. Der Kern ist ventral in die Fasern des Lemniscus lateralis eingebettet und wird daher von diesen besonders dorsal und zum größten Teil auch lateral begrenzt. Lediglich im rostralen Abschnitt wird die laterale Begrenzung vom Brachium pontis gebildet.

Ventral liegen die Fibrae pontis. Medial stößt der Kern mit seinem rostralen Anteil an die Formatio reticularis; in weiter caudal gelegten Querschnitten rückt der Kern immer mehr nach ventral und wird dann medial von den Fasern des Tractus corticospinalis und vom Corpus trapezoides begrenzt. Mediodorsal vom caudalen Ausläufer liegt die Pararotula, der Vorkern der Oberen Olive.

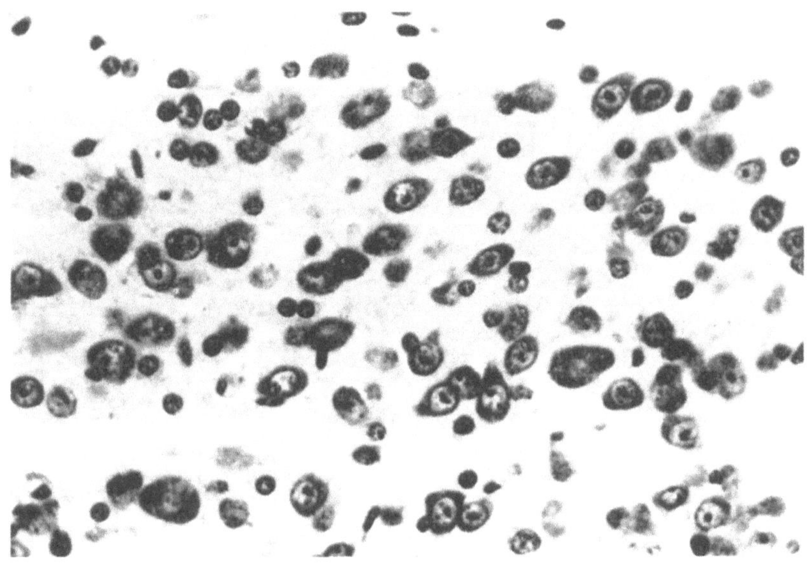

Abb. 80. Nucleus lemnisci lateralis ventralis

Cytologisch ist der Nucl. lemnisci lateralis ventralis nicht einheitlich. Er besteht einerseits aus 6—10 μ großen Nervenzellen, die einen schmalen, jedoch gut färbbaren Plasmasaum mit fein- bis grobscholliger Nisslsubstanz besitzen, andererseits aus größeren Nervenzellen (9—12 μ) mit breiterem Plasmasaum mit ebenfalls fein- bis grobscholliger Nisslsubstanz. Zwischen den locker angeordneten Nervenzellen (durch die durchziehenden Faserzüge des Lemniscus lateralis bedingt) liegen zahlreiche Makro- und Oligodendrogliazellen.

Nucleus mesencephalicus nervi trigemini (NmesV): (Abb. 81, Tafel XI, XII, XIII, XIV)

Der Nucl. mesencephalicus nervi trigemini ist ein in rostrocaudaler Richtung langgestrecktes Kerngebiet von geringem Querschnitt, das den Tractus mesencephalicus nervi trigemini begleitet. Der Kern beginnt in der Höhe des caudalen Drittels des hinteren Vierhügels. Während er in seinem rostralen Anteil im Querschnitt nur aus wenigen Nervenzellen besteht, verbreitert er sich caudal in der Höhe des Locus caeruleus.

Cytologisch besteht der Kern aus 21—24 μ großen, runden monomorphen Nervenzellen mit breiten gut färbbaren Plasmasäumen. Die Nisslsubstanz ist körnig bis schollig. Die Zellen sind dicht gelagert und bilden oft Reihen. Zwischen den Nervenzellen sind reichliche Makro- und weniger zahlreiche Oligodendrogliazellen eingestreut.

Nucleus originis nervi trigemini (mot. Trigeminus-Kern) (NmV): (Abb. 82, Tafel XIII, XIV)

Der Nucl. originis nervi trigemini beginnt rostral in gleicher Höhe wie der Nucl. sensibilis nervi trigemini im Bereich des caudalen Drittels des Colliculus inferior. Er wird lateral und teilweise auch ventral vom sensiblen Hauptkern umfaßt, wobei jedoch einige dem Trigeminus zugehörige Faserzüge und eine interpolierte Zellgruppe (Zellgruppe a) beide Kerne voneinander trennen. Die übrigen Grenzen werden von der Formatio reticularis gebildet, die dorsale von einem Unterkern der letzteren, dem Nucl. parabrachialis medialis.

Ungefähr in Höhe der Mitte des Locus caeruleus verkleinert sich der motorische Trigeminus-Kern, grenzt dorsal an den Nucl. vestibularis superior, lateral und ventral an den rostralen Anteil des Nucl. tractus spinalis nervi trigemini und medial an die Formatio

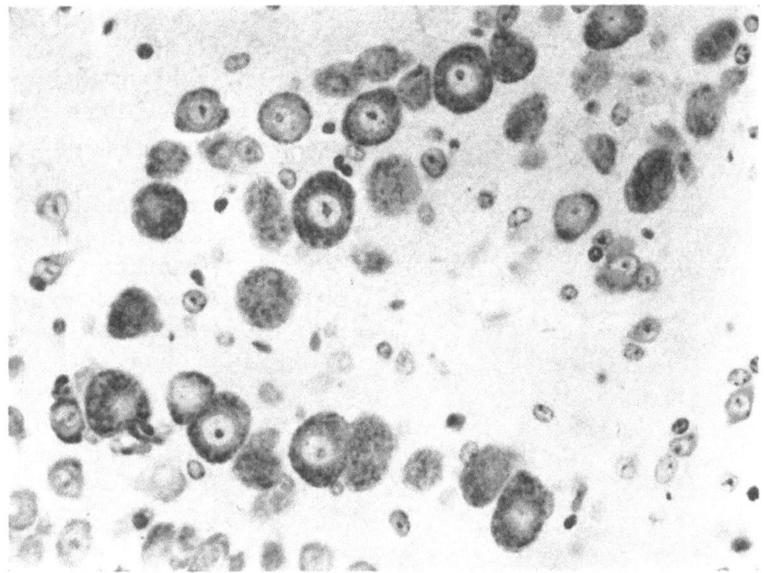

Abb. 81. Nucleus mesencephalicus nervi trigemini

reticularis. Er wird schließlich noch rostral vom caudalen Ende des sensiblen Trigeminus-Kernes durch den Nucl. tractus spinalis nervi trigemini ersetzt.

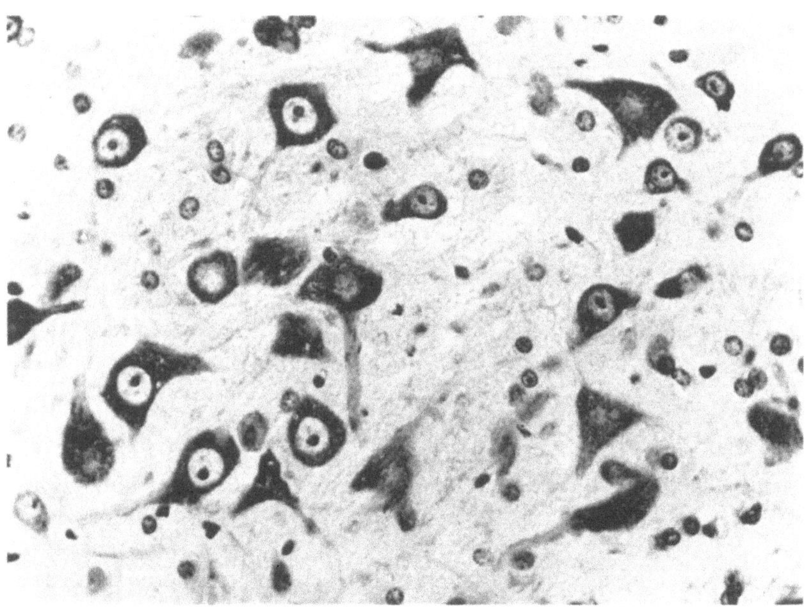

Abb. 82. Nucleus originis nervi trigemini

Der Nucl. originis nervi trigemini besteht aus multipolaren, 19—22 μ großen Nervenzellen, deren breiter Plasmasaum sich mit Kresylviolett gut anfärbt. Fortsätze sind deutlich sichtbar. Die Nisslsubstanz ist körnig bis grobschollig. Zwischen den locker liegenden Nervenzellen sind Makro- und nur sehr wenige Oligodendrogliazellen eingestreut.

Zellgruppe a (Abb. 83)

Auf die Einzeichnung dieser Zellgruppe in die Tafeln wurde aus Übersichtlichkeitsgründen verzichtet. Es handelt sich um eine Nervenzellschichte, die zwischen den motorischen und den sensiblen Trigeminus-Kern eingeschoben ist und daher eine ähnliche rostrocaudale Ausdehnung besitzt wie die beiden letztgenannten Kerne.

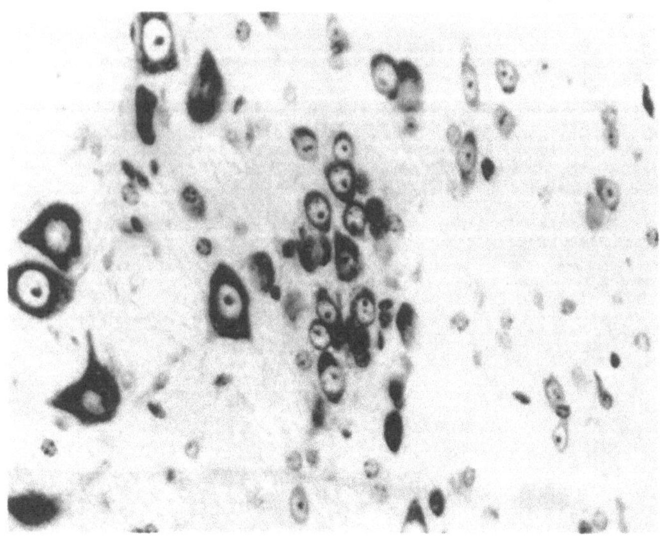

Abb. 83. Zellgruppe a

Die Zellgruppe besteht aus ovalen, dicht gedrängt liegenden Nervenzellen mit Abmessungen von ca. 12 : 19 μ. Der im Verhältnis zum Zellkerndurchmesser eher breite Cytoplasmasaum färbt sich mit Kresylviolett gut an. Neben feinkörniger Nisslsubstanz sind in ihm auch gröbere Nisslschollen nachweisbar. Die Zellkerne sind hell, schlecht konturiert und besitzen einen zentralen Nucleolus.

Nucleus sensibilis nervi trigemini (NsV): (Abb. 84, (Tafel XIII, XIV)

Der sensible Hauptkern des Trigeminus beginnt rostral mit einigen verstreut liegenden Nervenzellen in der Höhe des caudalen Drittels des Colliculus inferior; in diesem Gebiet läßt sich der Übergang des Nervus trigeminus in den Tractus spinalis nervi trigemini nachweisen. In gleicher Höhe beginnt auch der motorische Trigeminus-Kern mit einigen Nervenzellen. Der Nucl. sensibilis nervi trigemini wird dorsal von den caudalen Ausläufern der Kerne des lateralen Lemniscus, lateral und ventral vom Tractus spinalis nervi trigemini begrenzt. Medial wird er durch ein schmales Nervenzellareal (Zellgruppe a) und durch einige Fasern vom motorischen Trigeminus-Kern getrennt. Weiter caudal bildet der Nucl. vestibularis superior die dorsale Begrenzung. In Schnitten, die ungefähr durch die Mitte des Locus caeruleus gelegt sind, wird der Nucl. sensibilis nervi trigemini allmählich vom dorsal und medial auftretenden Nucl. tractus spinalis nervi trigemini eingeengt und schließlich durch diesen Kern völlig ersetzt.

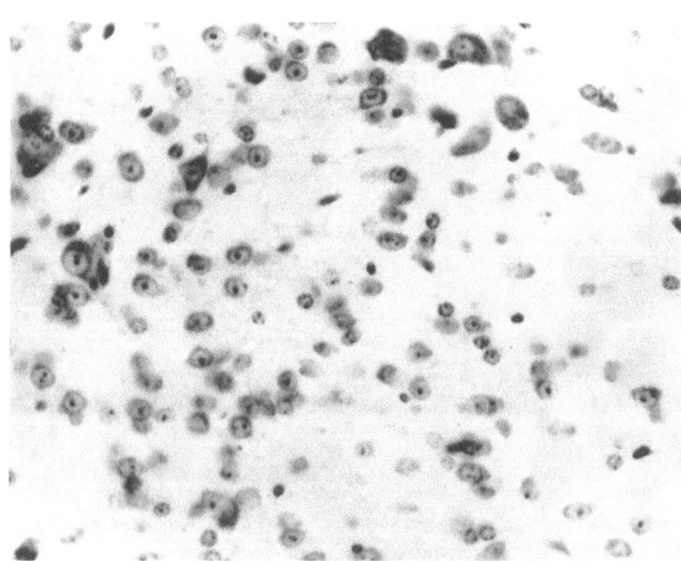

Abb. 84. Nucleus sensibilis nervi trigemini

Der sensible Hauptkern des Trigeminus besteht aus locker liegenden, runden und ovalen Nervenzellen von wechselnder Größe. Die Abmessungen betragen bei den ovalen

Zellen ca. 12 : 19 μ und bei den runden ca. 9—10 μ (Durchmesser). Die runden Nervenzellen besitzen gut konturierte Zellkerne, die von einem schmalen, hellen Cytoplasmasaum umgeben werden. Die Nisslsubstanz ist feinkörnig. Zwischen diesen Zellen liegen wenige ovale Nervenzellen mit hellen, blasigen Zellkernen und einem dunklen Plasmasaum mit grobscholliger Nisslsubstanz. Makro-, Mikro- und Oligodendrogliazellen sind in reichlichem Maße vorhanden.

Nucleus tractus spinalis nervi trigemini (NtspV): (Abb. 85, Tafel XV, XVI, XVII, XVIII, XIX, XX, XXI)

Der Nucl. tractus spinalis nervi trigemini wird zum ersten Mal in einer Schnittebene sichtbar, die ungefähr durch die Mitte des Locus caeruleus gelegt ist, und reicht bis in die

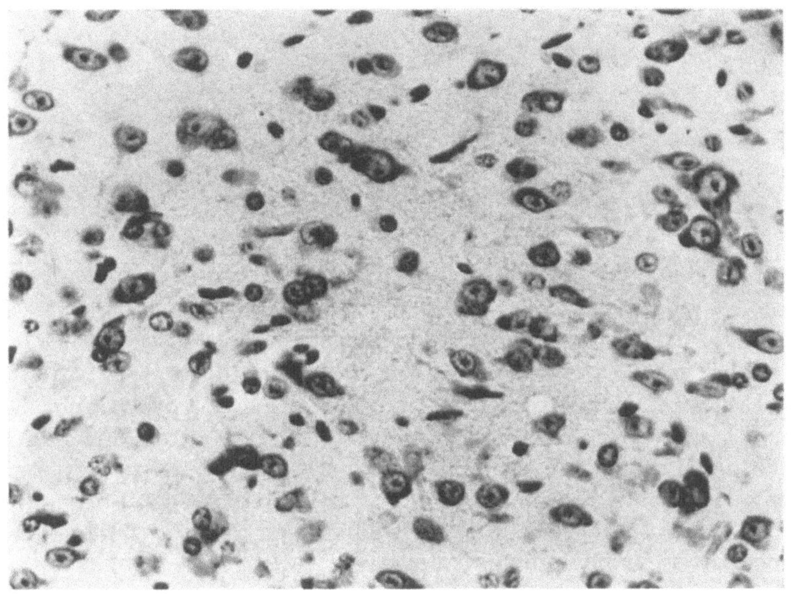

Abb. 85. Nucleus tractus spinalis nervi trigemini

Medulla oblongata. Er ersetzt nach seinem Auftreten zuerst den motorischen und später den sensiblen Hauptkern des Trigeminus und wird in dieser Höhe dorsal vom Nucl. vestibularis superior, laterodorsal vom Tractus spinalis nervi trigemini, lateroventral vom Nucl. sensibilis nervi trigemini, ventral und medial von der Formatio reticularis begrenzt. In Höhe des Inneren Facialisknies wird der Kern dorsal vom Nucl. vestibularis lateralis, lateral und ventral vom Tractus spinalis nervi trigemini und medial von der Formatio reticularis begrenzt. Im Querschnittsbild läßt sich ein eher großzelliger mediodorsaler und ein eher kleinzelliger lateroventraler Anteil unterscheiden. Der Nucl. vestibularis lateralis als dorsale Begrenzung wird schließlich vom Nucl. vestibularis spinalis ersetzt, der selbst im Bereich des Überganges vom Rhombencephalon in die Medulla oblongata vom Nucl. magnocellularis fasciculi dorsalis *Monakow* abgelöst wird.

Cytologisch ist der Kern uneinheitlich gestaltet; neben großen ca. 17 μ messenden, fortsatzreichen oder bipolaren liegen runde und spindelige Nervenzellen. Das Cytoplasma der multipolaren Nervenzellen ist in der Nisslfärbung gut tingiert und beinhaltet kleine dunkle Nisslschollen. Die Zellkerne sind schlecht konturiert, hell und besitzen einen zentralen Nucleolus. Die runden Nervenzellen haben Durchmesser von 9—12 μ, ihr Plasmasaum ist sehr schmal und hell. Die Zellen ähneln jenen, die beim sensiblen Trigeminus-Kern beschrieben wurden. Zwischen den Nervenzellen liegen zahlreiche Makro-, Mikro- und Oligodendrogliazellen.

Nucleus vestibularis superior (Vest s): (Abb. 86, Tafel XV)

Der Nucl. vestibularis superior ist ein großes Kerngebiet, das in Höhe des caudalen Drittels des Locus caeruleus beginnt und in Höhe des Colliculus facialis von den Nucl. vestibulares medialis und lateralis ersetzt wird. Der rostrale Anteil des Kerns grenzt

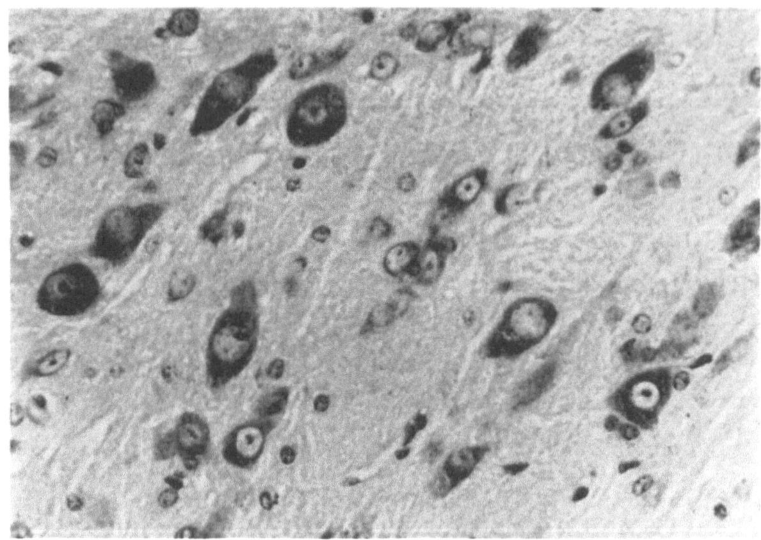

Abb. 86. Nucleus vestibularis superior

dorsal an das Brachium conjunctivum, laterodorsal an das Corpus restiforme, lateroventral an den Nucl. tractus spinalis nervi trigemini, ventral an die Formatio reticularis, mediodorsal an den Locus caeruleus und medioventral an den Nucl. tegmenti dorsalis. Weiter caudal bilden das Brachium conjunctivum die dorsale, das Corpus restiforme die laterale, der rostrale Ausläufer des Nucl. vestibularis lateralis die ventrale und der Nucl. vestibularis medialis die mediale Begrenzung.

Der Nucl. vestibularis superior besteht aus ovalen, 24:18 μ großen Nervenzellen von bipolarem Typ, deren breiter Cytoplasmasaum sich mit Kresylviolett mittelmäßig anfärbt. Der Zellkern ist chromatinarm und besitzt einen großen zentralen Nucleolus. Die Nervenzellen liegen locker und sind mit ihrer Achse in latero-medialer Richtung orientiert. Eingestreut finden sich kleinere ovale, 10:12 μ große Nervenzellen, die Gruppen bilden. Ihr Plasmasaum stellt sich im Nissl-Bild heller dar als der der großen Nervenzellen. Zwischen den Nervenzellen liegen zahlreiche Makro-, nur vereinzelt aber Oligodendro- und Mikrogliazellen.

Nucleus vestibularis medialis (Vest m): (Abb. 87, Tafel XV, XVI, XVII)

Der Nucl. vestibularis medialis (principalis) ist eine langgestreckte Nervenzellgruppe, die vom rostralen Beginn des Colliculus facialis bis in das Niveau der caudalen Rautengrube (Ala cinerea) reicht. In seinem rostralen Anteil wird er dorsal vom Ependym des IV. Ventrikels, lateral vom Nucl. vestibularis superior, ventral von der Formatio reticularis und medial vom Nucl. tegmenti dorsalis begrenzt. In caudaler Richtung nimmt er an Größe zu und beginnt dann den Boden des IV. Ventrikels vorzuwölben. Seine Begrenzungen sind dann dorsomedial der IV. Ventrikel, dorsolateral der Nucl. fastigii des Kleinhirns, lateral und ventral der Nucl. vestibularis lateralis. Medial nähert er sich nach Verschwinden des Nucl. tegmenti dorsalis dem Facialisknie und dem Nucl. eminentiae medianae. In seinem caudalen Drittel besitzt er teilweise wieder andere Lagebeziehungen: die dorsale Begrenzung ist nach wie vor das Ventrikelependym, lateral stößt er an den Nucl. vestibularis spinalis, ventral an die Formatio reticularis und medial an den Nucl.

eminentiae medianae, den er mit seinem medialen Anteil umfaßt, sodaß der Nucl. eminentiae medianae wie in den Nucl. vestibularis medialis eingeschoben erscheint.

Der Nucl. vestibularis medialis (principalis) besteht aus 14 μ großen Nervenzellen, die im mediorostralen Kernbereich kleiner sind und lockerer liegen; im lateralen und besonders im caudalen Bereich besitzt der Kern jedoch größere und dichter liegende Nervenzellen. Die kleinen Zellen zeigen einen sehr schmalen hellen Plasmasaum mit zum Teil gut sichtbaren Fortsätzen. Dazwischen finden sich hauptsächlich Makro-, seltener Oligodendrogliazellen. In den lateralen und besonders den caudalen Abschnitten sind die Zellen 17 : 24 μ groß und zeigen deutlich färbbare Plasmasäume. Die Nisslsubstanz ist feinschollig. Die Nervenzellen liegen sehr dicht, das Gliaelement ist nur sehr spärlich vertreten.

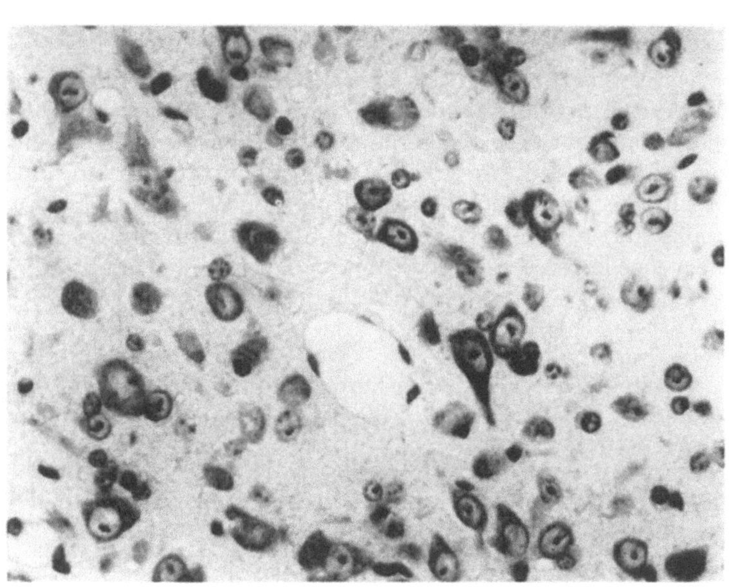
Abb. 87. Nucleus vestibularis medialis

Nucleus vestibularis lateralis (Vest l): (Abb. 88, Tafel XV, XVI)

Der Nucl. vestibularis lateralis ist eine in ihrer rostrocaudalen Ausdehnung eher kleine, im Querschnitt jedoch umfängliche Region, die rostral in der Höhe des Colliculus facialis beginnt und nach caudal bis in die Höhe des Tuberculum acusticum (Nucl. cochlearis dorsalis) reicht. Der Kern fällt durch die lockere Lage seiner Nervenzellen auf und ist nicht scharf gegen die Umgebung abzugrenzen. In seinem rostralen Beginn grenzt er dorsal an den Nucl. vestibularis superior, lateral an die Faserung des VIII. Hirnnerven, ventral an die Formatio reticularis; medial reichen seine Nervenzellen bis in die Nähe des Nucl. tegmenti dorsalis. In caudal geführten Schnitten tritt der Kern medial in Beziehung zum Nucl. vestibularis medialis und dorsal zu den Kleinhirnkernen; dorsolateral grenzt er an das Corpus restiforme, ventrolateral an die Fasern des VIII. Hirnnerven,

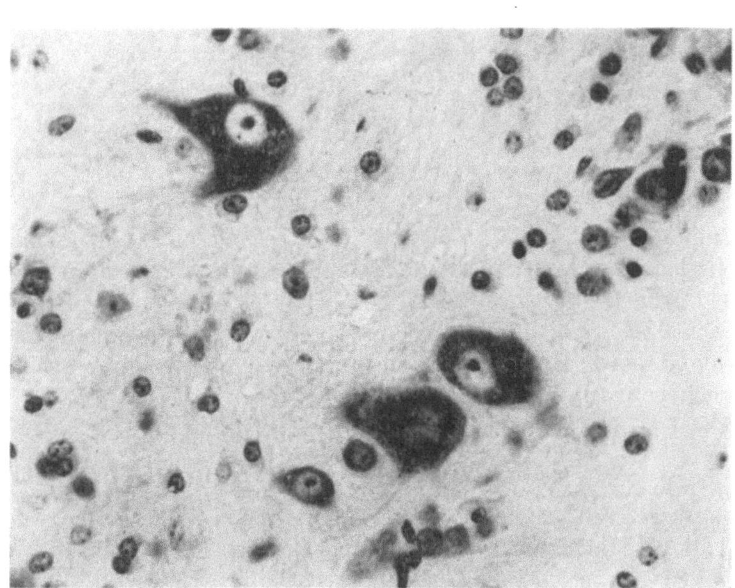
Abb. 88. Nucleus vestibularis lateralis

lateroventral an den motorischen Trigeminuskern und ventromedial und medial an die Formatio reticularis, in der in dieser Höhe das Innere Facialisknie sichtbar wird. In der Höhe des Tuberculum acusticum wird der Nucl. vestibularis lateralis durch den Nucl. vestibularis spinalis ersetzt.

Der Nucl. vestibularis lateralis besteht aus sehr locker liegenden, ca. 24 μ großen Nervenzellen von Pyramidenzellcharakter, deren breiter Plasmasaum sich gut mit Kresylviolett anfärbt. Die Zellkerne sind hell, chromatinarm und besitzen einen sehr großen, zentral liegenden Nucleolus. Die Nisslsubstanz ist körnig bis grobschollig. Neben den beschriebenen großen Nervenzellen liegen vereinzelt kleinere, die nur etwa 12 μ groß sind und schmale, helle Plasmasäume mit feinkörniger Nisslsubstanz besitzen. Zwischen den Nervenzellen sind reichliche Makrogliazellen eingestreut.

Nucleus vestibularis spinalis (Vest sp): (Abb. 89, Tafel XVII)

Der spinale Vestibulariskern beginnt etwas caudal vom Colliculus facialis und begleitet den Nucl. vestibularis medialis an dessen lateraler Seite bis in die Höhe der caudalen Rautengrube, endet aber etwas weiter rostral als der Nucl. vestibularis medialis. In seinem ganzen Verlauf stößt er dorsal an das Ventrikelependym, lateral wird er durch das Corpus restiforme vom Nucl. cochlearis dorsalis getrennt. Ventrolateral grenzt er an den Nucl. tractus spinalis nervi trigemini, ventromedial an die Formatio reticularis, medial liegt der Nucl. vestibularis medialis.

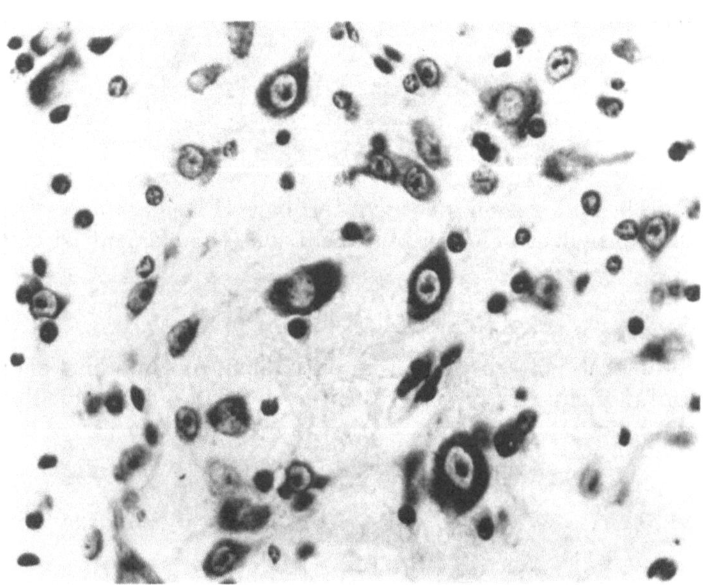

Abb. 89. Nucleus vestibularis spinalis

Der Nucl. vestibularis spinalis besteht aus zwei Arten von Nervenzellen: sehr locker liegenden 9—14 μ bzw. 19 μ großen Zellen, die einen breiten, gut gefärbten Plasmasaum mit fein- bis grobscholliger Nisslsubstanz aufweisen und wie Pyramidenzellen anmuten, und wesentlich kleineren, 9 μ großen Nervenzellen, die ähnliches Aussehen, aber schmälere Plasmasäume besitzen. Diese Zellen scheinen bipolar zu sein. Das Gliaelement ist in Form von Makro- und Oligodendrogliazellen reichlich vertreten. Der Nucl. vestibularis spinalis wird von zahlreichen Faserzügen durchsetzt.

Nucleus cochlearis dorsalis (Cd): (Abb. 90, Tafel XIV, XV, XVI, XVII)

Der Nucl. cochlearis dorsalis entwickelt sich in der Höhe des rostralen Anteiles des Colliculus facialis, dorsal vom Nucl. cochlearis ventralis, und wölbt den Boden der Rautengrube deutlich vor (Tuberculum acusticum). Er wird dorsomedial vom Nucl. vestibularis spinalis und ventromedial vom Corpus restiforme begrenzt. Ventral wird er durch eine Gliaformation vom ventralen Cochleariskern getrennt.

Der Nucl. cochlearis dorsalis besteht aus 9—14 μ großen, locker liegenden Nervenzellen, die zum Teil einen breiten, gut färbbaren, zum Teil aber einen sehr schmalen, hellen

Plasmasaum besitzen. Die Zellen sind bi- bis multipolar. Die Nisslsubstanz läßt sich nur bei den Zellen mit breitem Plasmasaum beurteilen und ist bei diesen kleinschollig. Zwischen den Nervenzellen liegen viele Makrogliazellen eingestreut. Da die Glia im dorsolateralen

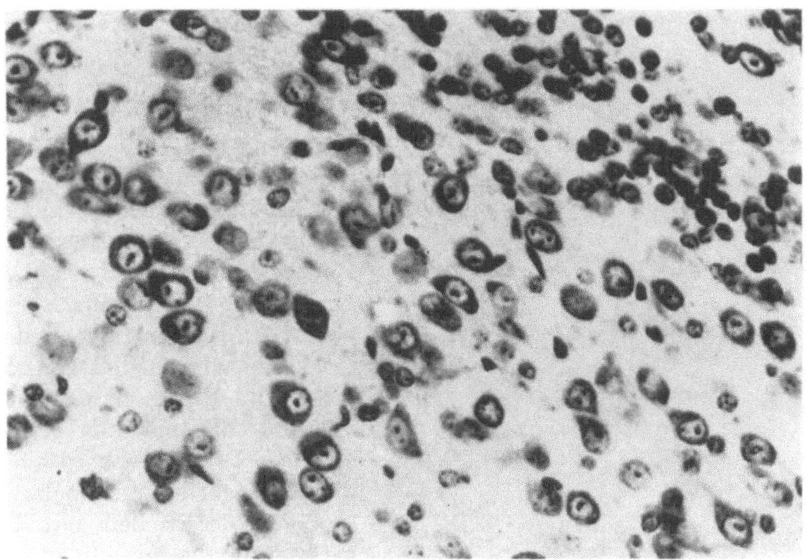

Abb. 90. Nucleus cochlearis dorsalis

Bereiche einen dichten Streifen bildet, erhält der ganze Kern ein charakteristisches Aussehen.

Nucleus cochlearis ventralis (Cv): (Abb. 91, Tafel XIII, XIV, XV, XVI)

Der Nucl. cochlearis ventralis beginnt unmittelbar caudal vom Colliculus inferior und endet etwas caudal vom Colliculus facialis. Der Kern ist als laterale Vorwölbung des

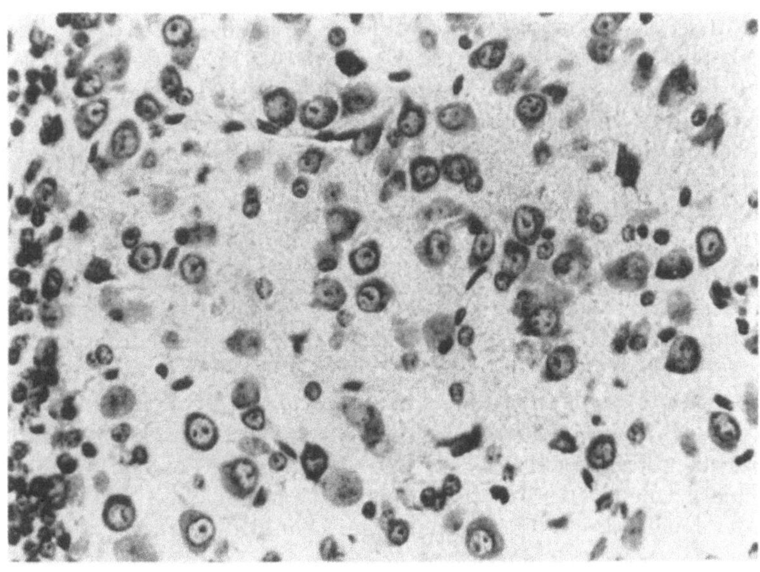

Abb. 91. Nucleus cochlearis ventralis

Hirnstammes auch makroskopisch erkennbar. Er wird medial von den Fasern des Lemniscus lateralis begrenzt. Weiter caudal, ungefähr in Höhe des Inneren Facialis-Knies tritt der Nucl. cochlearis dorsalis an seine dorsale Seite.

Der Kern besteht aus 12—15 μ großen, dicht gelagerten, uniformen, längsovalen Nervenzellen, deren Kern häufig exzentrisch im ovalen, gut sichtbaren Cytoplasma liegt. Der Plasmasaum färbt sich mit Kresylviolett wenig an und besitzt feinkörnige Nisslsubstanz. Zwischen den Nervenzellen liegen überwiegend Makrogliazellen. Dorsolateral wird der Nucl. cochlearis ventralis von einem dichten Makrogliasaum umgeben, der ihn dorsal scharf gegen den Nucl. cochlearis dorsalis abgrenzt.

Nucleus nervi abducentis (N VI): (Abb. 92, Tafel XVI)

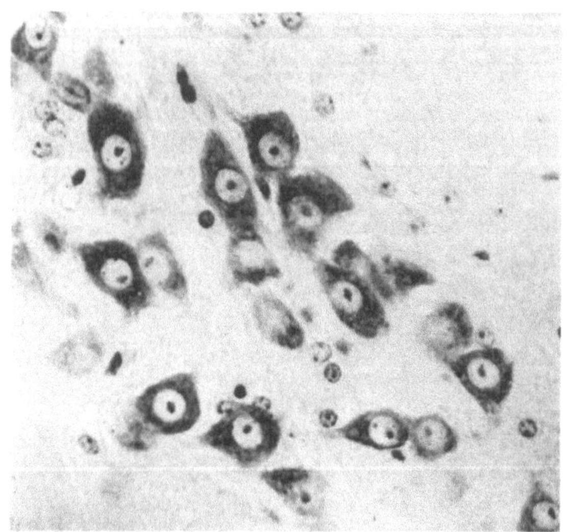

Abb. 92. Nucleus nervi abducentis

Der Abducenskern ist bei der Maus nur ein kleiner motorischer Ursprungskern und liegt im Bereich des Colliculus facialis in der Höhe des mittleren Drittels der Rautengrube. Er wird dorsal vom Inneren Knie des Nervus facialis, lateral ebenfalls vom Facialis, ventral von der Formatio reticularis und medial von den Nervenzellen der Raphe bzw. vom Fasciculus longitudinalis medialis begrenzt.

Der Abducenskern besteht aus dicht gelagerten multipolaren ca. 21 μ großen Nervenzellen mit breiten, gut gefärbten Plasmasäumen. Die Nisslsubstanz ist grobschollig, teilweise auch streifig. Zwischen den Nervenzellen liegen nur sehr spärliche Makro- und Oligodendrogliazellen.

Nucleus originis nervi facialis (N VII): (Abb. 93, Tafel XVI, XVII, XVIII)

Der Nucleus originis nervi facialis ist ein gut sichtbarer und im Querschnitt charakteristisch gefalteter Kern mit nur geringer rostrocaudaler Ausdehnung. Er reicht von dem Bereich, in dem sich die Pyramidenfasern zur Pyramide vereinigen, bis zum Beginn der Unteren Olive (diese Höhe entspricht dorsal dem caudalen Drittel der Rautengrube) und liegt in der ventralen Formatio reticularis. Er grenzt lateral an den Nucl. tractus spinalis nervi trigemini und medial an die Pyramide; ventral ist der Kern durch eine schmale Nerven- und Gliazellzone von der ventralen Hirnoberfläche abgetrennt.

Der Facialiskern besteht aus 14—20 μ großen, dicht liegenden multipolaren Nervenzellen, deren Cytoplasma mit grobscholliger Nisslsubstanz erfüllt ist. Die Zellen sind sehr dicht gelagert, zwischen ihnen finden sich wenige Mikrogliazellen.

Nucleus originis alae cinereae (Oac): (Abb. 94, Tafel XVIII, XIX)

Der Nucl. originis alae cinereae ist ein kleines Kerngebiet, das unter dem Ependym der caudalen Rautengrube liegt und caudal bis in die Höhe der Hinterstrangkerne reicht. In seinem rostralen Bereich stößt er dorsal an das Ependym des IV. Ventrikels, mit einem kleinen Abschnitt an die Area postrema, im caudalen Bereich an den Nucl. terminalis alae cinereae, der sich bei Verfolgung der Schnittserie nach caudal zu von lateral immer mehr an die dorsale Seite schiebt. Die ventrale Begrenzung des Kernes bilden lateral die Formatio reticularis, medial der Nucl. originis nervi hypoglossi. An der lateralen Grenze liegen rostral der Nucl. terminalis alae cinereae, caudal die Formatio reticularis. Medial kommt der Kern dem Zentralkanal nahe.

Der Nucl. originis alae cinereae besteht aus 12:22 μ großen, bipolaren, dicht gelagerten Nervenzellen, deren Achse im rostralen Kernabschnitt von mediodorsal nach lateroventral zieht. Der breite Plasmasaum zeigt bei Kresylviolettfärbung undeutliche körnige bis grobschollige Nisslsubstanz, die sich jedoch nicht gut anfärbt. Zwischen den dicht gedrängten Nervenzellen liegen nur ganz wenige Gliazellen.

Nucleus terminalis alae cinereae (Tac): (Abb. 94, Tafel XVIII, XIX)

Der Kern entspricht in seiner Ausdehnung und seinem Beginn dem obengenannten motorischen Kern. Im Querschnitt ist er größer als dieser und liegt im rostralen Bereich

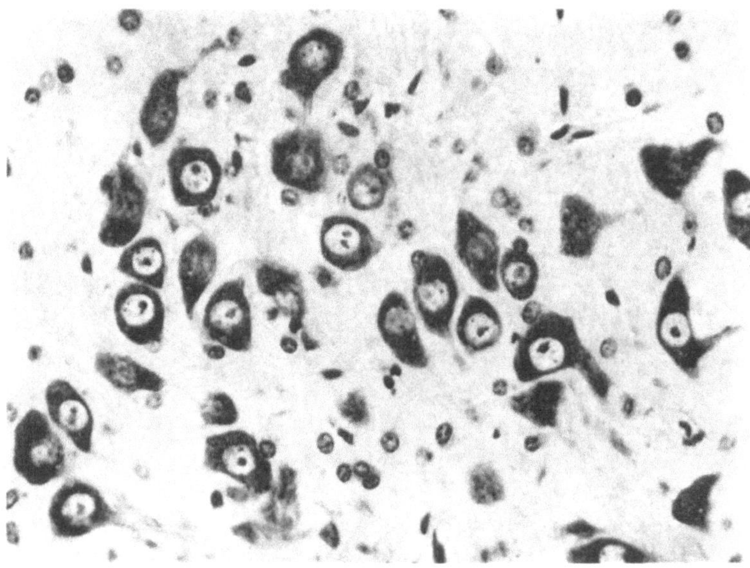

Abb. 93. Nucleus originis nervi facialis

dorsolateral vom Nucl. originis, im caudalen Abschnitt rein dorsal von diesem. Der Nucl. terminalis alae cinereae stößt dorsal an das Ependym der caudalen Rautengrube, lateral

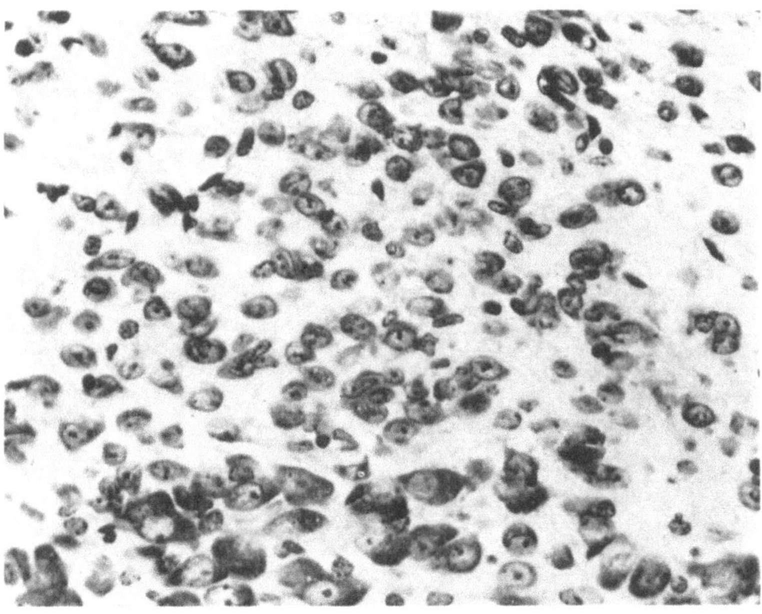

Abb. 94. Nucleus originis alae cinereae (unterer Bildabschnitt), Nucleus terminalis alae cinereae (oberer Bildabschnitt)

lassen sich seine Nervenzellen nur schwer von den locker liegenden des Nucl. tractus solitarii abgrenzen. Ventral grenzt der Kern mit seinen rostralen Anteilen an die Formatio reticularis, mit seinen caudalen an den Nucl. originis alae cinereae.

Der Nucl. terminalis alae cinereae besteht aus sehr dicht liegenden, 9—12 μ großen Nervenzellen, deren helle, gut konturierte Kerne von einem schmalen, hellen Cytoplasmasaum mit diffus verteilter Nisslsubstanz umgeben sind. Zwischen den Nervenzellen liegen nur wenige Makrogliazellen.

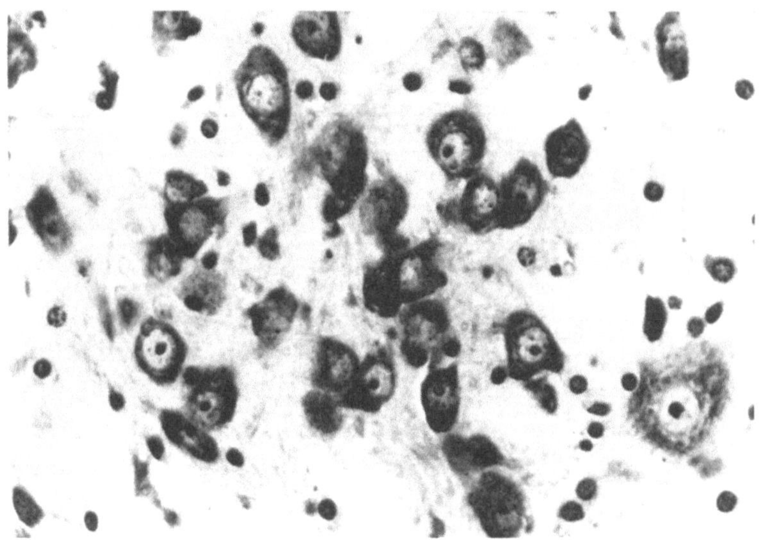

Abb. 95. Nucleus ambiguus

Nucleus ambiguus (Amb): (Abb. 95, Tafel XIX)

Der Nucl. ambiguus ist eine inmitten der Formatio reticularis liegende umschriebene Nervenzellanhäufung, die in rostrocaudaler Ausdehnung von der Höhe des caudalen Endes des Facialiskernes bis in die Höhe des Beginnes der Unteren Olive reicht.

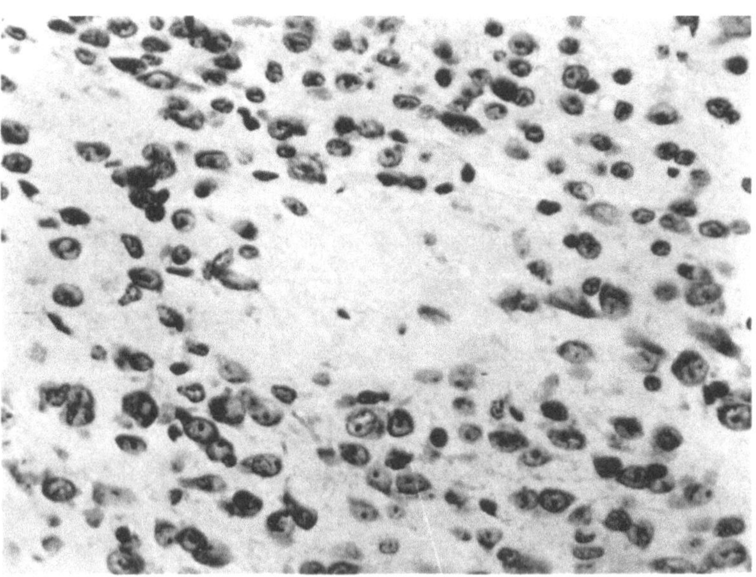

Abb. 96. Nucleus tractus solitarii

Der Nucl. ambiguus besteht aus dicht liegenden, 12—21 μ großen, multipolaren Nervenzellen. Die chromatinarmen Zellkerne zeigen einen deutlichen zentral liegenden Nucleolus und werden von einem breiten, mit Kresylviolett gut färbbaren Plasmasaum umgeben. Die Nisslsubstanz ist körnig und bisweilen schollig. Zwischen den Nervenzellen liegen nur wenige Makro- und Oligodendrogliazellen.

Nucleus tractus solitarii (Ns): (Abb. 96, Tafel XVIII, XIX, XX)

Der Nucl. tractus solitarii ist ein kleiner Kern, der den Tractus solitarius umgibt und in seiner rostrocaudalen Ausdehnung den vorhin beschriebenen Nucl. originis und terminalis alae cinereae entspricht. Er beginnt rostral in der Höhe der Area postrema und wird dabei dorsal vom Ependym der Rautengrube, lateral und ventral von der Formatio reticularis (in einem ganz kleinen, in den Tafeln nicht wiedergegebenen Bereich lateral auch vom Nucl. magnocellularis fasciculi dorsalis *Monakow*) und medial vom Nucl. terminalis alae cinereae begrenzt. Mit seinen caudalen Abschnitten stößt er dorsal und lateral an die Hinterstrangkerne, ventrolateral an die Formatio reticularis und ventromedial an den Nucl. terminalis alae cinereae.

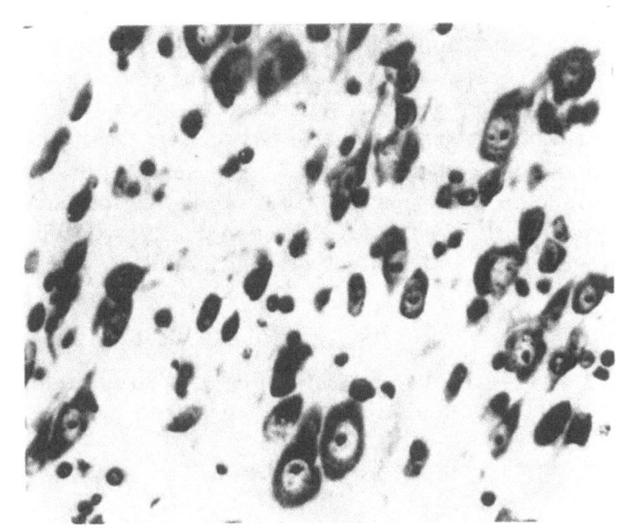

Abb. 97. Nucleus praehypoglossus

Der Nucl. tractus solitarii besteht aus 9—12 μ großen, im rostralen Kernbereich locker, im caudalen dichter liegenden Nervenzellen, die einen chromatinreichen Kern mit einem schmalen, hellen Plasmasaum besitzen. Die Nisslsubstanz läßt sich nicht beurteilen. Zwischen den Nervenzellen liegen reichliche Makro- und weniger zahlreiche Oligodendrogliazellen.

Nucleus praehypoglossus (Ph): (Abb. 97, Tafel XVIII)

Der Nucl. praehypoglossus beginnt paramedian im caudalen Drittel der Rautengrube und schließt damit direkt caudal an den Nucl. eminentiae medianae an. Er besteht aus 12—18 μ großen, schütter liegenden multipolaren Nervenzellen mit einem breiten, gut färbbaren Plasmasaum. Die großen hellen Zellkerne besitzen als Charakteristikum neben dem Nucleolus häufig ein deutlich sichtbares Chromatinkorn. Die Nisslsubstanz ist körnig bis schollig. Zwischen den Nervenzellen liegen reichliche Makro- und Oligodendrogliazellen.

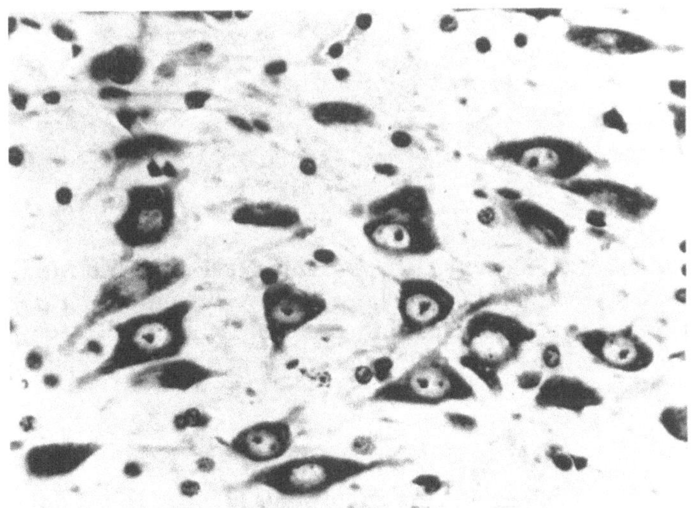

Abb. 98. Nucleus originis nervi hypoglossi

Nucleus originis nervi hypoglossi (N XII): (Abb. 98, Tafel XIX, XX)

Der Hypoglossuskern beginnt in der Höhe des Überganges des IV. Ventrikels in den Zentralkanal und liegt damit in unmittelbarer Nachbarschaft der Area postrema. Gegen den Nucl. praepositus nervi hypoglossi (Nucl. praehypoglossus) läßt sich rostral keine scharfe Grenze ziehen. Nach caudal läßt sich der Kern bis in das Gebiet der Decussatio pyramidum verfolgen. In seiner rostrocaudalen Ausdehnung zeigt der Kern ein unterschiedlich gestaltetes Querschnittsbild und gewinnt seine größte Ausdehnung in der Medulla oblongata unmittelbar rostral von der Decussatio pyramidum. Er grenzt dorsal an den Nucl. originis alae cinereae, lateral an die Formatio reticularis, ventral in seinem rostralen Abschnitt an den Roller'schen Kern und in seinem caudalen an die Formatio reticularis. Medial werden die Kerne beider Seiten durch eine zellarme Schicht, die auch den Zentralkanal umgibt, voneinander getrennt.

Der Kern besteht aus 14 : 24 μ großen, ovalen und mit ihrer Längsachse mediolateral gerichteten Nervenzellen, die locker liegen, stellenweise aber auch durch eine dorsal oder ventral dichtere Gruppierung Unterkerne unterscheiden lassen. Die Nervenzellen zeigen ein multipolares Aussehen und besitzen einen breiten gut färbbaren Plasmasaum. Die Nisslsubstanz ist grobschollig bis streifig. Der Zellkern weist einen großen zentralen Nucleolus auf. Zwischen den Nervenzellen liegen besonders reichliche Oligodendrogliazellen und weniger zahlreiche Makro- und Mikrogliazellen.

Nucleus Roller (Ro): (Abb. 99, Tafel XIX, XX)

Der Nucl. *Roller* ist ein kleiner, nur unscharf begrenzter Kern, der caudal vom rostralen Ende des Hypoglossuskernes beginnt und weiter rostral als jener Kern endigt. Er grenzt dorsal an den Hypoglossuskern, lateral, ventral und medial an die Formatio reticularis.

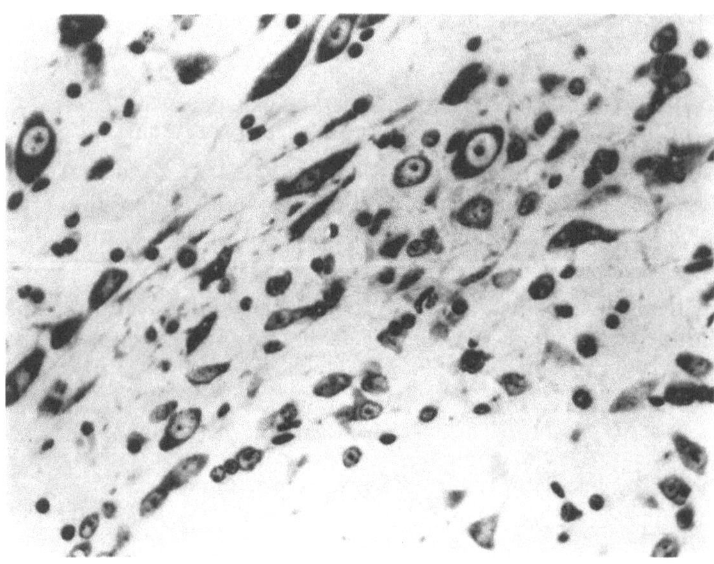

Abb. 99. Nucleus Roller

Die Nervenzellen des Kernes sind regellos angeordnet, teils oval, teils rund und horizontal orientiert. Die ovalen Nervenzellen von deutlich multi- und bipolarem Bau sind 19 : 10 μ groß und besitzen breitere Plasmakappen an den Polen. Der Plasmasaum ist in der Nissl-Färbung zwar gut sichtbar, aber heller gefärbt als der der Zellen des Hypoglossuskernes. Die Zellkerne sind mäßig chromatinreich und besitzen einen großen zentralen Nucleolus. Die runden Nervenzellen messen ca. 10 μ im Durchmesser und sind makrogliazellähnlich. Der schmale Cytoplasmasaum ist mit Kresylviolett nur sehr schwach färbbar. Die Zellkerne entsprechen in ihrem Aussehen jenen der ovalen Nervenzellen. Zwischen den Nervenzellen liegen vor allem Makro- und Oligodendrogliazellen.

Nucleus commissuralis (Ncom): (Tafel XX, XXI)

Der Nucl. commissuralis beginnt in einer Höhe, die etwas rostral von der Decussatio pyramidum liegt und verbindet in diesem Bereich die Nucl. terminales alae cinereae beider Seiten. Er grenzt dorsal an die Hinterstränge und wird ventral durch eine Gliazone vom Zentralkanal getrennt. Der Kern gewinnt in Höhe der Decussatio pyramidum seine größte

Ausdehnung und geht dann im Rückenmark in das den Zentralkanal umgebende Griseum über.

Der Nucl. commissuralis besteht aus sehr wenigen, ovalen, 7:16 μ messenden Nervenzellen, die horizontal orientiert sind. Der Plasmasaum ist in der Nisslfärbung hell gefärbt, die Nisslsubstanz feinkörnig, die Zellkerne sind wenig konturiert. Zwischen den Nervenzellen liegen einige Gliazellen.

Nucleus corporis trapezoidis (Nctr): (Abb. 100, Tafel XIII, XIV)

Der Nucl. corporis trapezoidis ist in die, die Mittellinie kreuzenden Faserzüge des Trapezkörpers eingelagert und reicht in rostrocaudaler Richtung von der Höhe des

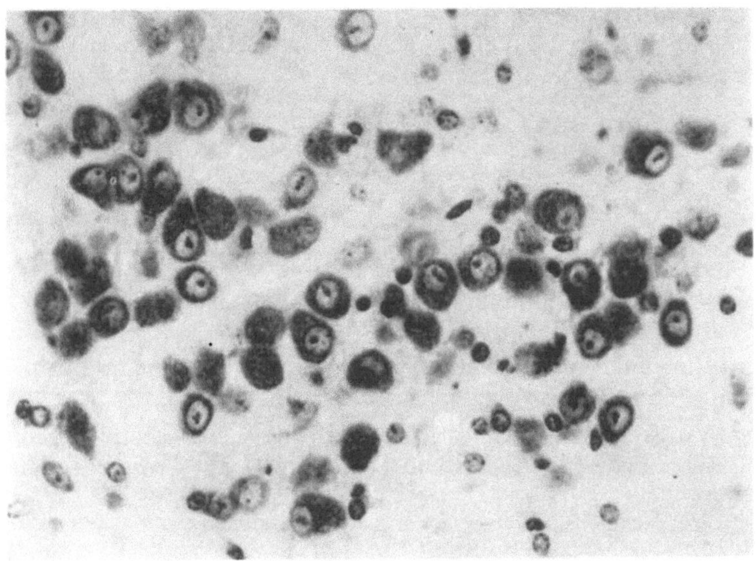

Abb. 100. Nucleus corporis trapezoidis

vorderen Drittels der Rautengrube bis in den Bereich des caudalen Brückenendes. Er wird dorsal von der Formatio reticularis bzw. ganz rostral vom Nucl. pterygoideus, einem der Formatio reticularis zuzuordnenden Zellgebiet, begrenzt. Die laterale Begrenzung bilden rostral der Nucl. lemnisci lateralis ventralis, caudal die Obere Olive; die ventrale Begrenzung ist durch die Fasern des Tractus corticospinalis und die Fibrae pontis gegeben. In der Medianen werden die Kerne beider Seiten durch die Fasern des Corpus trapezoides verbunden.

Der Nucl. corporis trapezoidis besteht aus dicht liegenden, morphologisch einheitlich gebauten, durchschnittlich 12 μ großen, runden bis ovalen Nervenzellen, die durch Fasern in einzelne Gruppen geteilt sind. Sie besitzen einen hellen, meist exzentrisch liegenden Kern und ein breites, gut färbbares Cytoplasma mit fein- bis grobscholliger Nisslsubstanz. Zwischen die Nervenzellen sind Makro- und Oligodendrogliazellen eingestreut.

Nucleus fasciculi lateralis (Fl): (Abb. 101, Tafel XX, XXI)

Der Nucl. fasciculi lateralis liegt im ventrolateralen Bereich der Formatio reticularis und beginnt rostral im Bereich des mittleren Drittels der Olive. Er reicht nach caudal bis in die Höhe der Decussatio pyramidum. Seine Begrenzungen sind dorsal die Formatio reticularis, lateral der Nucl. tractus spinalis nervi trigemini, ventral und medial die Untere Olive.

Der Kern besteht aus 17—21 μ großen, multipolaren, unterschiedlich dicht liegenden Nervenzellen. Der breite Cytoplasmasaum dieser Zellen stellt sich mit Kresylviolett gut dar. Die Nisslsubstanz, die das Cytoplasma fast zur Gänze ausfüllt, ist häufig schollig und in unmittelbarer Kernumgebung vermehrt. Zwischen den Nervenzellen liegen Makro- und Oligodendrogliazellen.

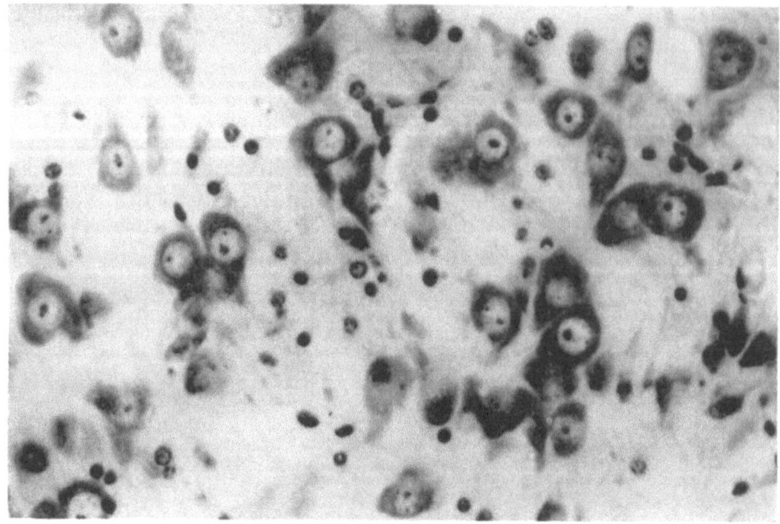

Abb. 101. Nucleus fasciculi lateralis

Hinterstrangkerne (medial: *Nucl. cuneatus* Goll, lateral: *Nucl. gracilis* Burdach) (Nc, Ng): (Abb. 102, Tafel XVIII, XIX, XX)

Die Hinterstrangkerne besitzen zwei Anteile: den ventrolateral liegenden Burdach'schen und den mehr medial liegenden Goll'schen Kern. Ihre rostrocaudale Ausdehnung

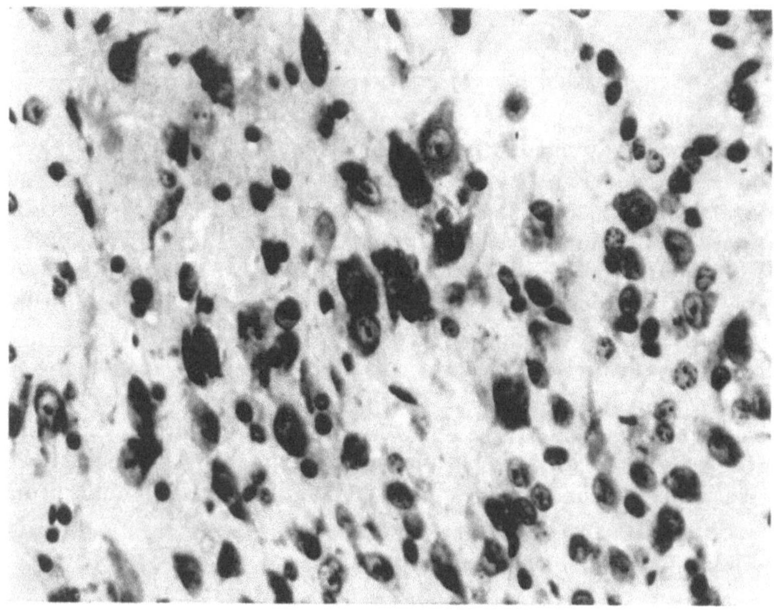

Abb. 102. Hinterstrangkerne

ist nur gering. Die Hinterstrangkerne beginnen rostral in der Höhe der caudalen Rautengrube und reichen mit ihren Ausläufern caudal bis in den Bereich des Nucl. commissuralis, ihr caudales Ende liegt also, nach ventral projiziert, rostral von der Decussatio pyramidum. Dorsal und lateral liegt dieses Kerngebiet teilweise auch direkt an der Oberfläche des

Rhombencephalon. Ventral grenzt es an die Formatio reticularis und medial an den Tractus solitarius.

Histologisch bestehen beide Anteile aus locker liegenden multipolaren, 9—12 μ großen Nervenzellen. Der helle Zellkern wird von einem Cytoplasmasaum umgeben, der sich gut mit Kresylviolett anfärbt und eine feinkörnige Nisslsubstanz besitzt. Zwischen den Nervenzellen liegen reichliche Makro- und Oligodendrogliazellen.

Nucleus magnocellularis centralis (Mc): (Abb. 103, Tafel XV)

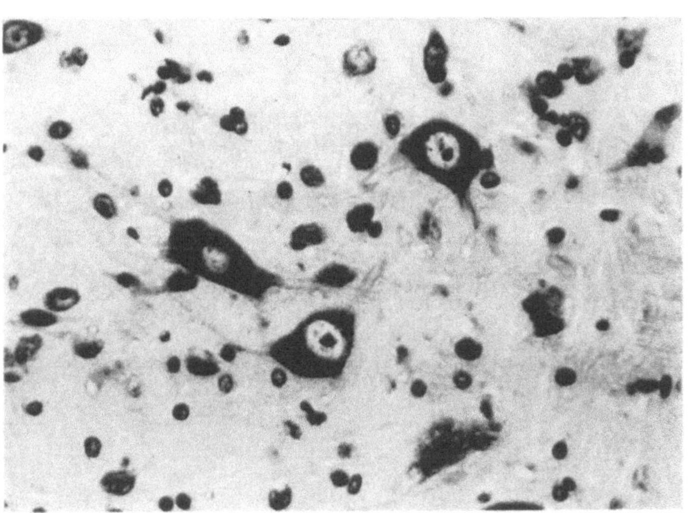

Abb. 103. Nucleus magnocellularis centralis

In die Formatio reticularis sind vor allem caudal im Bereich der Rautengrube schütter Nervenzellen eingestreut, die bereits bei schwacher Vergrößerung durch ihre Größe auffallen. Sie bilden nie dichtere Zellanhäufungen oder gar einen umschriebenen Kern.

Die Nervenzellen sind ca. 24 μ groß, multipolar und weisen in der Nisslfärbung deutlich sichtbare Fortsätze auf. Die großen hellen Kerne sind von breiten, gut sichtbaren Plasmasäumen umgeben. Die Nisslsubstanz ist grobschollig.

Nucleus magnocellularis fasciculi dorsalis Monakow (Abb. 104)

Der Nucl. magnocellularis fasciculi dorsalis ist ein kleines Nervenzellareal, das nach dem Verschwinden des spinalen Trigeminuskernes die dorsolaterale Medullaoberfläche vorwölbt. Er beginnt etwas rostral vom Übergang des IV. Ventrikels in den Zentralkanal und grenzt ventrolateral an den Tractus spinalis nervi trigemini, ventromedial an den Nucl. tractus spinalis nervi trigemini und medial an den Nucl. tractus solitarii. Der Kern endigt in derselben Höhe, in der die Area postrema beginnt.

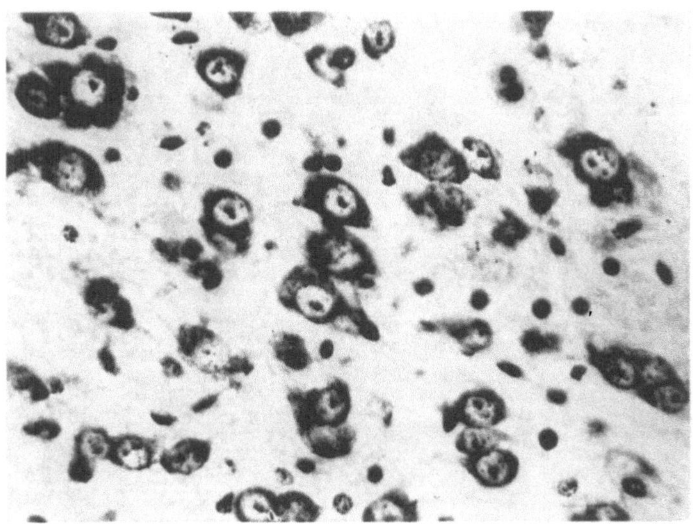

Abb. 104. Nucleus magnocellularis fasciculi dorsalis Monakow

Der Nucl. magnocellularis besteht aus runden bis ovalen Nervenzellen mit Abmessungen von ca. 14 : 21 μ. Die Zellkerne sind hell und blasig und besitzen einen großen, meist exzentrisch liegenden Nucleolus. Der Cytoplasmasaum läßt sich mit Kresylviolett gut darstellen, die Nisslsubstanz ist feinkörnig. Zwischen den locker gelagerten Nervenzellen liegen zahlreiche Makro-, Mikro- und Oligodendrogliazellen.

Nucleus olivaris superior (Osup): (Abb. 105, Tafel XIV)

Die Obere Olive nimmt bei der Maus in Höhe des Trapezkörpers ein undeutliches, im Querschnitt nur angedeutet gefaltetes Areal ein, dessen Nervenzellen ziemlich regellos verstreut liegen. Die dorsale Begrenzung bildet die Formatio reticularis. Rostral liegen lateral die caudalen Ausläufer des Lemniscus lateralis mit dem Nucl. lemnisci lateralis ventralis; in weiter caudal geführten Schnitten tritt an die Stelle des Nucl. lemnisci lateralis ventralis als laterale und ventrale Begrenzung die Trapezkörperfaserung. Medial stößt die Obere Olive ebenfalls in ganzer Ausdehnung an den Trapezkörper.

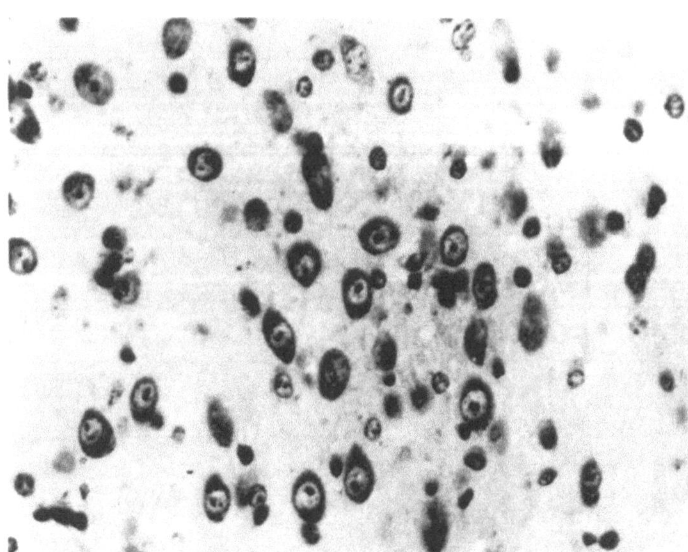

Abb. 105. Nucleus olivaris superior

Die Nervenzellen sind 9–19 μ groß und bipolar. Der gut färbbare Plasmasaum verbreitert sich etwas an den Polen. Die Nisslsubstanz ist feinkörnig. In den Randgebieten, weniger aber im Kern selbst, liegen zahlreiche Makrogliazellen. Nur ganz selten zeigt der Kern, wie oben erwähnt, im Querschnitt infolge einer Zellreihenbildung eine Faltenstruktur.

Nucleus olivaris inferior (Oinf): (Abb. 106, Tafel XIX, XX, XXI)

Der Kern beginnt in der Höhe des Calamus scriptorius und reicht nach caudal bis

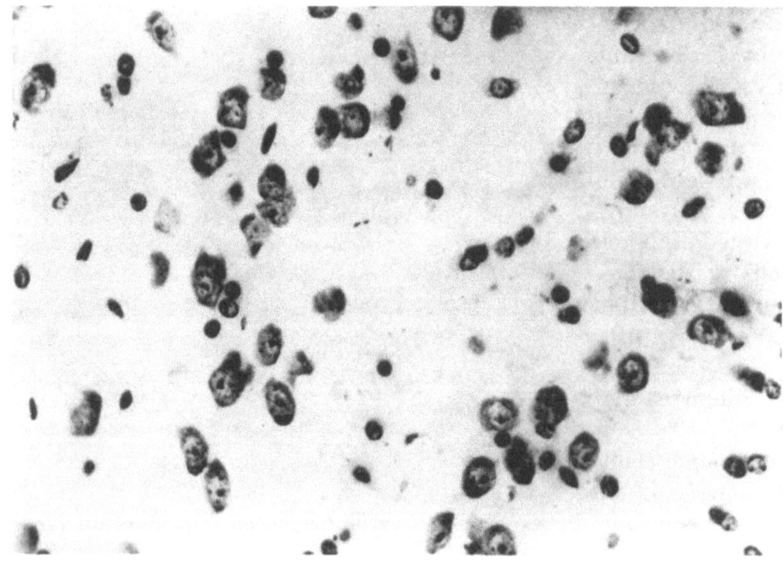

Abb. 106. Nucleus olivaris inferior

in die Gegend der Decussatio pyramidum; er besitzt daher nur eine mäßige rostrocaudale Ausdehnung. Er wird dorsal und lateral von der Formatio reticularis und ventral von der Pyramis begrenzt. Medial trifft der Kern in der Medianen auf den kontralateralen Kern. Caudal wird er dorsal vom Lemniscus medialis umsäumt. Der gesamte Kernkomplex läßt sich, allerdings unscharf, in eine Hauptolive, eine mediale Nebenolive und eine dorsale Nebenolive gliedern.

Der Nucl. olivaris inferior besteht aus 12 μ großen Nervenzellen, deren chromatinreiche Kerne von einem im Nisslpräparat dunkel gefärbten Cytoplasma umgeben sind. Die Nisslsubstanz ist feinkörnig. Die Zellen haben in allen Kernanteilen das gleiche Aussehen und sind zu Gruppen gelagert. Zwischen den Nervenzellen liegen reichliche Makro- und Oligodendrogliazellen.

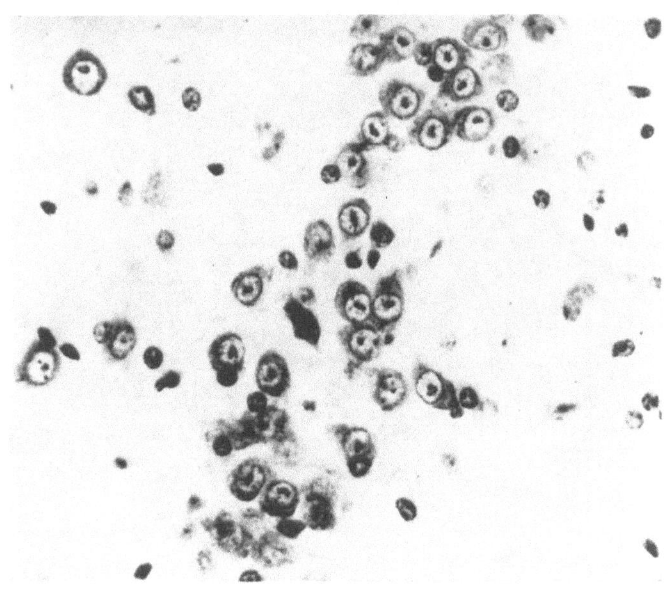

Abb. 107. Pararotula

Pararotula (Vorkern der Oberen Olive) (pR): (Abb. 107, Tafel XIII)

Die Pararotula ist ein in allen Ausdehnungen sehr kleines Kerngebiet, das rostral von der Oberen Olive und mediodorsal vom Nucl. lemnisci lateralis ventralis in der Formatio reticularis liegt.

Sie besteht aus 12—14 μ großen, monomorphen Nervenzellen mit mäßig breitem, jedoch deutlich sichtbarem und mittelmäßig färbbarem Cytoplasma. Die Nisslsubstanz ist feinkörnig. Die Zellen liegen sehr dicht und lassen daher nur wenig Platz für Gliazellen.

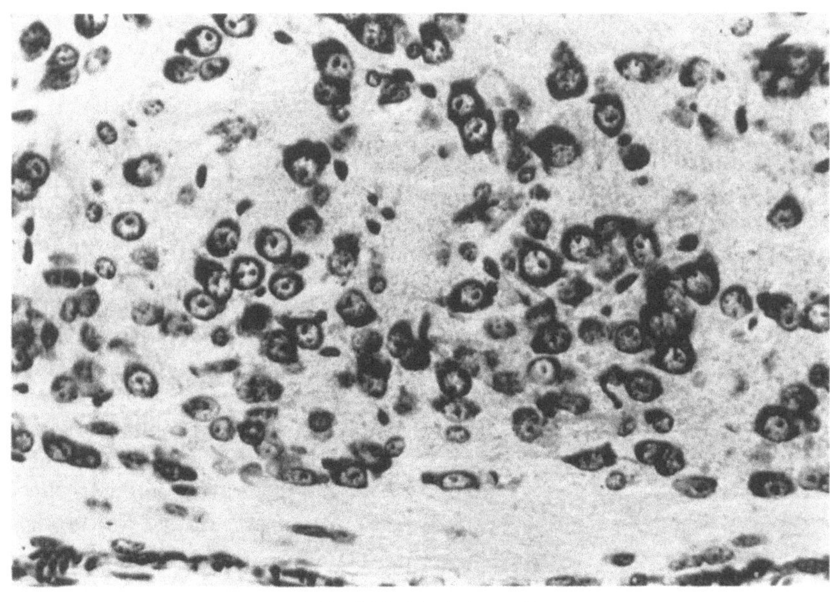

Abb. 108. Nuclei pontis

Nuclei pontis (P): (Abb. 108, Tafel XI, XII)

Die Nuclei pontis sind eine Nervenzellansammlung zwischen den quer verlaufenden Brückenfasern, die besonders gut im caudalen Brückendrittel ausgeprägt ist. Die Begrenzungen bilden dorsal der zu zwei Hauptfaserbündeln vereinigte Tractus corticospinalis, lateral und ventral die Brückenfasern.

Cytologisch besteht das Areal aus 12 μ großen, runden bis ovalen Nervenzellen mit mittelmäßig chromatinhaltigen Kernen. Das Cytoplasma bildet deutlich sicht-

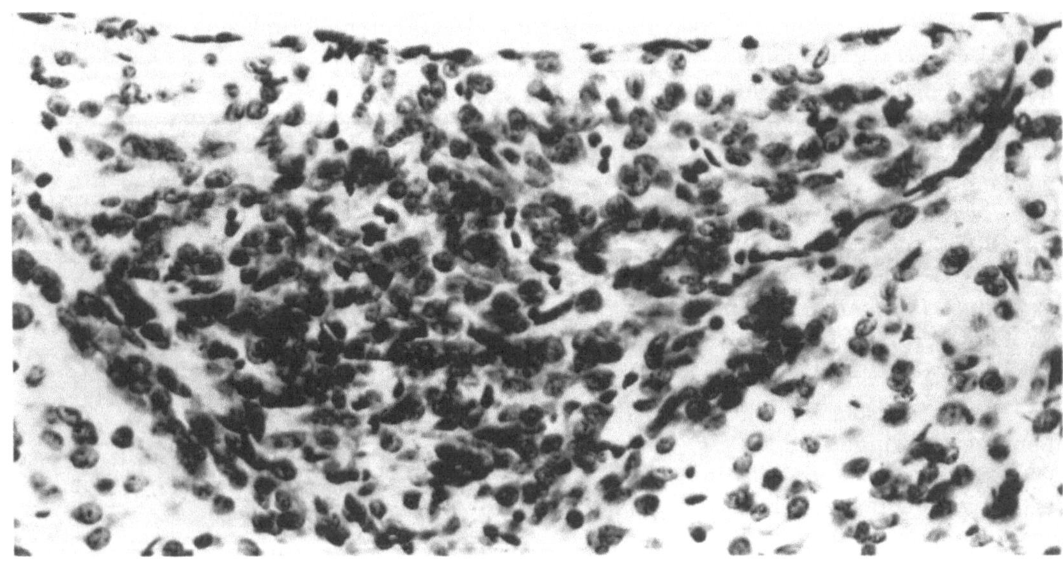

Abb. 109a. Area postrema

bare Säume, die mit Kresylviolett gut gefärbt sind und körnige bis schollige Nisslsubstanz enthalten. Die Anordnung der Zellen ist im rostralen Kernanteil der querverlaufenden Brückenfasern wegen ziemlich dicht, im caudalen Bereich sind die Nervenzellen nur herdförmig dichter gelagert. Dazwischen sind nur spärliche Gliazellen vertreten.

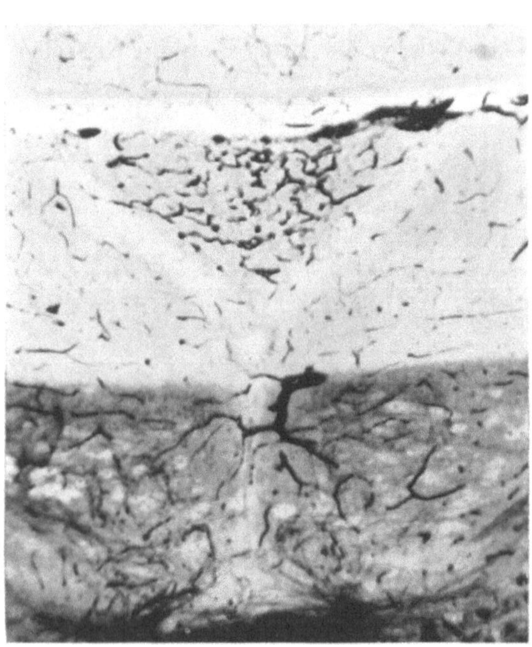

Abb. 109b. Area postrema (Faserfärbung)

Area postrema (Abb. 109)

Die Area postrema liegt in der Höhe des Überganges des IV. Ventrikels in den Zentralkanal und besitzt nur eine geringe rostrocaudale Ausdehnung. Sie beginnt rostral mit zwei Schenkeln, die direkt unter dem Ventrikelependym liegen und sich dann dorsal vom rostralen Zentralkanal zu einem einheitlichen Nervenzellareal vereinigen. Die Area postrema sticht durch die dichte Zellagerung (Abb. 109a) und durch die reichliche Vaskularisation (Abb. 109b) deutlich von der Umgebung ab. Sie grenzt dorsal an das Ependym des IV. Ventrikels, lateral an den Nucl. tractus solitarii und den Nucl. terminalis alae cinereae, ventrolateral ebenfalls an den Nucl. terminalis alae cinereae und ventromedial an den Zentralkanal.

Die Area postrema besteht aus dicht gedrängt liegenden Nervenzellen, die häufig Reihen bilden. Die Zellen sind rund mit Durchmesser von ca. 9 μ oder oval mit Abmessungen von 9 : 12 μ und besitzen gut konturierte Zellkerne mit je einem großen, zentral liegenden Nucleolus. Neben den Nucleolen liegen häufig noch 2—3 größere Chromatinkörner. Der Cytoplasmasaum der Nervenzellen ist sehr schmal und in der Kresylviolettfärbung hell. Nur in den Randgebieten des Kernes sind zwischen den Nervenzellen einige Makrogliazellen nachweisbar.

Nucleus pterygoideus (Pte): (Abb. 110, Tafel XI, XII)

Der Nucl. pterygoideus ist ein in der Höhe der Brücke gelegenes Nervenzellareal, das im Horizontalschnitt eine hufeisenförmige Gestalt besitzt. Im Frontalschnitt wird daher rostral zuerst ein kleines, ventral vom Tractus corticospinalis, medial vom Lemniscus medialis und dorsal von der Formatio reticularis liegendes Areal sichtbar, das sich nach caudal schnell vergrößert und sich schließlich in der Medianen mit der analogen Struktur der kontralateralen Seite vereinigt. Der Kern ist offenbar ein besonders differenzierter Anteil der Formatio reticularis, wie sich aus dem Zellbild und aus dem fließenden Übergang in die Formatio reticularis ableiten läßt.

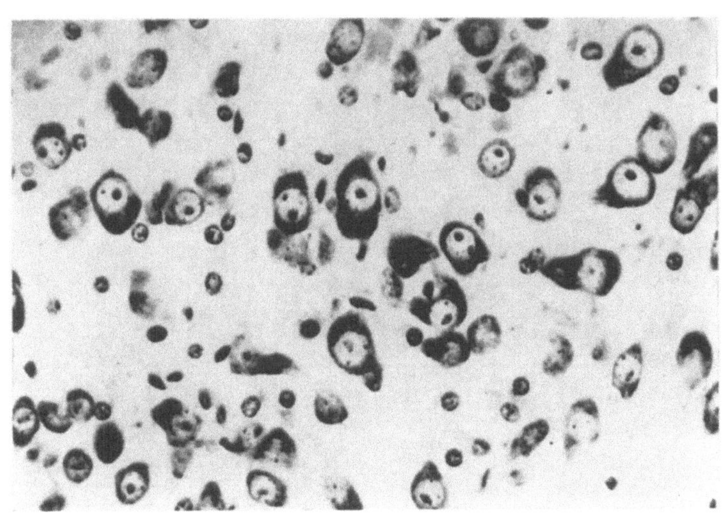

Abb. 110. Nucleus pterygoideus

Die Nervenzellen des Kernes sind 12—19 μ groß, zum Teil pyramidenförmig und liegen locker. Das Cytoplasma bildet häufig an den Zellpolen breitere Säume und beinhaltet nur mäßig intensiv gefärbte, grobschollige Nisslsubstanz. Zwischen den Nervenzellen befinden sich zahlreiche Makro- und Oligodendrogliazellen.

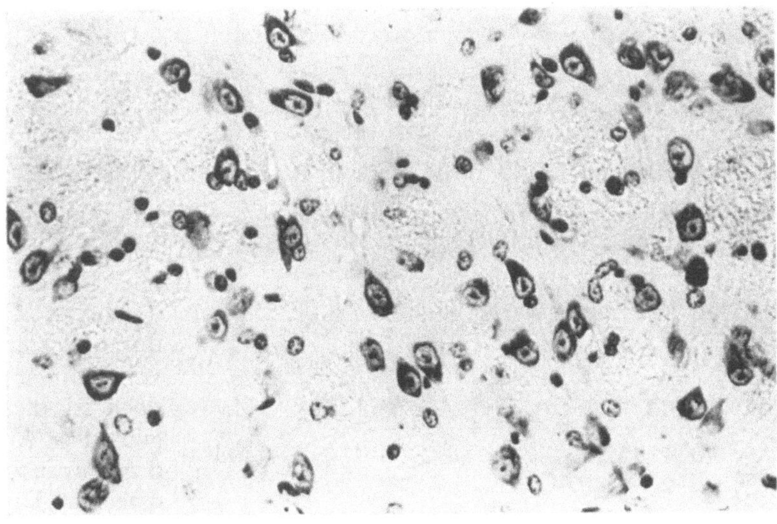

Abb. 111. Globus pallidus

Anhang

Globus pallidus (Pallidum) (Pal): (Abb. 111, Tafel I, II, III)

Der Globus pallidus besitzt die gleiche rostrocaudale Ausdehnung wie das Putamen. Der vom Putamen und Nucl. caudatus lateralis umgebene, ventral vom Nucl. amygdalae und medial von der Capsula interna begrenzte Kern ist vom Putamen cytologisch deutlich zu unterscheiden.

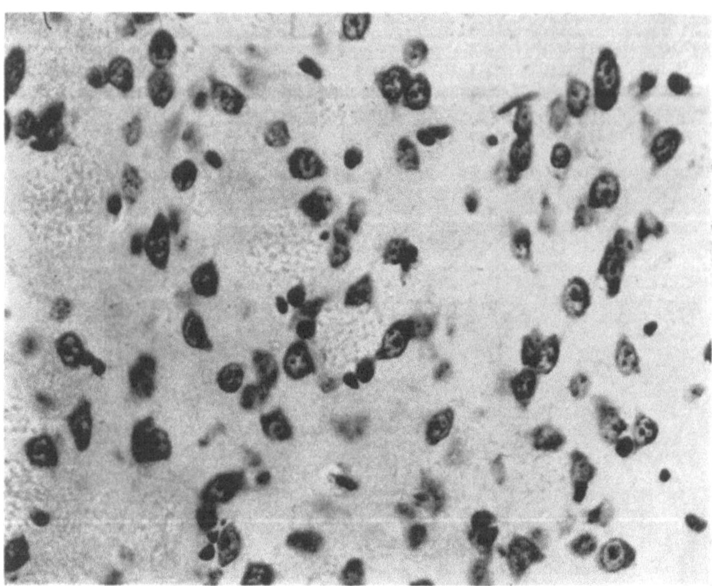

Abb. 112. Putamen

Die locker angeordneten Nervenzellen von Pyramidenzellcharakter sind groß, ungefähr 14 µ im Durchmesser und plasmareich. Ihre Zellkerne sind gut konturiert und besitzen je einen großen zentral liegenden Nucleolus. Der Plasmasaum der einzelnen Zelle ist breit und gut, wenn auch nicht sehr dunkel, mit Kresylviolett färbbar. Die Nisslsubstanz ist teils körnig, teils schollig und häufig in unmittelbarer Nähe der Kernmembran gelagert. Zwischen den Nervenzellen überwiegen die Makrogliazellen.

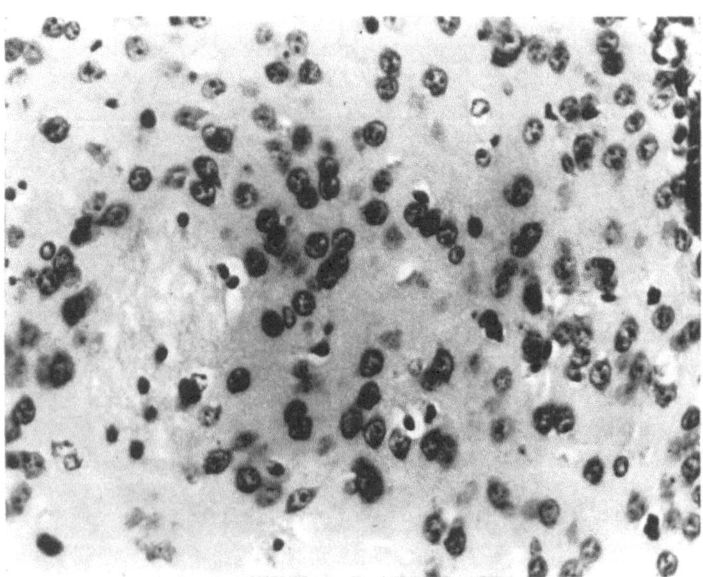

Abb. 113. Nucleus caudatus

Putamen und Nucleus caudatus (Put, Caud): (Abb. 112, 113, Tafel I, II, III)

Putamen und Nucl. caudatus werden zusammen beschrieben, da sie cytologisch identisch sind. Die beiden Strukturen werden auch bei der Maus durch die Capsula interna voneinander getrennt, jedoch ist die Grenze wegen der Aufsplitterung der Capsula interna in einzelne Faserzüge unscharf. Sie umgeben in einem lateral konvexen Bogen den Globus pallidus und werden selbst wieder lateral von der Capsula externa begrenzt. Der dorsale Kernbereich (bes. der Nucl. caudatus) wird von einzelnen Faserzügen der Capsula interna durchzogen. Das caudale Ende der Kerne liegt in der Höhe des Colliculus superior.

Putamen und Nucl. caudatus besitzen isomorphe, 9—11 µ messende Nervenzellen, die rund sind und einen schmalen hellen Plasmasaum zeigen. Die solitären Nucleolen liegen meist exzentrisch. Einige Nervenzellen sind pyramidenzellähnlich. Sehr selten sind größere, plasmareiche, längsovale, 10—20 μ große Zellen eingestreut. Zwischen den Nervenzellen finden sich reichlich Makrogliazellen, während andere Gliazellen weniger häufig zu finden sind.

Nucleus amygdalae (Amy): (Abb. 114, Tafel I, II, III, IV, V, VI, VII, VIII)

Wird der Beginn des Nucl. amygdalae nach medial auf den Thalamus projiziert, so beginnt der Kern nur wenig caudal vom rostralen Thalamuspol. Er liegt ventral vom

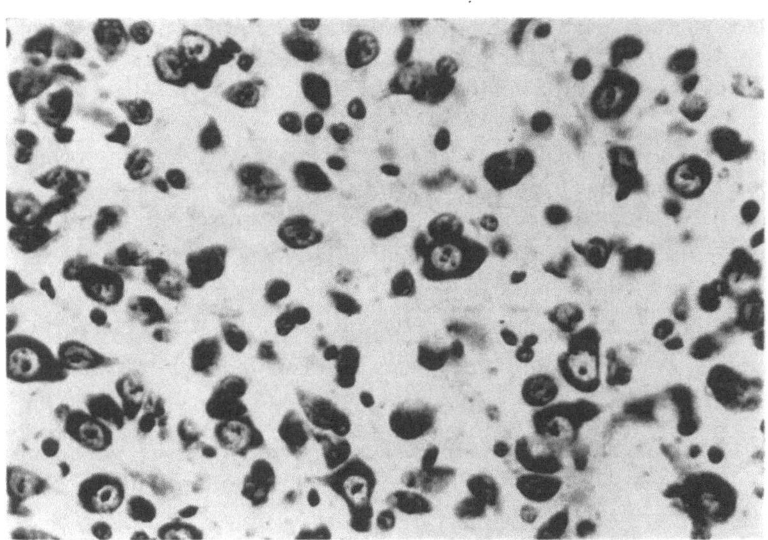

Abb. 114. Nucleus amygdalae

Putamen und läßt sich von diesem stellenweise nur schlecht abgrenzen. Medial grenzt er an die laterale praeoptische Region bzw. caudal an die laterale hypothalamische Region. Ventral und lateral stößt er an die Nervenzellschicht der Hirnrinde.

Der Nucl. amygdalae besteht rostral aus zwei Typen von Nervenzellen: aus ca. 13 μ großen Pyramidenzellen mit breiterem gut färbbarem Plasmasaum und gut sichtbaren Fortsätzen. Die Nisslsubstanz ist in Form von Schollen an der Zellperipherie angeordnet. Dazwischen liegen kleinere runde Zellen von 7—9 μ Durchmesser, die besonders im dorsalen Bereich des Kernes überwiegen. Makro- und Oligodendrogliazellen sind reichlich vertreten.

In den caudalen Abschnitten des Kernes finden sich isomorphe, runde, ca. 11 μ im Durchmesser haltende Nervenzellen, deren schmale Plasmasäume sich gut, wenn auch nicht sehr dunkel, mit Kresylviolett anfärben lassen. Dazwischen liegen nur wenige Gliazellen verschiedener Art.

Typische Frontalschnitte zur Auffindung der wichtigen Strukturen des Mäusehirns

Da in der Routinearbeit die Herstellung von Schnittserien meist unmöglich ist, sollen im Folgenden einige leicht zu findende Anhaltspunkte für das Auffinden wichtiger Strukturen im Mäusehirn gegeben werden. Zur Darstellung der vor allem für die Beurteilung von Infektionen wichtigen Kernen des Stammhirnes der Maus genügen, wie wir an zahlreichen auch pathologisch veränderten Gehirnen nachweisen konnten, neun Schnitte durch das Gehirn. Wegen der Kleinheit des Mäusehirnes ist es empfehlenswert, diese neun Schnitte jeweils auf zwei gleichartige Gehirne zu verteilen.

1. *Schnittführung in der Höhe des rostralen Chiasmabeginnes* (entspricht dem Eintritt beider Fasciculi optici in das Chiasma):
In diesem Schnitt wird medial die mittlere Septumregion getroffen. Lateral vom Seitenventrikel liegt das Caput nuclei caudati, das lateral von der Capsula externa begrenzt wird.

2. *Schnittführung durch das caudale Drittel des Chiasma opticum:* Dieser Schnitt führt durch die caudale Septumregion und stellt häufig die quer verlaufende Commissura anterior dar.

3. *Schnittführung in der Höhe des Austrittes der Tractus optici aus dem Chiasma:*
Diesem Schnitt entspricht die Tafel I.

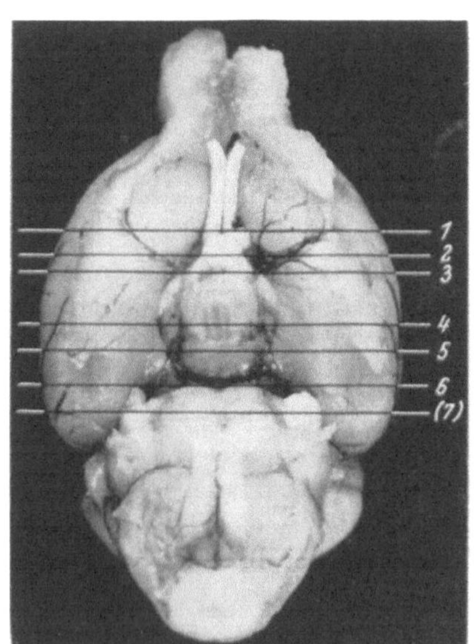

Abb. 115. Ventralansicht des Gehirns. Typische Schnittführungen mit Ausnahme der durch dorsal liegende Anhaltspunkte bestimmten (7 u. 8). Die Decussatio pyramidum nicht sichtbar

4. *Schnittführung durch die Mitte des Infundibulum* (an der Gehirnbasis als brauner Streifen sichtbar):
Diesem Schnitt entspricht die Tafel V.

5. *Der Schnitt halbiert die Strecke von der Mitte des Infundibulum (Schnitt 3) bis zum caudalen Ende des Corpus mamillare:*
Diesem Schnitt entspricht die Tafel VI.

6. *Der Schnitt führt dorsal durch die Mitte des vorderen Vierhügels und ventral durch den caudalen Bereich des Corpus mamillare:*
Dem Schnitt entspricht die Tafel IX.

7. *Schnitt durch die Mitte der caudalen Vierhügel:*
Diesem Schnitt entspricht die Tafel XI.

8. *Schnitt durch die größte Kleinhirnzirkumferenz:*
Diesem Schnitt entspricht die Tafel XV.

9. *Schnittführung im Bereich der Decussatio pyramidum:*
Diesem Schnitt entspricht die Tafel XXI.

Projektion der typischen Schnitte auf den Mäuseschädel

(mit Ausnahme der Schnittführung durch die Decussatio pyramidum)

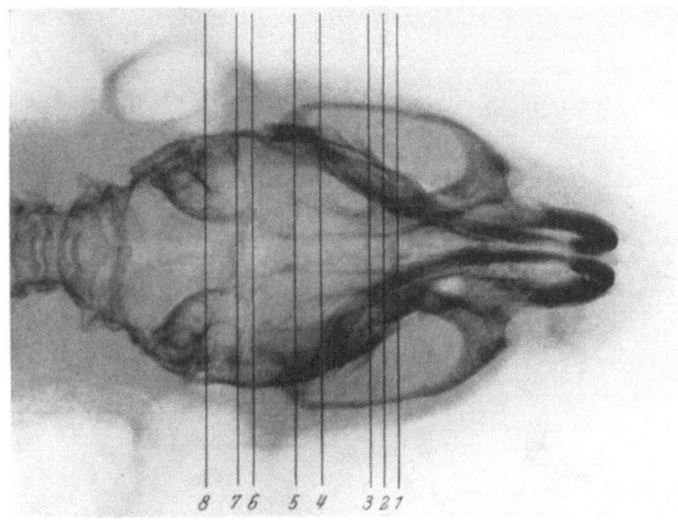

Abb. 116. Dorsoventrale Röntgenaufnahme des Mäuseschädels

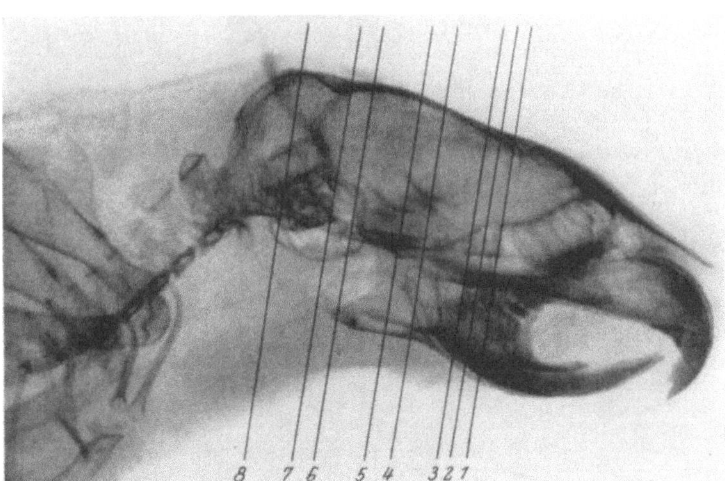

Abb. 117. Laterale Röntgenaufnahme des Mäuseschädels

Schematische Zeichnungen

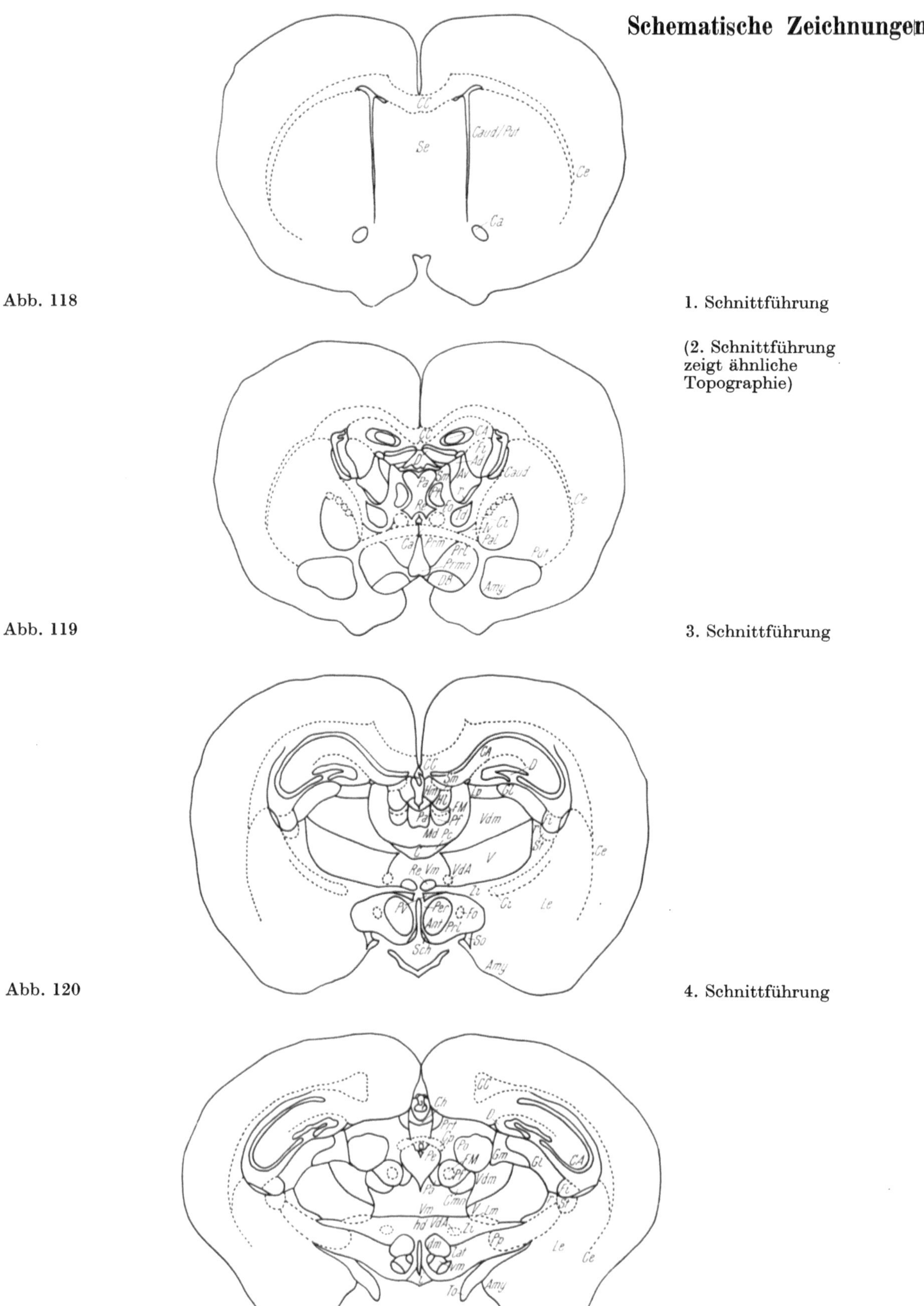

Abb. 118 — 1. Schnittführung

(2. Schnittführung zeigt ähnliche Topographie)

Abb. 119 — 3. Schnittführung

Abb. 120 — 4. Schnittführung

Abb. 121 — 5. Schnittführung

von typischen Schnitthöhen

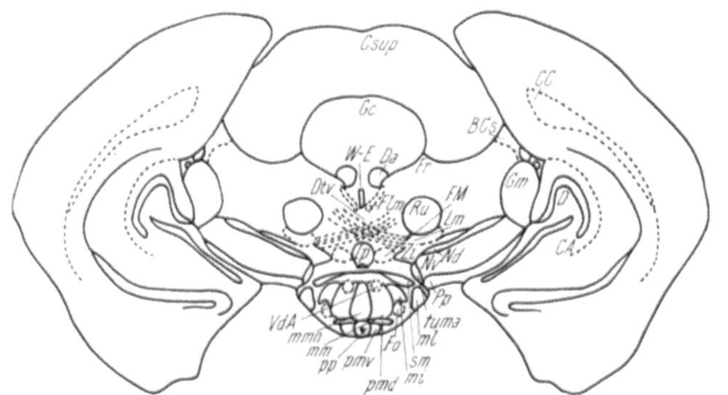

Abb. 122 6. Schnittführung

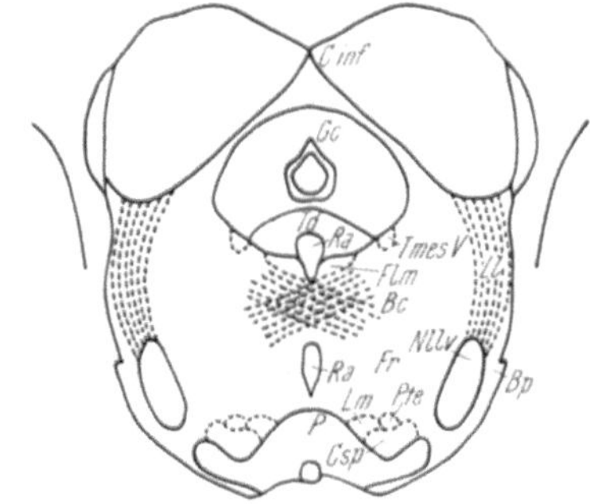

Abb. 123 7. Schnittführung

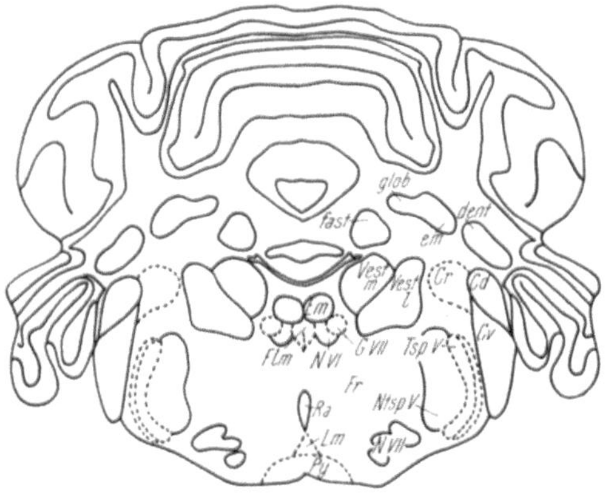

Abb. 124 8. Schnittführung

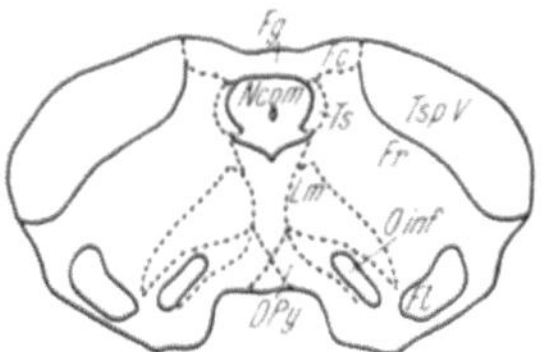

Abb. 125 9. Schnittführung

Bemerkungen zur vergleichenden Anatomie des Hirnstammes

Bei der Darstellung der Architektonik des Hirnstammes der Maus waren wir infolge Fehlens eingehender Bearbeitungen darauf angewiesen, Vergleiche mit den von anderen Autoren bei verschiedenen Säugetieren festgestellten topischen Verhältnissen anzustellen. In erster Linie bildete natürlich der bereits recht ausführlich beschriebene Hirnstamm der Ratte [Craigie (1964), Wünscher (1965)] die Grundlage, weiters wurden jedoch auch die Verhältnisse bei anderen Nagern, vor allem beim Meerschweinchen [Hoffmann (1957)] und Kaninchen [Rose (1935), Olszewski (1952)] berücksichtigt. In dem folgenden Abschnitt sollen die Ergebnisse dieser Untersuchungen kurz dargelegt werden. Die Reihenfolge der angeführten Regionen entspricht der Einteilung von Ariëns Kappers (1936).

Diencephalon

Das Diencephalon wird in Epithalamus, Thalamus und Hypothalamus gegliedert.

a) Epithalamus

Der Epithalamus der Maus besitzt in den Nuclei habenulares lateralis und medialis zwei gut ausgeprägte Kerne, die über die Stria medullaris Impulse aus zahlreichen Regionen des Gehirnes, wie Hippocampus, Septum pellucidum, Nucl. amygdalae, Riechzentren und Cortex erhalten. Die efferenten Fasern verlaufen im Tractus habenulointerpeduncularis (Fasciculus retroflexus Meynert). Dieser Tractus besitzt bei der Maus seinen Hauptursprung im Nucl. habenularis lateralis. Die Kerne der Ratte unterscheiden sich von denen der Maus nur unwesentlich. Der Nucl. habenularis medialis der Ratte ist relativ kleiner als der der Maus.

b) Thalamus

Vordere thalamische Kerngruppe:

Die vordere thalamische Kerngruppe besteht aus dem Nucl. anterior thalami dorsalis, dem Nucl. anterior thalami ventralis und dem Nucl. anterior thalami medialis. Diese Bezeichnungen wurden von Gurdjian (1927) bei der Beschreibung des Rattenhirnes gebraucht.

Nucl. anterior thalami dorsalis:

Der Nucl. anterior dorsalis entspricht dem gleichnamigen Kern von Gurdjian (1927) bei der Ratte und dem ebenso benannten Kern beim Kaninchen nach Rose (1935). Der Kern besitzt im Ratten- und Kaninchenhirn dieselben topographischen Beziehungen wie im Maushirn. Es bestehen Verbindungen mit dem Kern der gegenüberliegenden Seite und auch mit dem Telencephalon, wie sie Cajal (1911) für die Maus, Le Gros Clark (1926) für die Ratte und Münzer und Wiener (1902) für das Kaninchen beschreiben.

Nucl. anterior thalami ventralis:

Dieser Kern entspricht bei der Ratte dem Nucl. anterior ventralis von Gurdjian (1927), dem Noyau dorsal supérieur von Cajal (1911), dem Nucl. anterior ventralis von

MÜNZER und WIENER (1902) beim Kaninchen und dem von D'HOLLANDER (1913) ebenfalls beim Kaninchen beschriebenen Noyau antéro-ventral. Der Kern unterscheidet sich topographisch nicht von der gleichen Struktur im Rattenhirn. Die wichtigsten afferenten Fasern ziehen über den Tractus mamillothalamicus, wie von CAJAL (1911) für die Maus und für verschiedene andere Säuger, von GURDJIAN (1927) für die Ratte, von LE GROS CLARK (1932) für Insectivoren und von KÖLLIKER (1896) und DEJERINE (1901) für den Menschen festgestellt wurde. Es bestehen Beziehungen zum Cortex (CHU 1932 — Opposum, MÜNZER und WIENER 1902 und WINKLER 1921 — Kaninchen, CAJAL 1911 — Maus, VILLAVERDE 1923, GURDJIAN 1927 und LE GROS CLARK 1932 — Ratte).

Nucl. anterior thalami medialis:

Dieser Kern entspricht dem Nucl. anterior medialis, den GURDJIAN im Rattenhirn und MÜNZER und WIENER im Kaninchenhirn beschreiben. Er ist identisch mit dem Noyau dorsal inférieur CAJALS bei der Maus und mit dem Nucl. antéro-médial, den D'HOLLANDER (1913) beim Kaninchen angibt. Ebenso dürfte der Nucl. anterior medialis mit dem Nucl. medialis anterior von ROSE beim Kaninchen identisch sein.

Der Nucl. anterior medialis geht ebenso wie der Nucl. anterior ventralis eine Beziehung zum Tractus mamillothalamicus ein und steht mit seinem gegenüberliegenden Partner über die Mittellinie hinweg in Verbindung. Diese aus Zellen aufgebaute ,,Commissur" wird von CAJAL bei der Maus Noyau interdorsal und von GURDJIAN als Nucl. commissuralis interanteromedialis bezeichnet. Da sich aber die Nervenzellen dieser Commissuren-Kerne nicht vom Nucl. anterior medialis unterscheiden, werden sie in der vorliegenden Arbeit nicht als eigene Kerne bezeichnet. Ähnlich wie beim Kaninchen ist auch bei der Ratte und der Maus der rostrale Kernanteil des Nucl. anterior medialis nur schwierig vom Nucl. anterior ventralis zu trennen, während caudal eine Abgrenzung wesentlich leichter möglich ist. Von den Faserverbindungen sind mamillothalamische Fasern von CAJAL (1911) bei der Maus und von D'HOLLANDER (1913), GURDJIAN (1927), RIOCH (1931) und LE GROS CLARK (1932) bei anderen Nagern beschrieben.

Mediale thalamische Kerngruppe:

Zur medialen Kerngruppe zählen der Nucl. parataenalis, der Nucl. medialis dorsalis, der Nucl. parafascicularis und der Nucl. paracentralis. Der bei anderen Mammalia nachweisbare Nucl. centralis lateralis, der ebenfalls zur medialen Kerngruppe zu zählen ist, soll nach KAPPERS bei Maus und Ratte nicht existieren. Sofern wir aber unter dem Nucl. centralis lateralis die laterorostrale Fortsetzung des Nucl. paracentralis ansehen wollen, läßt sich dieser Kern im rostralen Thalamusbereich auch bei der Maus nachweisen. Das Centre médian nimmt eine Mittelstellung ein. Seiner Position nach gehört es bei der Maus zur medialen Kerngruppe und ähnelt dem Nucl. paracentralis, funktionell dürfte dieser Kern eher zur ventralen Kerngruppe des Thalamus gehören (HUBER und CROSBY 1929).

Der Nucl. parataenalis wurde von GURDJIAN (1927) im Rattenhirn beschrieben, ähnlich liegende Kerne stellten NISSL (1913) und D'HOLLANDER (1913) im Kaninchenhirn fest. Mit dem Nucl. parataenalis scheinen auch der Nucl. supra- und der Nucl. inframedialis, die von ROSE (1935) beim Kaninchen beschrieben wurden, identisch zu sein. Nach GURDJIAN bestehen zumindest bei der Ratte Verbindungen mit dem übrigen Thalamus, mit dem Nucl. medialis dorsalis und mit dem Kern der gegenüberliegenden Seite. In seinen topographischen Beziehungen entspricht der Kern des Maushirnes dem des Rattenhirnes. Er wird caudal vom Nucl. medialis dorsalis abgelöst. Letztgenannter entspricht dem von GURDJIAN beschriebenen Kern gleichen Namens, dem Nucl. medialis b des Kaninchens von WINKLER und POTTER (1914), dem Noyau antéro- ou supéro-interne und dem Noyau supérieur du raphé, wie sie von CAJAL (1911) für das Meerschweinchen beschrieben wurden, der medialen unteren Kerngruppe von NISSL (1913) und dem Noyau médial von D'HOLLANDER (1913).

Nach GURDJIAN (1927) erhält der Kern Impulse aus dem übrigen Thalamus über die intermediäre Radiatio thalamica und steht außerdem mit dem Kern der gegenüberliegenden Seite in Verbindung. Nach CAJAL (1911) nimmt er afferente Fasern unbekannten Ursprungs auf und ist in thalamocorticale und corticothalamische Faserverbindungen eingeschaltet. Commissuralfasern endigen in der medialen Portion des Kernes.

Der Nucl. parafascicularis ist nach GURDJIAN eine Differenzierung des caudalen Anteiles des Nucl. medialis dorsalis. Dieser Kern wird außerdem noch von NISSL (1913) beim Kaninchen und von D'HOLLANDER ebenfalls beim Kaninchen beschrieben, der ihn für die caudale Portion des medialen thalamischen Kernes hält. Der Nucl. medialis posterior von ROSE (1935) könnte zumindest teilweise diesem Kern entsprechen. Der Nucl. parafascicularis ist beim Kaninchen nach NISSL und bei der Ratte nach GURDJIAN mit dem Telencephalon verbunden, bei der Ratte außerdem noch mit dem Tectum. Da zwischen dem Kern der Ratte und dem der Maus keinerlei Unterschiede bestehen, können wir ähnliche Faserverbindungen auch für die Maus annehmen.

Der Nucl. paracentralis wird nach GURDJIAN, der ihn bei der Ratte beschrieb, in drei Anteile geteilt, von denen einer mehr rostral liegt und mit Commissurenfasern verbunden ist, die die dorsomedialen Anteile der ventralen Nuclei verbinden. Der zweite Anteil steht in enger Beziehung zu den dorsomedialen Kernen und ist in die Commissuren zwischen beiden Hirnhälften eingeschaltet, der dritte Anteil steht in Beziehung zum Nucl. medialis ventralis. Alle konvergieren nach medial in Richtung des Nucl. centralis. Diese deutliche Trennung, wie sie von GURDJIAN für die Ratte beschrieben wurde, läßt sich bei der Maus nicht durchführen. Da aber die Konvergenz in Richtung des Nucl. centralis besteht, können wir auch bei der Maus die Commissuren-Natur dieses Kernes annehmen.

Kerne der Mittellinie:

Zu den Kernen der Mittellinie zählen bei der Maus ebenso wie bei den übrigen Rodentia der Nucl. paraventricularis, der Nucl. reuniens und der Nucl. rhomboideus, der Nucl. centralis und der Nucl. periventricularis thalami. Während diese Kerne bei Primaten nicht gut entwickelt sind, zeigen sie bei den Nagern eine distinkte Ausbildung. Zwischen Maus und Ratte lassen sich keine besonderen Unterschiede in Topographie und Cytologie erkennen. Der Nucl. paraventricularis beider Spezies entspricht dem Nucl. paraependymalis, der von WINKLER und POTTER (1914) für das Kaninchen beschrieben wurde. Alle Kerne stehen durch Fasern mit dem übrigen Thalamus in Verbindung. Der Nucl. centralis ist bei der Ratte besser ausgebildet als bei der Maus, andererseits sind der Nucl. reuniens und der Nucl. rhomboideus bei der Ratte weniger gut abgrenzbar als bei der Maus.

Laterale und ventrale Kerngruppe mit Ausnahme der Corpora geniculata:

Dieser Kerngruppe werden der Nucl. lateralis und der Nucl. posterior thalami als laterale, der Nucl. ventralis thalami und der Nucl. reticularis als ventrale Bestandteile zugeordnet.

Der Nucl. lateralis thalami ist bei der Maus wie bei allen Nagern gut entwickelt. Er entspricht dem Noyau latéral des Kaninchens (D'HOLLANDER 1913) und dem Nucl. lateralis von ROSE (1935). Dieser Kern ist bei der Maus und der Ratte ziemlich gleichartig. Als Faserverbindungen führt GURDJIAN (1927) für die Ratte corticothalamische, thalamocorticale, internucleäre und commissurale an. Ähnliche Verhältnisse bestehen nach D'HOLLANDER beim Kaninchen. LE GROS CLARKS Untersuchungen (1932) machen die Existenz thalamofugaler Fasern vom Nucl. lateralis zum parietalen Cortex wahrscheinlich. Beziehungen zum Tractus opticus und zum Corpus geniculatum laterale lassen in der Pars posterior des Nucl. lateralis den Vorgänger des Pulvinar höherer Säugetiere vermuten.

Caudal und medial von der Pars posterior des Nucl. lateralis liegt der Nucl. posterior thalami. Dieser ist identisch mit dem Nucl. posterior des Kaninchens (NISSL 1913, D'HOLLANDER 1913), der Ratte (GURDJIAN 1927) und mit dem Nucl. praetectalis von LE GROS CLARK. Das in der vorliegenden Arbeit als Area praetectalis beschriebene Areal entspricht nicht völlig dem Nucl. praetectalis von LE GROS CLARK, sondern ist identisch mit der von GURDJIAN bei der Ratte beschriebenen Region, die dorsal und medial vom

Nucl. posterior thalami und ventral vom Colliculus superior liegt. Er entspricht auch nicht völlig dem von CAJAL (1911) bei der Maus als Noyau postérieur beschriebenen Kern.

Der von der Lamina med. externa umgebene Nucl. ventralis thalami wird von CAJAL (1911) bei der Maus, von GURDJIAN (1927) bei der Ratte, von WINKLER und POTTER (1911) und D'HOLLANDER (1913) beim Kaninchen beschrieben. Sowohl in der Topographie als auch im cytologischen Bild lassen sich bei der Maus im Vergleich mit der Ratte keine Unterschiede feststellen. Ebensowenig bestehen topographische Unterschiede zum Kaninchenhirn (ROSE 1935). Der Nucl. ventralis thalami ist der Hauptkern für proprio- und exteroceptive Impulse und ist bei der Maus gut ausgeprägt. Afferente Impulse kommen vor allem über den Lemniscus medialis und über Fasern aus der Trigeminus-Region. Efferente Verbindungen bestehen zum Cortex und zum Tectum. Der Nucl. reticularis wird von Nervenzellen gebildet, die zwischen die ventral- und lateralwärts führende Thalamusstrahlung eingelagert sind. Er wird unter dem gleichen Namen von CAJAL (1911) für die Maus und andere Nagetiere, von WINKLER und POTTER (1911) und von D'HOLLANDER (1913) für das Kaninchen und von GURDJIAN (1927) für die Ratte beschrieben. Dieser Kern unterscheidet sich bei der Ratte überhaupt nicht und bei anderen Rodentia nur unwesentlich von dem des Maushirns.

Corpus geniculatum mediale:

Die entsprechenden Kerne werden im Rattenhirn von GURDJIAN (1927), im Maushirn von CAJAL (1911), von MÜNZER und WIENER (1902) und von D'HOLLANDER (1913) beim Kaninchen beschrieben. Das Corpus geniculatum mediale der Maus entspricht dem Corpus geniculatum internum, wie es ROSE (1935) beim Kaninchen beschrieb. Diese Zellgruppe ist sowohl bei der Ratte als auch beim Kaninchen besonders in ihrem medialen Anteil besser entwickelt als bei der Maus. GURDJIAN (1927) beschreibt bei der Ratte eine orale und eine caudale Portion und teilt die orale wiederum in einen dorsomedialen und einen lateralen Anteil. CAJAL (1911) unterscheidet im Corpus geniculatum mediale der Maus einen Lobus inferior und einen Lobus superior. In der vorliegenden Arbeit wird auf eine Unterteilung dieses Kerngebietes verzichtet, da sie cytologisch nicht gerechtfertigt erscheint. Von den Faserverbindungen sind als afferente der Lemniscus lateralis und das Brachium colliculi inferioris, als efferente der Tractus thalamocorticalis und die Hörnervenstrahlung zu nennen (ARIËNS KAPPERS et al. 1936).

Corpus geniculatum laterale:

Der Kern wird von MÜNZER und WIENER (1902) und von WINKLER und POTTER (1911) beim Kaninchen und von GURDJIAN (1927) bei der Ratte unter dem gleichen Namen beschrieben. ROSE (1935) bezeichnet ihn beim Kaninchen als Corpus geniculatum internum. Der Kern, der allgemein in eine Pars dorsalis und eine Pars ventralis gegliedert wird, variiert bei den einzelnen Rodentia-Spezies nur wenig. Die Pars dorsalis empfängt nach ARIËNS KAPPERS et al. (1936) vor allem Fasern aus dem Tractus opticus; als weitere afferente Verbindungen sind Fasern aus dem Gebiet des hinteren Thalamuskernes und aus dem Pedunculus colliculi superioris bekannt. Efferente Beziehungen bestehen zum Tractus opticus und zum Pes pedunculi, auch internucleäre Verbindungen konnten festgestellt werden (ARIËNS KAPPERS et al. 1936).

c) Subthalamus

Der Subthalamus besteht aus dem Nucl. entopeduncularis, der Zona incerta mit den Forel'schen Feldern und aus dem Corpus subthalamicum Luysii. Funktionell werden von ARIËNS KAPPERS et al. (1936) auch die Partes ventrales des Corpus geniculatum laterale und mediale hinzugerechnet.

Der Nucl. entopeduncularis ist ein phylogenetisch sehr alter Kern, der bei Reptilien gut ausgebildet ist (HUBER und CROSBY 1926, 1929). Der Nucl. entopeduncularis der Maus ist sehr klein und entspricht dem von GURDJIAN (1927) beschriebenen Nucl. entopeduncularis der Ratte sowohl cytologisch als auch topographisch. Er wird nicht näher besprochen.

Die Zona incerta ist nach ARIËNS KAPPERS bei Tieren niedriger Entwicklungsstufe, wie bei den Rodentia, ein einheitliches Nervenzellgebiet, während sie bei Carnivoren und Primaten in mehr oder weniger distinkte Unterkerne zu gliedern ist. Bei der Maus läßt sich ein dorsaler und ventraler Anteil unterscheiden. Bezüglich der Faserverbindungen sind für die Maus von CAJAL (1911) Kollateralen vom aufsteigenden Lemniscus beschrieben. GURDJIAN (1927) findet bei der Ratte Verbindungen mit Fasern der Ansa lenticularis, Verbindungen mit dem Tectum, mit der Pars ventralis des Corpus geniculatum laterale und Kollateralen von der Capsula interna zur Zona incerta. Ebenso sollen Fasern vom Kleinhirn und vom Nucl. ruber einmünden, sodaß die Zona incerta als Passageregion bezeichnet werden kann. Die Zona incerta liegt zwischen dem Forel'schen Feld H_1 und dem Forel'schen Feld H_2, die zum Großteil aus Fasern der Radiatio thalamostriata gebildet werden. Diese Fasern verbinden das Pallidum mit dem Nucl. ventralis thalami, dem Corpus subthalamicum, der Zona incerta, der Substantia nigra und dem Nucl. ruber. Corpus subthalamicum und Zona incerta beider Seiten sind über die Commissura supramamillaris miteinander verbunden. Daneben besteht eine Verbindung des Corpus subthalamicum Luysii mit dem Nucl. ruber.

d) Hypothalamus

Bei DIEPEN (1962) finden wir als Einteilungskriteria des Hypothalamus den Markgehalt, die Faserverbindungen zur Hypophyse und die Lagebeziehungen zum Ventrikel. Nach dem Markgehalt wird von den Autoren SPATZ, DIEPEN und GAUP (1948), SPATZ (1951, 1958) zwischen einem markreichen (= Corpus mamillare) und einem markarmen oder vegetativen Hypothalamus unterschieden. Nach SPATZ und PACHE (1935) und PACHE (1936) sind Markarmut und Ventrikelnähe für Kerne mit vegetativer Funktion charakteristisch.

Bezüglich der angewandten Nomenklatur beruht die vorliegende Arbeit im wesentlichen auf den von DIEPEN (1962) vorgeschlagenen Bezeichnungen. In CRAIGIES Atlas über die Neuroanatomie der Ratte wird die Terminologie von RIOCH, WISLOCKI und O'LEARY (1940) gebraucht, die nach Angabe dieser Autoren auf alle Säugetierspezies anwendbar ist. Sie begründet sich im wesentlichen auf GURDJIAN (1927) und KRIEG (1932) und unterscheidet sich nur wenig von der Nomenklatur DIEPENS.

Markarmer Hypothalamus:

Zu den vorderen kleinzelligen Zellgruppen des markarmen Hypothalamus gehören die präoptischen Regionen, der Nucl. suprachiasmaticus und der Nucl. hypothalamicus anterior.

Die von GURDJIAN (1927) bei der Ratte als präoptische Zellgruppe beschriebene Region entspricht dem von GRÜNTHAL (1930) bei der Maus festgestellten „Höhlengrau“ und dem von ROSE (1935) als Nuclei hypothalami bezeichneten Areal (Nucl. hypothalami lateralis, medialis und intermedius). DIEPEN beschreibt sie bei verschiedenen Säugern einschließlich des Menschen als präoptische Gruppen (periventriculäre, mediale und laterale). Die topographischen Beziehungen sind in dieser Region wie auch im übrigen Hypothalamus bei verschiedenen Säugern sehr ähnlich. Zwischen Maus und Ratte bestehen weder topographische noch cytologische Unterschiede.

Der Nucl. suprachiasmaticus nimmt bei der Maus ein wohlumschriebenes Areal ein, wobei sich aber kein Unterschied zur Ratte erkennen läßt. Er entspricht dem Kern gleichen Namens in der Arbeit GRÜNTHALS (1930) bei der Maus und dem Nucl. ovoideus der Ratte bei GURDJIAN (1927). ROSE (1935) bezeichnet die entsprechende Region beim Kaninchen als Nucl. infundibularis posterior, der nicht mit dem in der vorliegenden Arbeit als Nucl. infundibularis bezeichneten Kern verwechselt werden darf.

Der Nucl. hypothalami anterior entspricht dem Kern 10 von GRÜNTHAL (1930), der anterior hypothalamic area der Ratte bei GURDJIAN (1927) und könnte dem Nucl.

anterior intermedius bei Rose (1935) entsprechen. Er ist bei der Maus ähnlich wie beim Kaninchen und bei der Ratte eine nur schlecht vom Nucl. praeopticus medialis abgrenzbare Zellmasse. Bei der Katze ist der Kern wesentlich besser sichtbar (Diepen 1962). Funktionell könnten die Nervenzellen dieses Kernes verbindende Elemente zwischen dem Nucl. praeopticus medialis und dem Nucl. ventromedialis darstellen.

Die großzelligen hypophysären Zellgruppen des markarmen Hypothalamus (Diepen 1962), der Nucl. supraopticus und der Nucl. paraventricularis sind die Ursprungszentren des supraoptico-hypophysären Systems.

Der Hauptanteil des Nucl. supraopticus der Maus liegt ventral vom Eintritt des Tractus opticus in das Gehirn, ein kleinerer Teil liegt dorsal, einzelne große, denen des Nucl. supraopticus ähnliche Zellen sind perivasculär in der Umgebung dieses Kernes nachweisbar. Die Bezeichnung Nucleus supraopticus hat sich in der Literatur allgemein eingeführt. Nur Gurdjian gebraucht in seinem 1927 erschienenen Werk die Bezeichnung Nucl. tangentialis, die auf Cajal zurückgeht.

Der Nucl. paraventricularis hypothalami wurde unter dem gleichen Namen von Grünthal (1930) bei der Maus, von Gurdjian (1927) als Nucl. filiformis bei der Ratte, von Rose (1935) als Nucl. dorsomedialis posterior hypothalami magnocellularis beim Kaninchen beschrieben. Er bildet im Maus-, Ratten- und Kaninchenhirn ein durch die Art und die Lagerung seiner Zellen sehr gut abgrenzbares Areal. Der Kern der Ratte ist von dem der Maus vor allem dadurch verschieden, daß sich bei der Ratte sehr deutlich ein lateraler großzelliger und ein medialer kleinzelliger Abschnitt abgrenzen läßt. Bei der Maus ist eine derartige Unterteilung nicht möglich.

Die Nuclei dorsomedialis, ventromedialis, infundibularis und periventricularis posterior werden von Diepen (1962) zu den kleinzelligen hypophysären Zellgruppen des markarmen Hypothalamus gerechnet.

Der Nucl. infundibularis im vorliegenden Atlas entspricht dem Kern 16 bei Grünthal (1930), dem Nucl. periventricularis posterior (pars ventralis) bei Gurdjian (1927) und dem Nucl. periventricularis arcuatus von Krieg (1932). Rose (1935) beschreibt einen ähnlich gelagerten Kern beim Kaninchen als Nucl. infundibularis extremus und infundibularis caudalis. Bei der Untersuchung des Ratten- und Maushirnes ergeben sich in der Topik dieser Kerne keine besonderen Unterschiede. Bei beiden ist der Nucl. infundibularis deutlich vom Nucl. periventricularis zu trennen. Gegenüber dem Nucl. dorsomedialis ist besonders in dessen caudalem Anteil eine Abgrenzung schwierig. Die von Spuler (1951) beim Meerschweinchen beobachtete seitliche Zacke kommt bei der Maus nicht vor.

Der Nucl. ventromedialis hypothalami entspricht den von Grünthal (1930) im Maushirn beschriebenen Kernen 13 und 15, dem Nucl. principalis tuberis bei Cajal (1911) und dem Nucl. ovalis hypothalami des Kaninchenhirnes (Rose 1935). Er wird von Gurdjian (1927) bei der Ratte auch als Nucl. infundibularis bezeichnet. Der Kern weist eine charakteristische Dreiteilung auf, sodaß er von manchen Autoren in drei Einzelkerne zerlegt wird. So entspricht der Kern 13 von Grünthal (1930) dem ventrikelfernen Kernabschnitt, während der mediodorsal davon gelegene von diesem Autor als Kern 15 bezeichnet wird. Der dazwischen liegende Kernabschnitt ist mit der von Krieg (1932) als Pars centralis bezeichneten Region bei der Ratte identisch. Krieg beschreibt bei der Ratte außerdem eine Pars posterior, die eine größere Zelldichte als die Pars lateralis und die Pars medialis besitzt. Er identifiziert sie mit dem Kern 20 von Grünthal (1930). Becker (1955) hält den Grünthalschen Kern 20 für identisch mit dem Nucl. praemamillaris ventralis, während er die Kerne 21 und 22 dem Nucl. praemamillaris dorsalis zuordnet. Die Pars posterior des Nucl. ventralis medialis bezeichnet er als Pars ventroposterior.

In der vorliegenden Arbeit werden ein Nucl. praemamillaris dorsalis und ein Nucl. praemamillaris ventralis beschrieben, die auch in den Arbeiten von Gurdjian (1927), Krieg (1932) und Becker (1955) und anderer Autoren angeführt werden. Diesbezüglich schreibt Diepen (1962), daß der Eindruck gewonnen wurde, daß der caudale ventrale Pol des Nucl. periventricularis posterior für den ventralen, und nach medial streuende Zellen des lateralen Feldes oder des Nucl. ventrolateralis des Hypothalamus (Teil des Nucl. ventromedialis) für den dorsalen Nucl. praemamillaris gehalten wurden. Dennoch bestehen unserer Meinung nach die Bezeichnungen Nucl. praemamillaris dorsalis und ventralis zu Recht. Unser Nucl. praemamillaris ventralis stimmt mit dem von DIEPEN (1962) im Katzenhirn als Nucl. praemamillaris bezeichneten Areal überein. Unser Nucl. praemamillaris dorsalis ist weder mit den medialen Anteilen des lateralen Feldes des Hypothalamus noch mit dem Nucl. ventrolateralis als Teil des Nucl. ventromedialis identisch. Er ist bei der Ratte weniger ausgeprägt als bei der Maus. Bei der Maus lassen sich beide Nucl. praemamillares bis in den ventralen Bereich des Corpus mamillare verfolgen.

Die Regio hypothalami dorsalis stellt einen nur sehr schlecht gegen die Umgebung abgrenzbaren Bereich dar, weshalb auch in Übereinstimmung mit DIEPEN (1962) die von GURDJIAN (1927) und von CAJAL (1911) gewählte Bezeichnung „Nucleus“ fallengelassen wurde. Die Region ist bei Ratte und Maus sehr ähnlich. Im Kaninchenhirnatlas von ROSE (1935) dürfte dieser Kern dem Nucl. posterior medialis entsprechen. CRAIGIE (1963) bezeichnet ihn bei der Ratte als Nucl. posterior.

Das laterale Feld des Hypothalamus ist bei der Maus größer als bei der Ratte, jedoch nicht ohne weiteres in einzelne distinkte Kerne zu gliedern. Nach DIEPEN (1962) können im lateralen Feld des Hypothalamus der Ratte der Nucl. tuberomamillaris und der Nucl. tuberis lateralis weniger gut in Schnitten mit Zellfärbung als in solchen mit Faserfärbung nachgewiesen werden. Bei der Maus ist eine Abgrenzung dieser Kerne in den rostralen Schnitten nur schwer möglich.

Zu den Zellgruppen des lateralen Feldes des Tuber cinereum gehört nach DIEPEN (1962) auch der Nucl. perifornicatus, der bei der Maus in manchen Schnitten besser, in anderen schlechter zu sehen ist.

Markreicher Hypothalamus:

Entsprechend der Gliederung von SPATZ et al. (1948) wird das Corpus mamillare als markreicher Hypothalamus bezeichnet. Er ist auf Grund seiner Verbindungen mit dem Fornix und dem Vicq d'Azyr'schen Bündel ebenso wie der Hippocampus, der Nucl. anterior thalami und der Gyrus cinguli ein Bestandteil des limbischen Systems. Im Vergleich mit den höheren Säugern ist das Corpus mamillare niedererer Tiere unpaarig, bedingt durch eine stärkere Ausbildung des lateralen Kernes und durch das Vorhandensein eines zum medialen Kernkomplex gehörigen medianen Abschnittes (DIEPEN 1962).

Neben dem eigentlichen Corpus mamillare werden der Nucl. supramamillaris und die Pars caudalis des Nucl. tuberomamillaris als paramamilläre Gruppe bezeichnet, während die praemamillären Kerne dem markarmen Hypothalamus zugehören.

Die mediale Region des Corpus mamillare ist bei der Maus ein ziemlich uneinheitliches Kerngebiet. Sie besteht aus einem medianen und einem medialen Abschnitt, die sich durch die Größe und durch die Art der Lagerung der Nervenzellen unterscheiden lassen. Im lateralen Abschnitt des Corpus mamillare liegt der cytologisch differente Nucl. mamillaris lateralis. Dazwischen läßt sich bei der Maus ein Areal erkennen, welches wir als Nucl. mamillaris intermedius bezeichnen und welches cytologisch durch die dichte und regelmäßige Anordnung seiner Nervenzellen charakterisiert wird. Im Handbuchbeitrag von DIEPEN (1962) scheint dieser Kern nicht auf. Ebensowenig wird er von CRAIGIE (1963), KRIEG (1932) und GURDJIAN (1927) bei der Ratte beschrieben. Er dürfte dem gleichnamigen von ROSE (1935) beim Kaninchen beschriebenen Kern entsprechen.

Vergleichen wir das Corpus mamillare der Maus mit dem der Ratte, so ergeben sich einige Unterschiede. Der mediane Anteil des medialen Mamillarekernes ist bei der Ratte wesentlich schlechter ausgebildet als bei der Maus. Er läßt sich nur im rostralen Abschnitt des Corpus mamillare nachweisen und besteht dort nur aus wenigen, locker liegenden Nervenzellen. Der mediale Anteil des medialen Mamillarekernes der Ratte, aus multipolaren Nervenzellen aufgebaut, ist gegen den lateralen Anteil unscharf abgegrenzt. Der laterale Anteil besteht zumeist aus kleineren dichter gelagerten Nervenzellen. Ein Nucl. mamillaris intermedius, wie er bei der Maus beschrieben wird, ist bei der Ratte nur wenig ausgeprägt.

Die ventral und etwas medial vom lateralen Mamillarekern liegende Pars caudalis des Nucl. tuberomamillaris ist bei der Ratte wesentlich besser ausgeprägt als bei der Maus. Die Nervenzellen sind bei der Maus ungefähr so groß wie die des Nucl. mamillaris lateralis, während sie bei der Ratte diese an Größe übertreffen.

Mesencephalon

Die Mittelhirnanatomie der einzelnen Säugetierspezies zeigt nur so geringe Differenzen in topographischer und nomenklatorischer Hinsicht, daß sich eine vergleichende Gegenüberstellung der Befunde der einzelnen Autoren im Rahmen der vorliegenden Arbeit erübrigt.

Rhombencephalon

Das Rhombencephalon besteht aus dem Metencephalon (Pons und Cerebellum) und dem Myelencephalon (Medulla oblongata).

Der Pons reicht von den Pedunculi cerebri bis zum Trapezkörper, die Medulla von der Brücke bis in die Höhe der Decussatio pyramidum. Als wichtige aufbauende Komponenten dieses Hirnabschnittes sind die Ursprungs- und die Endkerne der Hirnnerven, die Faserverbindungen und schließlich noch die Formatio reticularis, die Oliven, Nucl. corporis trapezoidis, Nucl. pontis, der Nucl. gracilis und der Nucl. cuneatus bekannt.

Als Bahn viscerosensibler Fasern des Vagus, Glossopharyngicus und Facialis gilt der Tractus solitarius. Er ist bei der Maus weniger ausgeprägt als bei der Ratte, dennoch sind auch bei der Maus nach CAJAL (1909) seine Fasern noch caudal der Hinterstrangkerne nachweisbar und reichen möglicherweise bis in das 2. Cervicalsegment. Nach ARIËNS KAPPERS et al. (1936) laufen die Fasern des Tractus solitarius bei Säugern ventral vom motorischen Vaguskern, bei Reptilien und Vögel dorsal von diesem. Bei der Maus läßt sich ebenso wie bei der Ratte eine dorsolaterale Position zum Nucl. originis alae cinereae feststellen. Da der Tractus solitarius bei Tieren mit gut ausgebildetem Tastsinn weniger entwickelt ist (bei Fischen z. B. fehlt er) als bei Tieren mit besser ausgeprägter visceraler Sensibilität, ist es möglich, daß bezüglich der Sensorik Unterschiede zwischen Maus und Ratte bestehen.

Die End- und Ursprungskerne des Trigeminus sind bei der Maus gut entwickelt und nahezu identisch mit den gleichen Strukturen bei der Ratte. Eine Differenzierung zwischen dem sensiblen Hauptkern und dem Nucl. tractus spinalis nervi trigemini ist cytologisch möglich. Die absteigenden Fasern des Tractus spinalis nervi trigemini, die Schmerz und allgemeine Berührungsempfindung vermitteln, endigen im letztgenannten Kern. Nach VALKENBURG (1911) soll bei der Maus, ebenso wie beim Ant-Eater die dorsale (maxillo-mandibulare) Portion medialwärts gekrümmt sein. In unseren Serienschnitten konnten wir ein derartiges Verhalten des dorsalen Anteiles des Tractus nicht beobachten, vielmehr zeigt der ventrale Anteil eine nach medial gerichtete Krümmung. Der motorische Kern des Trigeminus besitzt bei der Maus keine auffallende cytologische Differenzierung in Unterkerne und gleicht völlig dem entsprechenden Kern im Rattenhirn.

Der Nucl. mesencephalicus nervi trigemini reicht bei vielen Säugern nach rostral bis in die Höhe der Commissura posterior (ARIËNS KAPPERS et al. 1936). Beim Menschen reicht er besonders weit rostralwärts (VALKENBURG 1911). Er besitzt nach WEINBERG (1928) beim Affen und beim Menschen die größten Zellzahlen, wobei bei Ratte, Katze, Maus, Kaninchen, Affe und Mensch der caudale Teil des Kernes besser entwickelt ist als bei niederen Tieren (ARIËNS KAPPERS et al. 1936). CASTALDI (1926) beschreibt für das Meerschweinchen eine Zunahme der Zellzahl in der Höhe des Colliculus inferior, eine Abnahme in der Höhe des Velum medullare anterius und eine Zunahme in der Höhe des motorischen Trigeminus-Kernes. Bei den Rodentier ist der Kern in der Occulomotoriusregion weniger gut entwickelt als bei Katze, Affe und Mensch (WEINBERG 1928). VALKENBURG (1911) stellt charakteristisch gebaute Zellen des Nucl. mesencephalicus nervi trigemini im Bereich des Velum medullare anterius bei Kaninchen, Pferd und Menschen fest. Die Zellzahl in dieser Höhe ist jedoch nach WEINBERG (1928) bei Mensch, Katze und Affen gering, während die Zellen bei Maus und Ratte vollständig fehlen sollen. Bei Untersuchung unserer Serienschnitte konnten wir im Vergleich mit der Literatur einige Abweichungen finden. Im Gegensatz zu den Befunden WEINBERGS (1928) lassen sich in unseren Präparaten im Bereich des Velum medullare anterius deutlich die für den Nucl. mesencephalicus nervi trigemini typischen Nervenzellen nachweisen. Die rostralen Ausläufer sind bei der Maus noch in der Höhe des Colliculus superior sichtbar. Sie liegen zwischen dem Griseum centrale und dem Colliculus superior und dorsal von einem Faserzug, der wohl als Tractus mesencephalicus nervi trigemini anzusprechen ist. Von dort bis in den Bereich des Velum medullare ant. lassen sich nur sehr wenige Zellen (pro Schnitt 2—3) nachweisen. In der Höhe des Velum medullare anterius sind solche ebenfalls sichtbar und liegen ventral vom Tractus. Die optimale Ausprägung des Nucl. mesencephalicus nervi trigemini findet sich im Bereich des motorischen Trigeminus-Kernes. Er endet etwas rostral vom Colliculus facialis. Eine Unterteilung in laterale. mediale und intermediäre Anteile, wie sie bei niederen Tieren beschrieben sind (ARIËNS KAPPERS et al. 1936), läßt sich weder bei der Maus noch bei der Ratte durchführen. Bei Betrachtung der Nervenzellen fällt die Ähnlichkeit mit Spinalganglienzellen, besonders aber mit den Zellen des Ganglion semilunare des Trigeminus auf, worauf auch einige Autoren hinweisen (DEITERS 1865, CAJAL 1909, WEINBERG 1928). Im Vergleich zur Maus ist der Kern bei der Ratte weniger scharf abgegrenzt und unregelmäßiger.

Das Kerngebiet des Octavus, das im lateralen Bereich des Rautenhirns gelegen ist, ist nach ARIËNS KAPPERS et al. (1936) bei verschiedenen Säugetierspezies nicht different. Der Nucl. vestibularis medialis ist nach ARIËNS KAPPERS et al. (1936) bei niederen Tieren weniger gut entwickelt. Der Nucl. vestibularis lateralis Deiters ist bei Reptilien nur in der Höhe des Eintritts des Vestibularisnerven zu finden, während er sich bei Säugern nach caudal ausdehnt (ARIËNS KAPPERS). Bei der Maus ist die caudale Extension nur sehr gering ausgeprägt. Bei der Ratte läßt sich der Nucl. vestibularis lateralis etwas weiter nach caudal verfolgen. Bezüglich der Faserverbindungen ist anzunehmen, daß auch bei der Maus wie bei allen Säugern der Nervus vestibularis Fasern zu allen vier Kernen schickt, wobei der Nucl. vestibularis superior und der Nucl. vestibularis medialis aufsteigende, der Nucl. vestibularis lateralis auf- und absteigende und der Nucl. vestibularis spinalis absteigende Fasern erhalten (ARIËNS KAPPERS et al. 1936).

Die dem Cochlearis zugehörigen Kerne sind nach CAJAL (1909) bei den niederen Säugern (Meerschweinchen, Kaninchen, Maus, Katze) besser entwickelt als beim Menschen. Zwischen Ratte und Maus können weder cytologische noch topographische Unterschiede festgestellt werden. Cytologisch sind bei der Maus der Nucl. cochlearis dorsalis und der Nucl. cochlearis ventralis weitgehend ähnlich. Unterschiede wie sie STOKES (1912) für das Opossum findet, in dem Sinne, daß der Nucl. cochlearis dorsalis kleinzellig und der Nucl. cochlearis ventralis großzellig ist, lassen sich im Maushirn nicht feststellen.

Die obere Olive, die ein sekundäres akustisches Zentrum darstellt und daher in diesem Zusammenhang besprochen wird, ist bei der Maus weniger gut ausgeprägt als bei anderen vergleichbaren Rodentia (Ratte — GRAIGIE, Meerschweinchen — HOFFMANN). Die aufbauenden Zellen liegen wesentlich lockerer.

Der Abducenskern der Säuger unterscheidet sich nach ARIËNS KAPPERS et al. (1936) von dem der Vögel dadurch, daß er mehr dorsolateral liegt und dem Fasciculus longitudinalis medialis nicht so nahe kommt. Bei der Maus läßt sich der Kern rein lateral und in unmittelbarer Nachbarschaft des Fasciculus longitudinalis medialis nachweisen.

Oculomotorius- und Trochleariskern stehen bei der Maus wie bei allen Rodentia miteinander in Verbindung. Die Lage zum Fasciculus longitudinalis medialis variiert bei verschiedenen Säugetierspezies. Nach ARIËNS KAPPERS et al. (1936) liegen diese Kerne beim Kaninchen dorsomedial, beim Pferd ventral vom Fasciculus longitudinalis medialis. Bei der Maus ist der laterale Hauptkern des Oculomotorius übereinstimmend mit dem der Ratte rein dorsal und medial vom Fasciculus longitudinalis medialis zu finden, die Nervenzellen des Trochleariskernes sind dagegen zwischen die Faserzüge eingelagert. Der in der Medianen rostral vom motorischen Hauptkern des Oculomotorius liegende WESTPHAL-

EDINGER'sche Kern ist wie bei allen anderen Rodentia vor allem unpaarig, weist jedoch stellenweise eine Tendenz zur paarigen Anordnung auf, seine Nervenzellen besitzen eine gewisse Ähnlichkeit mit denen der Raphe.

Die Rautengrube der Ratte zeigt im Vergleich mit jener der Maus eine deutlicher ausgeprägte makroskopische Struktur. Besonders die Eminentia der Area vestibularis, der Colliculus facialis und die Eminentiae medianae sind bei der Ratte besser sichtbar als bei der Maus.

Eine zentrale Stellung im Rhombencephalon nimmt die Formatio reticularis ein. Sie wird von manchen Autoren in zahlreiche Unterkerne gegliedert (WÜNSCHER et al. 1965). Um die Übersichtlichkeit der Schemata nicht allzusehr zu beeinträchtigen, haben wir auf eine derartige Unterteilung verzichtet, zumal sie auch cytologisch nicht immer zu rechtfertigen ist. Nur deutlich abgrenzbare Kerne, wie der Nucl. parabrachialis medialis, wurden eingezeichnet. Der den Boden des IV. Ventrikels bildende Nucl. tegmenti dorsalis ist die caudale Fortsetzung des ventralen Griseum centrale und läßt sich in cytologisch deutlich differente Unterkerne gliedern. Sie wurden auch von MOREST (1962) bei Ratte und Kaninchen beschrieben. Bei HOFFMANN, CRAIGIE und WÜNSCHER fehlt eine derartige Unterteilung.

Das Gebiet vom Calamus scriptorius bis zur Decussatio pyramidum ist laut Literatur bei den verschiedenen Tierspezies im wesentlichen gleichartig aufgebaut. Es erübrigt sich somit eine eingehende vergleichende Betrachtung.

Literaturverzeichnis

ÅSTRÖM, K. E.: On the central course of afferent fibers in the trigeminal, facial, glossopharyngeal and vagal nerves and their nuclei in the mouse. Acta physiol. scand. *29*, Suppl. 106, 209 (1953).

ARIËNS KAPPERS, C. U., G. C. HUBER and E. C. CROSBY: The comparative anatomy of vertebrates including man. New York: Macmillan 1936.

BECKER, H.: Hypophyse und Hypothalamus bei der weißen Maus. Dtsch. Z. Nervenheilk. *173*, 123 (1955).

BUCHER, V. M. and W. J. H. NAUTA: A note on the pretectal cell groups in the rats brain. J. comp. Neurol. *100*, 287 (1954).

CASTALDI, L.: Studi sulla struttura e sullo sviluppo del mesencefalo.
I. Ricerche in Cavia cobaya. Arch. ital. Anat. Embriol. *20*, 23 (1923).
II. Ricerche in Cavia cobaya. Arch. ital. Anat. Embriol. *21*, 172 (1924).
III. Ricerche in Cavia cobaya. Arch. ital. Anat. Embriol. *23*, 481 (1926).

CHU, H. A.: The cell masses of the diencephalon of the opossum (Didelphis virginiana). Monogr. Nat. Res. Inst. Psych. Nr. 2 (1932, July) Peiping, China.

CLARK, W. E. LE GROS: The mammalian oculomotor nucleus. J. Anat., Lond. *60*, 426 (1926).

— and R. H. BOGGON: On the connections of the anterior nucleus of the thalamus. J. Anat., Lond. *67*, 215 (1933).

DEITERS, O.: Untersuchungen über das Gehirn und Rückenmark der Säugetiere. S. 91. Braunschweig 1865.

DÉJÉRINE, J.: Anatomie des centres nerveux. Paris: J. Reuff 1895—1901.

DIEPEN, R.: Der Hypothalamus. In: Handbuch der mikroskopischen Anatomie des Menschen. Berlin—Göttingen—Heidelberg: Springer 1962.

EDINGER, L.: Vorlesungen über den Bau der nervösen Zentralorgane des Menschen und der Tiere. II. Vergleichende Anatomie des Gehirnes. Leipzig: Vogel 1908.

FEREMUTSCH, K.: Die Methode der cytoarchitektonischen Aussonderung von Nervenzellarealen im Gehirn. Beitr. Entwicklungsgesch. u. normalen Anatomie d. Gehirns. Bibl. psychiat. Neur. Fasc. *91* (1952).

GILLILAN, L. A.: The nuclear pattern of the non-tectal portions of the midbrain and the isthmus in rodents. J. comp. Neurol. *78*, 213 (1943).

GRÜNTHAL, E.: Vergleichend anatomische und entwicklungsgeschichtliche Untersuchungen über die Zentren des Hypothalamus der Säuger und des Menschen. Arch. Psychiat. Nervenkr. *90*, 216 (1930).

GURDJIAN, E. S.: The hypothalamus in the rat. Anat. Rec. *32*, 208 (1926).

— The diencephalon of the albino rat. J. comp. Neurol. *43*, 1 (1927).

HOFFMANN, G.: Atlas des Hirnstammes des Meerschweinchens. Leipzig: Hirzel 1957.

D'HOLLANDER, F.: Recherches anatomiques sur les couches optiques. Névraxe *14—15*, 470 (1913).

HUBER, G. and E. C. CROSBY: On thalamic and tectal nuclei and fiber paths in the brain of the American Alligator. J. comp. Neurol. *40*, 97 (1926).

— — The nuclei and fiber paths of the avian diencephalon, with consideration of telencephalic and certain mesencephalic centers and connections. J. comp. Neurol. *48*, 1 (1929).

VON KÖLLIKER, A.: Handbuch der Gewebelehre des Menschen, Aufl. 6, Bd. 2 (1896).

KRIEG, W. J. S.: Subdivisions of the nuclei of spinal trigeminal tract in rat. Anat. Rec. *106*, 279 (1950).

— The hypothalamus of the albino rat. J. comp. Neurol. *55*, 19 (1932).

LE GROS, C. W.: The structure and connections of the thalamus. Brain *55*, 406 (1932).

— An experimental study of thalamic connections in the rat. P. 1. Phil. Trans. *222* (1932).

MARBURG, O.: Mikroskopisch-anatomischer Atlas des menschlichen Zentralnervensystems. Leipzig—Wien: Deuticke 1927.

MEESEN, H. and J. OLSZEWSKI: Cytoarchitectonischer Atlas des Rautenhirns des Kaninchens. Basel—New York: Karger 1949.

MONNIER, M.: Topographische Tafeln des Hirnstammes der Katze und des Affen für experimentell-physiologische Untersuchungen Wien: Springer 1949.

MOREST, D. K.: Connexions of the dorsal tegmental nucleus in rat and rabbit. J. Anat., Lond. *95*, 229 (1961).

Münzer, E und H. Wiener: Das Zwischen- und Mittelhirn des Kaninchens und die Beziehungen dieser Teile zum übrigen Zentralnervensystem, mit besonderer Berücksichtigung der Pyramidenbahn und Schleife. Mschr. Psychiat. Neurol. *12*, 241 (1902).

Nissl, F.: Die Großhirnanteile des Kaninchens. Arch. Psychiat. Nervenkr. *52*, 867 (1913).

Olszewski, J.: The thalamus of the macaca mulatta. Basel—New York: Karger 1952.

— and D. Baxter: Cytoarchitecture of the human brain stem. Basel—New York: Karger 1952.

Pache, H. D.: Über die Markarmut zentral-vegetativer Gebiete des Gehirns. Arch. Psychiat. Nervenkr. *104*, 137—162 (1936).

Powell, F. P. S. and W. M. Cowan: The connexions of the midline and intralaminar nuclei of the thalamus of the rat. J. Anat., Lond. *88*, 307 (1954).

Ramón y Cajal, S.: Histologie du système nerveux de l'homme et des vertébrés. Paris: Meloine 1909—1911.

Rioch, D. McK.: Studies on the diencephalon of Carnivora.

Part I.: The Nuclear configuration of the thalamus, epithalamus and hypothalamus of the dog and cat. J. comp. Neurol. *49*, 1 (1929).

Part II.: Certain nuclear configurations and fiber connections of the subthalamus of the dog and the cat. J. comp. Neurol. *49*, 121 (1929).

Part III.: Certain myelinated fiber connections of the diencephalon of the dog (Canis familiaris) cat (Felis domestica) and aevisa (Crosarchus obscurus). J. comp. Neurol. *53*, 319 (1931).

— A note on the centre median nucleus of Luys. J. Anat., Lond. *65*, 324 (1931).

Rioch, D. M., G. B. Wislocki and J. L. O'Leary: A precis of preoptic hypothalamic and hypophysial terminology with atlas. In: The hypothalamus and central levels of autonomic function. 3—30 (1940).

Rodeck, H.: Das neurosekretorische hypothalamo-neurohypophysäre System der weißen Maus. Z. ges. exp. Med. *133*, 78 (1960).

Rose, M.: Das Zwischenhirn des Kaninchens. Mém. Acad. Pol. Sci. Let. B. 1—108 (1935).

Sawyer, C. H., J. W. Everett and J. D. Green: The rabbits diencephalon in stereotaxic coordinates. J. comp. Neurol. *101*, 801 (1954).

Shintami, Y. K.: The nuclei of the pretectal region of the mouse brain. J. comp. Neurol. *113*, 43 (1959).

Simma, K.: Der Thalamus der Menschenaffen. Psychiat. et Neurol. (Basel) *134*, 145 (1957).

Spatz, H., R. Diepen und V. Gaupp: Zur Anatomie des Infundibulum und des Tuber cinereum beim Kaninchen. Dtsch. Z. Nervenheilk. *159*, 229—268 (1948).

— Neues über die Verknüpfung von Hypophyse und Hypothalamus. Acta Neuroveg. (Wien) *3*, 5—49 (1951).

— Die proximale (supraselläre) Hypophyse, ihre Beziehungen zum Diencephalon und ihre Regenerationspotenz. In: Pathophysiologia Diencephalica (herausgeg. von Curri, Martini und Kovac), S. 53—77. Wien: Springer 1958.

— und H. D. Pache: Über ein wenig beachtetes anatomisches Merkmal vegetativer Zentren des Gehirns. Zbl. ges. Neurol. Psychiat. *74*, 420 (1935).

Spuler, H.: Über das Tuber cinereum des Meerschweinchens und seine topographischen Beziehungen zum Infundibulum. Acta anat. (Basel) 126—162 (1951).

Stokes, J. H.: The acoustic complex and its relations in the brain of the Opossum (Didelphis virginiana). Am. J. Anat. *12*, 401 (1912).

van Valkenburg, C. T.: Caudal connections of the corpus mamillare. Kon. Akad. v. Wetensch. te Amsterdam, Proc. sect. sc., *14*, 1118 (1912).

Valverde, F.: A new type of cell in the lateral reticular formation of the brain stem. J. comp. Neurol. *117*, 189 (1961).

da Villaverde, J.: Beitrag zur Kenntnis der corticothalamischen Beziehungen in der motorischen Zone beim Kaninchen. Schweiz. Arch. Neurol. Psychiat. *13*, 665 (1923).

Walberg, F.: The lateral reticular nucleus of the medulla oblongata in mammals. J. comp. Neurol. *96*, 283 (1952).

Wallenberg, A.: Beiträge zur vergleichenden Anatomie des Hirnstammes. Dtsch. Z. Nervenheilk. *117—119*, 677 (1931).

Weinberg, E.: The mesencephalic root of the fifth nerve. A comparative anatomical study. J. comp. Neurol. *46*, 249 (1928).

Winkler, C. and A. Potter: An anatomical guide to experimental researches on the cats brain. Amsterdam: Versluys 1914.

Winkler, C.: Anatomie du système nerveux. Bd. II. Haarlem: E. F. Bohn 1921.

— and A. Potter: An anatomical guide to experimental researches on the rabbit's brain. Amsterdam: Versluys 1911.

Wünscher, W., W. Schober und L. Werner: Architektonischer Atlas vom Hirnstamm der Ratte. Leipzig: Hirzel 1965.

Zeman, W. and J. R. Maitland Innes: Craigie's Neuroanatomy of the rat. New York—London: Academic Press 1963.

Sachverzeichnis

Die arabischen Zahlen geben die Seiten, die römischen die Tafeln an. Die kursiven arabischen Zahlen weisen auf die besondere Besprechung der Struktur hin. Die mit v. A. bezeichneten Zahlen geben den Hinweis auf die vergleichenden anatomischen Untersuchungen. Kan. = Kaninchen; MS. = Meerschweinchen; Ra. = Ratte.

Abducens-Kern s. Nucl. nervi abducentis
Abkürzungen *4–5*
Accessorius-Kern XX
Ala cinerea (s. auch Rautengrube) 60, 61, 112
Ammonshorn siehe Cornu ammonis
Aquaeductus Sylvii 56, 68, 71, 79, 96, 99–102, VIII–XI
Area hypothalami dorsalis s. Regio hypothalami dorsalis
– postrema 116, 119, 120, 123, *126*, Abb. 109
– praeoptica lateralis s. Regio praeoptica lateralis
– praeoptica medialis s. Regio praeoptica medialis
– praetectalis s. Regio praetectalis
– vestibularis XVI, XVII

Brachium colliculi inferioris (v. A.) 137, XIII
– – superioris IX
– conjunctivum 2, 54, *56*, (Pedunculus cerebelli superior) *57*, 58, 59, 107, 112, XI–XV, Abb. 11, 12
– pontis *57*, 59, 107 XI, XII, Abb. 11
Bulbus olfactorius *7*, Abb. 1–3

Calamus scriptorius 124, (v. A.) 143, XVIII–XIX s. auch Rautengrube
Capsula externa 60, 128, I–VI
– interna 51, *52*, 53, 77, 79, 80, 91, 128, (v. A.) 138, I–V, Abb. 5–7
Centre médian 66, *68*, 75, 76, (v. A.) 135, VI, Abb. 23
Chiasma opticum 7, 53, 79, 81, 86, III, Abb. 2
Colliculus facialis 56, 58, 61, 103, 104, 112, 113–116, (v. A.) 142, 143, (Ra.) 143
– inferior 55, 58, 59, *96*, 97, 106–108, 110, 115, XI, XII, Abb. 1
– superior 7, 66, 68, 73, 76, 78, *95*, 96, 97, 100, 128, (v. A.) 137, VII–X, Abb. 1, 62
Columna fornicis 49, 52, 69, 80, 91, 92, I, II, IV, IX (Abb. 5–8)
Commissura anterior *49*, 52, 53, 69, 80–82, I, II, Abb. 5
– habenularum 50, 53, 62, 63, 68, 71–73, 75, VI, VII
– posterior 53, *55*, 60, 66, 68–71, 73, 75, 78, 84, (v. A.) 141, VI–VIII, Abb. 8–11
– supramamillaris 138
Commissurenzellen 65
Corpus callosum *60*, I–X, Abb. 5–8
– geniculatum internum (Kan.) 137
Corpus geniculatum laterale 72, 75–78, *79*, 97, (v. A.) 136–138, (Ra., Kan.) 137, IV–VIII, Abb. 36
– – –, pars dorsalis (v. A.) 137
– – –, pars ventralis (v. A.) 137
– – mediale 59, 73, 76, *78*, 79, 98, (v. A.) 137, (Ra. Kan.) 137, VI–X, Abb. 35
– – –, pars caudalis (Ra.) 137
– – –, pars oralis (Ra.) 137
– – –, Lobus inferior (v. A.) 137
– – –, Lobus superior (v. A.) 137
– mammillare 7, 52, 57, 60, 78, 86–91, *92*, 93, 94, 98, 99, (v. A.) 138, 140, (Ra.) 140, IX, X, Abb. 2, 4
– restiforme 2, 56, *59*, 60, 112–114, XIII–XVIII, Abb. 13, 14
– subthalamicum Luysii 79, *80*, 98, (v. A.) 137, 138, VII–VIII, Abb. 38
– trapezoides 7, 54, *58*, 59–61, 97, 108, 121, 124, 141, XIII, XIV, Abb. 2, 12
Cornu ammonis 52, 60, 78 I–X
Cortex 50, (v. A.) 134, 137
Crura cerebri 99

Decussatio brachiorum conjunctivorum 56
– pyramidum 61, 97, 106, 120–122, 124, (v. A.) 141, 143, XXI
– rubrospinalis 97
– tectospinalis 97
– tegmenti dorsalis *57*, 106, X, Abb. 10–14
– – ventralis *57*, 60, 99, 106, IX, X, Abb. 10, 12–14
Diencephalon *62*, (v. A.) *134*

Eminentia der Area vestibularis (v. A.) 143, (Ra.) 143
– mediana (Ra.) 143
Ephiphyse 7
Epithalamus *62*, (v. A.) 134

Facialis-Kern s. Nucl. originis nervi facialis
Facialis-Knie, inneres *59*, 105, 106, 111, 112, 114–116, XV, XVI
Färbungen, Hämalaun-Eosin *3*
–, Heidenhain-Woelke *3*
–, Nissl *3*
Fasciculus cuneatus *61*, XIX–XXI
– dorsolateralis medullae spinalis (Tractus Lissauer) 59
– gracilis *61*, XIX–XXI
– longitudinalis medialis *55*, 56, 57, 100–103, 106, 116, (v. A.) 142, IX–XX, Abb. 10–14

Fasciculus opticus 7, Abb. 2
— retroflexus Meynert *60*, 65, 66, 69, 71, IV—IX, Abb. 8, 9
Faserverbindungen des Hirnstammes *49*
Fibrae pontis *57*, 108, 121, 126, XI, XII, Abb. 11
Fimbria fornicis 51, 52, 63, 72, 77, 79, 90, I—VI
Flocculus 59
Forel'sches Feld H_1, H_2 80, (v. A.) 137, 138, VII
Formatio reticularis 53—61, 73, 79, 92, 95, 96, *97*, 98, 100, 102, 103, 105, 106, 108, 109, 111—114, 116—120, 121—125, 127, (v. A.) 141, 143, VIII—XXI, Abb. 64
Fornix *51*, 81, 90, 91, V—IX, Abb. 5—8, s. auch Columna und Fimbria fornicis
Frontalschnitte typische, *130*, *132—133*, Abb. 115, 118—125

Gehirn, Maus, Ventralansicht *7*,
—, —, Dorsalansicht *7*
—, —, Lateralansicht *7*
Globus pallidus (Pallidum) 91, *128*, (v. A.) 138, I—IV, Abb. 111
Glossopharyngicus s. N. glossopharyngicus
Griseum centrale 55, 58, 60, 71, 95, *96*, 99—102, 121, (v. A.) 143, VIII—XI, Abb. 63
Gyrus cinguli 51, (v. A.) 140
— dentatus 72, 79, I—X

Habenularegion 66, 67, 72, 76, 84, s. auch Nucl. habenulares
Halsmark 59
Haubenkreuzung s. Decussatio tegmenti ventralis et dorsalis
Haubenkerne s. Nucl. tegmenti ventralis und Nucl. tegmenti dors.
Hauptolive *125*
Hinterstrang des Rückenmarkes s. Fasciculus cuneatus und Fasciculus gracilis
Hinterstrangkerne s. Nucl. cuneatus (Goll) und Nucl. gracilis (Burdach)
Hinterstränge XX
Hippocampus 50, 51, (v. A.) 134, 140
Hirnschenkel s. Crura cerebri
Hirnnerven-Ursprungskerne (v. A.) 141
Höhlengrau, zentrales (v. A.) 138
Hypoglossus-Kern s. Nucl. originis nervi hypoglossi
Hypothalamus 50, 80, *81*, (v. A.) 138, 140, I—VIII, laterales Feld 140
—, markarmer (vegetativer) 138
—, — kleinzellige hypophysäre Zellgruppe 139
—, markreicher (v. A.) 134, 138, 140

Infundibulum 7, 85, V, Abb. 2

Kern 10 der anterior hypothalamic area der Ratte 138
Kern 13 139
Kern 15 139
Kern 16 139
Kern 20 139
Kern 21 139
Kern 22 139
Kleinhirn 7, 59, (v. A.) 138, XII—XVII, Abb. 1, 3
Kleinhirnwurm 59, XII
Kleinhirnkerne s. Nucl. dentatus, globosus, fastigii, emboliformis

Lamina med. externa (v. A.) 137
Lemniscus lateralis 57, *59*, 60, 97, 107, 110, 115, 124, (v. A.) 137, XI—XV, Abb. 11
— medialis *53*, 54, 61, 79, 98, 125, 127, (v. A.) 137, VI—XXI, Abb. 8—14
Limbisches System 140
Lingula 7, Abb. 1
Lobus pyriformis 7, Abb. 2
Locus caeruleus 56, 103, *105*, 108—112, XIV, XV, Abb. 77

Massa intermedia 69, 71, VI
Medulla oblongata 7, 53, 59, 61, 102, 123, XVIII, XIX, XXI, Abb. 1, 3
— spinalis XXI
Mesencephalon *95*, IX—XII, (v. A.) 141
Metencephalon 102
Methodik *2—4*
Mittelhirn s. Mesencephalon
Myelencephalon s. Rhombencephalon 102

Nebenolive dorsal *125*
— medial *125*
— rostral 58
Nervus accessorius XIX
— facialis *59*, 60, (v. A.) 141, XVI—XVIII
— glossopharyngicus 60, (v. A.) 141
— oculomotorius 55, 98, 100, X
— statoaccusticus 113, XIV—XV
— trigeminus 7, 59, 110, XII—XVII, Abb. 2
— vagus 60
Nodulus 59
Noyau antéro- ou supéro-interne (MS.) 135
— antéro-ventral (Kan.) 135
— dorsal inférieur 135
— — supérieur 134
— interdorsal 135
— latéral (Kan.) 136
— médial (Kan.) 135
— postérieur 137
— supérieur du raphé (MS.) 135
Nucleus alae cinereae XIX
— ambiguus *118*, XIX, Abb. 95
— amygdalae 50, 51, 81, 91, 128, *129*, I—VIII, (v. A.) 134, Abb. 114
— anterior thalami 52, 53, *63*, 64, 70, 72, 140, I—III, Abb. 17
— — —, pars dorsalis 50, *63*, 64, 72, (v. A.) 134, (Ra., Kan.) 134, I—III, Abb. 17a
— — —, pars medialis 65, 67, 70, 75, 79, (v. A.) 135, (Ra., Kan.) 134, 135, II, III, Abb. 17c
— — —, pars ventralis 50, *63*, 65, 72, 75, 77, (Ra., Kan.) 134, 135, I—III, Abb. 17b
— — hypothalami 52, 64, 79, 81, 82, *83*, 84, 86, 87, 91, (v. A.) 138, IV, V, Abb. 44
— — intermedius (v. A.) 138
— Bechterew 59
— des Broca'schen Diagonalbandes 81, 91, *95*, I, II, Abb. 61
— Burdach s. Nucleus gracilis
— caudatus 53, *128*, I—IV, Abb. 113

Nucleus centralis lateralis 63, *67*, (v. A.) 135, II, Abb. 22
— — tegmenti XIII
— — thalami 65, 67—70, *71*, 76, (v. A.) 136, (Ra.) 136, III—V, Abb. 27
— cochlearis dorsalis 58, 59, 113, *114*, 115, 116, (v. A.) 142, XIV—XVII, Abb. 90
— — ventralis 58, 59, 114, *115*, (v. A.) 142, XIII—XVI, Abb. 91
Nuclei cochleares 60, 142, (v. A.) 142, (MS., Kan., Maus, Katze, Mensch, Ra.) 142, XIII—XIV,
Nucleus commissuralis *120*, 121, 122, XX, XXI
— — interanteromedialis 135
— commissurae posterioris 60, 71, *74*, VII, Abb. 32
— corporis trapezoidis 58, *121*, (v. A.) 141, Abb. 100, XIII, XIV
— cuneatus (Goll) 53, 59, 61, 116, 119, *122*, (v. A.) 141, XVIII—XX, Abb. 102
— Darkschewitsch *99*, 100, VIII, IX, Abb. 68
— Deiter 59
— dentatus cerebelli 56, 113, XIV—XVI
— dorsomedialis hypothalami 53, 84—86, *87*, 88, 90, 91, (v. A.) 139, VI, VII, Abb. 49
— — posterior hypothalami magnocellularis (Kan.) 139
— emboliformis 56, 59, XV—XVII,
— eminentiae medianae 56, 59, 103, *104*, 105, 112, 113, 119, XV—XVII, Abb. 75
— entopeduncularis (Rept., Ra.) 137, (v. A.) 137
— fasciculi lateralis *121*, XX, XXI, Abb. 101
— fastigii 59, 112, XVI, XVII,
— filiformis (Ra.) 139
— globosus 56, 59, XV, XVI
— Goll siehe Nucl. cuneatus
— gracilis (Burdach) 53, 61, 116, 119, *122*, (v. A.) 141, XVIII—XX, Abb. 102
— habenularis medialis 50, *62*, 63, 64, 68, (v. A.) 134, (Ra.) 134, III—V, Abb. 15
— — lateralis 50, 60, 62, *63*, 65—67, 72, 75, 76, (v. A.) 134, (Ra.) 134, III—V, Abb. 16
— hypothalamicus dorsalis s. Regio hypothalami dorsalis
— — lateralis 138
— — medialis 138
— — intermedius 138
— inframedialis (Kan.) 135
— infundibularis *85*, 86, 88, (v. A.) 138 (Ra.) 139, VI—VIII, Abb. 47
— infundibularis caudalis (Kan.) 139
— — extremus (Kan.) 139
— — posterior (Kan.) 138
— interstitialis 51, 53
— — Cajal 55, *100*, VIII, Abb. 69
— — dorsalis 49
— — striae terminalis 49, 50, 52, 77, *80*, 81, 82, I, II, Abb. 39
— — — —, pars dorsalis I, II
— — — —, pars ventralis I, II
— interpeduncularis 54, 56, 57, 60, 98, *99*, IX, X, Abb. 67
— lateralis thalami 50, 52, 55, 63, 64, *72*, 75, 77, 79, (v. A.) 136, (Ra., Kan.) 136, II—V, Abb. 29
— — posterior thalami 63, *72*, 75, (v. A.) 136, V
Nucleus lemnisci lateralis dorsalis 58, 59, 96, 97, *107*, 110, XII, XIII, Abb. 79
— — — ventralis 59, 97, *107*, 121, 124, 125, XI—XV, Abb. 80
— lentiformis 53, 60, I—VII
— magnocellularis centralis *97*, *123*, XIV, XV, Abb. 103
— — fasciculi dorsalis Monakow 111, 119, *123*, Abb. 104
— mamillaris intermedius 53, 92, *94*, (v. A.) 140, (Ra., Kan.) 140, IX, Abb. 4, 58
— — lateralis 52, 92, 93, *94*, (v. A.) 140, IX, Abb. 4, 60
— — medialis 52, *92*, 93, 94, IX, Abb. 4, 57
— — medianus 92, *93*, IX, Abb. 4
— medialis b (v. A.) 135, (Kan.) 135
— — dorsalis 51, 60, 63, *65*, 66—69, 71, 72, 75, (v. A.) 135, (Kan.) 136, III—V, Abb. 19
— — posterior (v. A.) 136
— — ventralis (v. A.) 136
— mesencephalicus nervi trigemini 56, 58, 103, 105, *108*, (Ra., Kan., MS, Katze, Maus, Pferd, Affe, Mensch) 141, 142, XI—XIV, Abb. 81 (s. auch Trigeminus-Kerne)
— nervi abducentis 55, 59, *116*, (v. A.) 142, XVI, Abb. 92
— olivaris inferior 59, *124*, XIX—XXI, Abb. 106
— — superior 57, 59, *124*, XIV, Abb. 105
— originis alae cinereae *116*, 117, 119, 120, (v. A.) 141 (Ra.) 141, XVIII, XIX, Abb. 94
— — nervi facialis *59*, 60, *116*, 118, XVI—XVIII, Abb. 13, 93
— — — hypoglossi 56, 116, *119*, 120, XIX, XX, Abb. 98
— — — oculomotorii (Hauptkern) 55, 100, *101*, 102, (Ra., Pferd) 141, (Affe, Mensch, Katze, Nager) 142, X, Abb. 71
— — — trigemini 59, *108*, 109—111, 114, (Ra.) 141, XIII, XIV, Abb. 82
— — — trochlearis 55, 57, *101*, 102, (Ra., Pferd) 142, Abb. 72 (s. auch Trochleariskerne)
— ovalis hypothalami (Kan.) 139
— ovoideus (Ra.) 138
— parabrachialis medialis 108, (v. A.) 143
— paracentralis 50, 64, 65, *67*, 68, 71, 75, 76, (v. A.) 135, (Ra.) 136, III—V, Abb. 21
— paraependymalis (Kan.) 136
— parafascicularis 60, 65, *66*, 68, 69, 75, (v. A.) 135, 136, (Ra., Kan.) 136, V—VII, Abb. 20
— parataenalis 50, 52, 64, *65*, 68, 69, (v. A.) 135, (Ra., Kan.) 135, I, II, Abb. 18
— paraventricularis thalami 53, 60, 62, 63, 65, 66, *68*, 69, 71, 72, 82, 83, (v. A.) 136, (Ra.) 136, 139, I—VI, Abb. 24
— — hypothalami 70, 75, 76, 79, 81—83, *84*, (v. A.) 139, IV, V, Abb. 46
— perifornicatus 52, *92*, (v. A.) 140, VII, VIII, Abb. 56
— periventricularis arcuatus 139
— — hypothalami 81, 82, 83, 84, IV, V,
— — posterior 85, 86, *88*, 89—93, (v. A.) 139, VIII, IX, Abb. 50
— — thalami 60, 66, *71*, 74, 79, (v. A.) 136, VI, VII, Abb. 28
Nuclei pontis 57, 61, *125*, (v. A.) 141, XI, XII, Abb. 108, (s. auch Pons)

Nucleus praehypoglossus (Nucl. praepositus n. hypoglossi) *119*, 120, XVIII, Abb. 97
— praemamillaris (Katze) 140
— — dorsalis 88, *89*, 90—92, (v. A.) 139, 140, VIII, IX, Abb. 51
— — ventralis 88, 89, *90*, 91, (v. A.) 139, 140, VIII, IX, Abb. 52
— praeopticus medialis (v. A.) 138, 139
— — medianus 81, *82*, I—III, Abb. 42
— — periventricularis *82*, 84, I—III, Abb. 42
— praetectalis (v. A.) 136
— principalis tuberis 139
— posterior hypothalami (Ra.) 140
— — medialis (Kan.) 140
— — thalami 60, 66, 68, *73*, 74—76, 78, 79, 97, (Ra., Kan.) 136, 137, VI—VIII, Abb. 30
— pterygoideus 58, 61, 121, *127*, XI, XII, Abb. 110
— reticularis tegmenti *105*, XIV, Abb. 76
— — thalami 51—53, 63, 64, 75, *77*, 78—80, (v. A.) 136, 137, (Ra., Kan.) 137, I—VI, Abb. 34
— reuniens 52, 53, 65, *69*, 70, 71, 76, 79, 81, 84, (v. A.) 136, (Ra.) 136, I—V, Abb. 25
— rhomboideus 53, *70*, 71, 76, 79, (v. A.) 136, (Ra.) 136, III—V, Abb. 26
— Roller *120*, XIX, XX, Abb. 99
— ruber 54, 56, 57, 97, *98*, (v. A.) 138, IX, X, Abb. 65
— —, pars magnocellularis 98
— sensibilis nervi trigemini 59, 108, 109, *110*, 111, (v. A.) 141, XIII, XIV, Abb. 84
— solitarius s. Nucl. tractus solitarii
— spinalis nervi vestibuli 60
— supramamillaris 92, 93, *94*, 140, IX, Abb. 4, 59
— supramedialis (v. A.) 135, (Kan.) 135
— supraopticus *84*, (v. A.) 139, IV, V, Abb. 45
— suprachiasmaticus 82, *83*, (v. A.) 138, (Ra.) 138, IV, V, Abb. 43
— tangentialis 139
— tegmenti dorsalis (dorsaler Haubenkern) 56, 58, 59, 97, *102*, 105, 106, 112, 113, (v. A.) 143, (Ra. Kan.) 143, XI—XV, Abb. 74
— — —, pars centralis *103*, Abb. 74b
— — —, pars laterodorsalis *103*, Abb. 74c
— — —, pars ventromedialis 56, *103*, *104*, Abb. 74d
— — —, Hauptkern *103*, Abb. 74a
— — ventralis 97, *102*, Abb. 73
— terminalis alae cinereae 116, *117*, 118—120, 126, XVIII, XIX, Abb. 94
— tractus solitarii 60, 117, *119*, 123, 126, XVIII bis XX, Abb. 96
— — spinalis nervi trigemini 53, 60, 109, *111*, 112, 114, 116, 121, 123, XV—XXI, Abb. 85
— tuberis lateralis *91*, 92, 140, VII, VIII, Abb. 54
— tuberomamillaris 91, *92*, (v. A.) 140, (Ra.) 141, VII—IX, Abb. 55
— —, pars caud. 140
— ventrolateralis hypothalami 139, 140
— ventromedialis hypothalami 52, 84, 85, *86*, 87, 88, 91, (v. A.) 139, 140, VI, VII, Abb. 48
— ventralis medialis s. N. vertralis thalami pars medialis
— — —, pars posterior 139
— — —, pars ventroposterior 139
Nucleus ventralis posterior thalami 60, 68, 73, 79, VII
— — thalami 52—55, 60, 64—66, 70, 72, 73, *74*, 77—79, (v. A.) 136, (Ra., Kan.) 137, III—VII, Abb. 33
— — —, pars dorsomedialis 68, 73, *75*, 76, 78, 79, V, VI, Abb. 33b
— — —, pars medialis 53, 68—71, 75, *76*, 90, IV—VI, Abb. 33c
— — —, Hauptkern 67, 73, *75*, 79, III—VII, Abb. 33a
— vestibularis lateralis 55, 59, 111, 112, *113*, 114, (Reptilien, Säuger, Ra.) 142, XV, XVI, Abb. 88
— — medialis (principalis) 55, 59, 103, 105, *112*, 113, 114, 142, XV—XVII, Abb. 87
— — spinalis 55, 59, 111, 112, *114*, 142, XVII, Abb. 89
— — superior (Bechterew) 55, 56, 59, 105, 109, 110, 111, *112*, 113, 142, XIV, XV, Abb. 86
— Westphal-Edinger *100*, 101, (v.A.) 142, (Ro.) 142, IX, Abb. 70

Oculomotoriuskern s. Nucl. originis nervi oculomotorii
Oculomotoriuswurzel s. Nervus oculomotorius
Oliva inferior 56, 59, 61, 116, 118, 121, (v. A.) 141, XIX, XXI, XX
— superior 58, 59, 97, 107, 108, 121, 125, (v. A.) 141, 142, (Ro., MS.) 142, XIV

Pallidum s. Globus pallidus
paramammäre Gruppe 140
Pararotula 108, *125*, XIII, Abb. 107
Pedunculus cerebri 141
— colliculi superioris 137
Pes pedunculi 7, 53, 55, 61, 79, 80, 92, 98, 99, (v. A.) 137, VI—IX, Abb. 2
Pons 7, 57, 58, 97—99, 106, 121, 125, 127, (v. A.) 141, XI, XII, Abb. 2, 3
praeoptische Zellgruppe (Ra.) 138
Projektion der typischen Schnitte auf den Mäuseschädel *131*, Abb. 116—117
Pyramide 7, 61, 116, 125, XV—XX, Abb. 2
Putamen 53, *128*, 129, I—IV, Abb. 112

Radiatio thalamica 135, 137
— thalamostriata 138
Radix nervi facialis s. Nervus facialis
— — oculomotorii s. Nervus oculomotorius
Raphe 54, 97, 103, 105, *106*, 116, XI, XIII—XIX, Abb. 78
Rautengrube 102—107, 112—114, 116, 117, 119, 121—123, (v. A.) 143, (Ra.) 143, XVI—XVIII
Recessus anterior des III. Ventrikels 52, I
— infundibuli IX
— interpeduncularis 94
— pinealis 73
— submamillaris 88
Regio hypothalami dorsalis 79, 80, 88, 89, *90*, 91, 92, (v. A.) 138, 140, VI—VIII, Abb. 53
— — lateralis 53, 79, 80, 84, 86, 88—90, *91*, 98, 129, VI—VIII
— praemamillaris 85, 88

Regio praeoptica medialis 49, 50, 70, 79, 80, *81*, 82, 83, I–IV, Abb. 41
– – lateralis 49, 50, 52, 79, 80, *81*, 82, 83, 91, 95, 129, I–V, Abb. 40
– praetectalis 65, 66, *73*, 74, 78, 95, 97, VI–VIII, Abb. 31
Rhombencephalon *102*, (v. A.) 141, XIII–XVIII
Riechzentrum (v. A.) 134
Röntgenaufnahmen des Mäuseschädel *131*, XIV, Abb. 116, 117
– – –, dorsoventrale Röntgenaufnahme *131*, Abb. 116
– – –, laterale Röntgenaufnahme *131*, Abb. 117

Schematische Zeichnungen *132–133*, Abb. 118–125
Schnitte, typische *130*, Abb. 116–117
Schnitthöhen, typische *132–133*, Abb. 118–125
Seitenventrikel 51, 53, 60
Septum pellucidum 50, 51, 80, (v. A.) 134
Stria medullaris *50*, 51, 59, 62, 63, 65, 68, 69, 77, 80, (v. A.) 134, I–III, IV, V, Abb. 6, 7
– terminalis 49, 50, *51*, 52, 53, 77, 80, 81, I–VI, Abb. 6, 7
Substantia nigra 54, 79, 80, 92, 97, *98*, (v. A.) 138, VIII–X, Abb. 66
– – pars dorsalis 98
– – pars ventralis 98
Subthalamus *79*, (v. A.) 137
Supra-optico-hypophysäres System 139

Taenia thalami 65
Tectum 55, (v. A.) 137
Thalamus 50, *63*, (v. A.) 134, I–VIII
–, vordere thalamische Kerngruppe *63*, (v. A.) 134
–, mediale Kerngruppe *65*, (v. A.) 135
–, Kerne der Mittellinie *68*, (v. A.) 136
–, laterale Kerngruppe *72*, (v. A.) 136
–, ventrale Kerngruppe *74*, (v. A.) 136
Thalamusstrahlung s. Radiatio thalamica
Tractus cerebellospinalis 59
– cerebellorubralis 97
– corticospinalis 54, 58, *61*, 108, 121, 126, 127, XI–XIV, Abb. 11–12
– dentorubralis 56
– mesencephalicus nervi trigemini 56, *58*, 103, 108, XI–XIII, Abb. 11
– mamillothalamicus (Vicq d'Azyr'sches Bündel) *53*, 70, 87, 91, 94, (Ra., Insectivoren, Mensch, Opossum, Kan.) 135, (v. A.) 140, Abb. 7–9, IV–IX
– olfactorius 7, Abb. 2
– opticus 7, 53, 84, 91, (v. A.) 136, 137, 139, VI, VII, Abb. 2
– habenulointerpeduncularis 94, (v. A.) 134, (Fasc. retroflexus Meynert)
Tractus rubrospinalis *57*, IX, X, Abb. 10, 12–14
– solitarius *60*, 119, 123, (Säuger, Reptilien, Vögel, Ra.) 141, XVIII–XXI
– spinocerebellaris ventralis 56
– – dorsalis 59
– spinalis nervi trigemini 58, *59*, 60, 109, 110, *111*, 112, 116, 121, 123, (v. A.) 141, XIII–XXI, Abb. 12–14, Abb. 85
– tectospinalis *57*, XVIII, Abb. 10–14
– tegmenti centralis *61*, Abb. 10–14
– thalamocorticalis 137
Trapezkörper, s. Corpus trapezoides
Trigeminuskern, motorischer, s. Nucl. originis nervi trigemini
–, sensibler, s. Nucl. sensibilis nervi trigemini
Trigeminus-Kerne 59, 97, 141, s. auch Nucl. originis, sensibilis, mesencephalicus nervi trigemini
Trigeminusregion (v. A.) 137
Trochlearis-Kerne s. Nucl. originis nervi trochlearis
Tuber cinereum 7, 91, 92, (v. A.) 140, Abb. 2
Tuberculum acusticum s. Nucl. cochlearis dorsalis
– olfactorium 7, 50, Abb. 2

Uvula 59

Ventrikel, dritter, 62, 69, 71, 82, 84, 86–88, 100, II, IV, VII
–, Recessus anterior 52, I
–, vierter, 56, 59, 63, 102, 105, 112, 116, 119, 123, 126, (v. A.) 143, XI–XVI
Vergleichende Anatomie s. auch v. A.
– – Corpus gen. mediale 137
– – Corpus gen. laterale 137
– – Diencephalon *134*
– – Epithalamus 134
– – Hypothalamus 138
– – Kerne der Mittellinie 136
– – laterale thalamische Kerngruppe 136
– – ventrale thalamische Kerngruppe 136
– – mediale thalamische Kerngruppe 135
– – Mittelhirn 141
– – Rhombencephalon 141
– – Subthalamus *137*
– – Thalamus 134
– – vordere thalamische Kerngruppe 134
Vicq d'Azyr'sches Bündel s. Tractus mamillothalamicus
Vorderhorn XXI
Vagus s. N. vagus
Vierhügelregion s. Colliculus inferior und superior

Zellgruppe a 108, *110*, XIII, Abb. 83
Zentralkanal 56, 60, 119–121, 123, 126, XIX
Zona incerta 52, 53, 55, 60, 64, 73, 75, 76, *79*, 80, 81, 90–92, 97, 98, (v. A.) 137, (Ra., Carnivoren, Primaten) 138, III–IX, Abb. 37